NICOLAUS COPERNICUS

1473

1973

AKADEMIE DER WISSENSCHAFTEN
DER DDR

STUDIEN ZUM COPERNICUS-JAHR 1973

herausgegeben
im Auftrage des Copernicus-Komitees
von Joachim Herrmann

NICOLAUS COPERNICUS

1473 — 1973

Das Bild vom Kosmos
und die Copernicanische Revolution
in den gesellschaftlichen und geistigen
Auseinandersetzungen

AKADEMIE-VERLAG · BERLIN
1973

Erschienen im Akademie-Verlag GmbH, 108 Berlin, Leipziger Str. 3—4

Lizenznummer: 202 · 100/31/73
Einband und Schutzumschlag: Nina Striewski
Herstellung: IV/2/14 VEB Druckerei »Gottfried Wilhelm Leibniz«,
445 Gräfenhainichen/DDR · 4012
Bestellnummer: 6103 · ES 18 A, 14 A
EDV-Nr.: 752 306 0

Inhaltsverzeichnis

Nicolaus Copernicus.
Nach einem Gemälde im Museum Toruń
aus der 1. Hälfte des 16. Jahrhunderts

Nicolaus Copernicus.
Nach einem Stich aus der 2. Hälfte des 16. Jahrhunderts

Hauptdaten aus dem Leben von Nicolaus Copernicus

1473, 19. Februar	Zu Toruń (Thorn) als jüngstes von vier Kindern des Großkaufmanns Niklas Koppernik und dessen Ehefrau Barbara geb. Watzenrode geboren.
1491–1494/95	Studium der Astronomie und Mathematik an der Universität Kraków.
1495 oder 1497	Auf Betreiben seines Onkels Watzenrode (Bischof von Ermland) zum Domherrn des ermländischen Bistums in Frombork (Frauenburg) gewählt. Die damit verbundenen Pfründen sicherten Copernicus die materielle Basis für weitere Studien.
1496–1500	Studium der Rechtswissenschaft und Astronomie in Bologna.
1501–1503	Studium der Medizin in Padua.
1506–1511	Wahrscheinlich Niederschrift des „Commentariolus", in dem zum ersten Male das heliozentrische System entworfen wird.
1511	Wahl zum Kanzler des Domkapitels in Frombork.
1516–1521	Als Kommandant Leitung der Verteidigung der Festung Olsztyn (Allenstein) gegen Einfälle des Deutschen Ordens in Ermland (1520/21).
1522, 1527	Denkschriften von Copernicus über die Münzreform in Polen.
1529–1532	Wahrscheinlich Ausarbeitung des Manuskripts „De revolutionibus orbium coelestium" (Hauptwerk).
1542	Um kritischen Einwänden gegen sein Werk zu begegnen, verfaßt Copernicus eine Vorrede, in der er sein Hauptwerk „De revolutionibus" Papst Paul III. widmet. Beginn der Drucklegung in Nürnberg unter Betreuung von Rheticus.
1543, 24. Mai	Tod von Copernicus in Frombork. Copernicus wird auf dem Totenbett das an seinem Todestag in Frombork eintreffende gedruckte Werk in die Hände gelegt.

Einleitung

Ein halbes Jahrtausend ist seit der Geburt von Nicolaus Copernicus vergangen. Den Feierlichkeiten, die die UNESCO im Jahre 1973 vorgesehen hat, werden Gedenk- und Festveranstaltungen in verschiedenen Ländern folgen; insbesondere in der Volksrepublik Polen wird das Copernicus-Jahr Anlaß sein, in zahlreichen wissenschaftlichen und gesellschaftlichen Veranstaltungen das Bild und die bleibenden Leistungen von Nicolaus Copernicus, des großen Astronomen und Naturforschers, des Ökonomen, Arztes und polnischen Staatsmannes der Renaissance, umfassend herauszuarbeiten.

Auch in der Deutschen Demokratischen Republik gehört dem großen Wissenschaftler und Streiter für den geistigen Fortschritt ein besonderes Interesse. Bei der Akademie der Wissenschaften konstituierte sich das Copernicus-Komitee der DDR, von dem eine Reihe von Anregungen zur Würdigung der Bedeutung von Nicolaus Copernicus ausgegangen sind. Die umwälzenden Wirkungen des Werkes von Copernicus für die Entwicklung der Naturwissenschaften und für die Herausbildung einer wissenschaftlichen Weltanschauung veranlaßten Wissenschaftler der DDR, einige sich daraus ergebende Aspekte, vor allem im Hinblick auf die Auseinandersetzungen um den gesellschaftlichen und geistigen Fortschritt, zu untersuchen. Aus solchen Einzelbeiträgen entstand unter Obhut des Copernicus-Komitees der vorliegende Band „Das Bild vom Kosmos und die copernicanische Revolution in den gesellschaftlichen und geistigen Auseinandersetzungen".

Es hat eine besondere Bewandtnis mit Werk und Persönlichkeit von Nicolaus Copernicus. Der Anreiz, Triebkräfte und Inhalt seines Lebens sowie das Wesen dessen, was er geschaffen hat, zu untersuchen, ist stets von neuem belebt worden; nicht zuletzt wohl deshalb, weil auch in der Bewertung und Anerkennung seines Werkes ebenso die unterschiedlichen Standpunkte von Vertretern verschiedener Klassen aufeinandertreffen, wie Copernicus mit seinem Werk vor über vierhundert Jahren zu einer entscheidenden Stärkung der fortschrittlichen Kräfte in den geistigen Kämpfen seiner Zeit beigetragen hat[1].

Copernicus war sehr vielseitig tätig. Im Mittelpunkt seines Schaffens stand jedoch die Ausarbeitung des ersten wissenschaftlich begründeten Bildes vom Kosmos in der Menschheitsgeschichte, die Auseinandersetzung mit dem auf idealistische Interpretation der Erscheinungen beruhenden geozentrischen Weltbild und die Begründung des heliozentrischen Weltsystems. Bei der fundamentalen Bedeutung dieses Gegenstands griff sein Werk tief in die gesamte Weltanschauung ein. Copernicus selbst war sich dieser weltanschaulichen Kraft seiner Lehre bewußt. Bereits in jungen Jahren – um die Wende vom 15. zum 16. Jahrhundert – hatte er das heliozentrische Weltbild konzipiert und in einer unveröffentlichten Schrift, dem sogenannten Commentariolus, nach dem Abschluß seiner Studien in Italien niedergelegt[2]. Zwei Jahrzehnte später konnte er das Hauptwerk „De revolutionibus orbis coelestium" in sechs Büchern ausarbeiten[3]. Dem Drängen von befreundeten Gelehrten und Schülern, in erster Linie von Nicolaus Schonberg, Tiedemann Giese und Joachim Rheticus, das Werk zu veröffentlichen, widerstand er über ein Jahrzehnt, und zwar offensichtlich auch wegen der weltanschaulichen Brisanz seiner Theorie, die wesentliche idealistische naturphilosophische Grundlagen der christlichen Religion in Frage stellte[4]. Dem Tode nahe, entschloß er sich 1541/42 zum Druck. Durch eine Widmung an den damaligen Papst Paul III. hoffte er, die zu erwartende Kritik der Theologen zu paralysieren.

Bereits vor dem Druck des Werkes begann jedoch die Auseinandersetzung um das neue Weltbild. Luther äußerte sich: „Der Narr will die ganze Kunst Astronomicae umkehren! Aber wie die Heilige Schrift anzeigt, ließ Josua die Sonne still stehen und nicht die Erde."[5] Ein protestantischer Theologe, Osiander, der Einfluß auf den Druck des Werkes in Nürnberg zu nehmen vermochte, wurde zugleich zu seinem ersten Verfälscher. Er stellte ohne Wissen von Copernicus und dessen Freunden dem Buch eine nicht unterzeichnete Vorrede voran, in der das darin entwickelte und begründete Weltbild als Hypothese ohne Wahrheitsgrundlage gewertet wurde[6]. Mit den zunehmenden Auswirkungen der frühkapitalistischen Entwicklung auf die verschiedenen Bereiche der Gesellschaft, vor allem auch auf die Ideologie in der 2. Hälfte des 16. Jahrhunderts, nahm die Schärfe der Auseinandersetzungen um das Kosmosbild zu. Von der protestantischen Theologie war das copernicanische Kosmosbild nicht nur nebenher von Luther, sondern in einer Schrift über die Physik von Philipp Melanchton zurückgewiesen worden[7]. Die katholische Kirche hielt sich zunächst an Giordano Bruno, den leidenschaftlichen Verfechter der weltanschaulichen Konsequenzen der copernicanischen Lehre am Ende des 16. Jahrhunderts. Die Inquisition ergriff ihn und ließ ihn wegen seiner Weltanschauung im Jahre 1600 in Rom verbrennen. Wenige Jahre später, im Jahre 1616, wurde die Lehre des Copernicus vom Heiligen Officium verurteilt und sein Werk auf den Index der verbotenen Bücher gesetzt.

Die Hoffnung der Inquisition, auf dem Scheiterhaufen zusammen mit Giordano Bruno auch den Geist der neuen Lehre zu verbrennen, konnte sich nicht erfüllen. Wirkten doch zur gleichen Zeit bereits zahlreiche Naturwissenschaftler und Philosophen – gestützt und gefördert durch die sich im 17. Jahrhundert in einigen Ländern Europas rasch vollziehende weitere Ausbildung der kapitalistischen Produktionsverhältnisse und angeregt durch die sich ausbreitende bürgerliche Weltanschauung – an der naturwissenschaftlichen und weltanschaulichen Ausarbeitung der copernicanischen Lehre.

Die Grundprinzipien naturwissenschaftlichen Denkens und Arbeitens, die Copernicus in seinem Werk begründet hatte, begannen immer neue Bereiche des Denkens zu erfassen und immer neue Ergebnisse in der Naturerkenntnis hervorzubringen. Der vorliegende Band enthält vor allem Beiträge, die diese Entwicklung und die Bedeutung für die Entfaltung der Naturwissenschaften und für die Ausarbeitung der bürgerlichen Weltanschauung untersuchen[8].

Das Werk von Nicolaus Copernicus ist nicht zu würdigen, wenn es nicht zugleich an dem Zustand der Astronomie, der Wissenschaften und der Weltanschauung gemessen wird, die von Copernicus überwunden wurden, die ihm aber doch als Grundlage für sein Werk dienten.

Das Bild vom Kosmos nahm seit dem griechischen Altertum eine bedeutende Stellung in den gesellschaftlichen und geistigen Auseinandersetzungen ein. An den Vorstellungen vom Kosmos begann sich die materialistische Naturphilosophie der Griechen im 6. Jahrhundert v. u. Z. zu entwickeln, und in der Ausarbeitung eines auf Beobachtungen und naturphilosophischen Theorien gegründeten Weltbildes vollzog sich der Kampf zwischen Religion und Wissenschaft. Wie das Wirken von Nicolaus Copernicus außerhalb der Gesellschaft des 15. und 16. Jahrhunderts undenkbar ist, so ist es auch ohne die griechischen und arabischen Wurzeln und Überlieferungen wissenschaftlicher Welterkenntnis unvorstellbar.

Der Kampf zwischen Religion und wissenschaftlichem Denken begann bereits im Altertum mit der Entstehung der Wissenschaft. Die erste Nachricht über den offiziellen Zusammenstoß eines Philosophen und Astronomen mit der etablierten Staatsmacht der herrschenden Klasse wegen seines wissenschaftlichen, antireligiösen Weltbildes ist uns aus Athen bekannt. Anaxagoras wurde angeklagt, weil er Hypothesen über Himmelserscheinungen verbreitete und nicht an das Göttliche glaubte. Er entging nur durch seine Flucht aus Athen der Verurteilung wegen seines Kosmosbildes. Aristarch von Samos, der nach unserer Kenntnis zum ersten Male die Erde unter die Planeten einreihte und die Stellung der Sonne als Mittelpunkt unseres Planetensystems erkannte, also ein heliozentrisches Weltbild schuf, wurde in gleicher Weise bedroht[9]. Seine Lehre ging unter; stattdessen setzte sich die idealistische Kosmosauffassung von Platon und ihre Vervollkommnung durch Aristoteles durch. Während die materialistischen Naturphilosophen und offensichtlich auch Aristarch versucht hatten, aus den Erscheinungen auf das Wesen, auf die objektiven Zusammenhänge zu schließen, errichtete Platon ein Gedankengebäude, in dem die Erscheinungen als Ausdruck eines göttlichen Wesens angesehen wurden, das in einer gedachten Sphäre jenseits des Fixsternhimmels seinen Sitz haben sollte. Ordnung und Bewegung des Kosmos sollten von diesem Wesen ausgehen. Aristoteles folgte im Prinzip dieser idealistischen Auffassung, öffnete jedoch der weiteren Entwicklung der Wissenschaft dadurch einen gewissen Spielraum, daß er lehrte, das ideelle Wesen sei über Beobachtung und Studium der Erscheinungen zu erkennen. Auf der von Platon und Aristoteles konzipierten idealistischen Grundlage wurde das geozentrische Weltbild des Ptolemäus ausgearbeitet, das die Erde als Mittelpunkt der Welt zugrundelegte. Es blieb bis in das 16. Jahrhundert das herrschende Bild vom Kosmos und gab zugleich die Grundlage für das christlich-religiöse Weltbild ab. Eine wirksame wissenschaftliche Opposition gegen dieses Ptolemäische Kosmosbild erhob sich in der Antike nicht mehr.

Überblicken wir die Auseinandersetzungen um das Weltbild in der Antike, so hatte sich mit dem platonisch-aristotelisch-ptolemäischen Kosmosbild eine idealistische

Kosmosauffassung durchgesetzt, der alle Himmelsbeobachtungen untergeordnet wurden. Die Widersprüche, die dabei auftraten, wurden durch immer neue Hilfskonstruktionen im Rahmen dieses Bildes aufgefangen. Diese Kosmosauffassung bildete die Grundlage für monotheistische religiöse Weltauffassungen. Es erhebt sich die Frage, wie und warum es nach den erfolgreichen materialistischen naturphilosophischen und astronomischen Ansätzen in der Aufstiegszeit der Sklavenhalterordnung, die bis zum heliozentrischen Kosmosbild geführt hatten, zu einer derartigen Erstarrung kommen konnte. Die Hauptursachen dafür lassen sich ohne Zweifel in der Beschaffenheit der Gesellschaftsordnung finden. Die Anforderungen an die Kenntnis von Naturzusammenhängen, darunter auch von astrophysikalischen Zusammenhängen, die von der auf Sklaverei beruhenden Ökonomie ausgingen, waren begrenzt. Höhere und kompliziertere Erkenntnisse konnten von der gesellschaftlichen Praxis nicht verarbeitet werden und wurden daher auch nicht verlangt. Wo sie Philosophen, Naturforscher und Ingenieurwissenschaftler dennoch einbrachten, wurden sie häufig in kurioser Weise ohne praktische Wirkung verwertet. Ein treffendes Beispiel ist die Nutzung der Erkenntnis von der Veränderung des Aggregatzustands des Wassers durch Erhitzung und der daraus folgenden Eigenschaft des komprimierten Wasserdampfes als Energieträger. Statt daraus die Dampfmaschine zu entwickeln, wurden auf Grund dieser Erkenntnis komplizierte, nach dem gleichen Prinzip wie die Dampfmaschine arbeitende Mechanismen zur Belustigung einiger Herrschenden konstruiert. In ähnlicher Weise blieben die weltanschaulichen Wirkungen neuerer Naturerkenntnisse auf einen kleinen Kreis von aufgeklärten, in Muße sich ergehenden Vertretern der herrschenden Klasse begrenzt, während die produktiven Gesellschaftsklassen, sowohl die unmittelbaren Produzenten als auch die Leiter und Organisatoren der Produktion, also Sklaven, Lohnarbeiter, Bauern, Handwerker und selbst der große Teil der Angehörigen der Sklavenhalterklasse, davon nicht erreicht wurden. Sie hatten ihre Götter, und die Erhaltung dieser Götter wurde von den Herrschenden mit Hilfe ihrer staatlichen Einrichtungen notfalls mit Gewalt erzwungen. Dieser Gesellschaft entsprach daher ganz und gar die Auffassung der Pythagoreer von der Exklusivität der wissenschaftlichen Kenntnisse, die Geheimnis weniger Auserwählter sein und bleiben sollten, keineswegs dazu bestimmt, außerhalb dieses Kreises bekannt zu werden[10].

Ansätze wissenschaftlicher Naturerkenntnis und eines wissenschaftlichen Bildes vom Kosmos blieben auf diese Weise in der Antike eng an eine sehr kleine Schicht von Gelehrten gebunden, die direkt auf Grund ihrer Herkunft oder indirekt auf Grund von Mäzenatentum mit der Klasse der Sklavenhalter verbunden waren.

Die bedeutenden Leistungen, die unter diesen Bedingungen für die Anfänge und die Entwicklung der Wissenschaft vollbracht worden sind, wirkten daher nicht in erster Linie in ihrer Zeit und in der antiken Gesellschaftsordnung, sondern in viel stärkerem Maße erst eintausend bis zweitausend Jahre später in der Zeit des voll entfalteten Feudalismus und des sich herausbildenden Kapitalismus. Dies trifft sowohl auf die Aufnahme und Fortführung der von ihnen ausgehenden Anregungen in der Wissenschaft zu[11] als auch im Hinblick auf die rein quantitative Verbreitung ihrer Werke. Zu ihrer Zeit mußte ihre isolierte Stellung in der Gesellschaft zu einer zunehmenden Erstarrung der Anfänge der wissenschaftlichen Entwicklung in der Antike und in der Spätantike schließlich zu ihrem völligen Niedergang führen.

Ebensowenig wie die Sklavenhaltergesellschaft als Gesellschaftsordnung in der Spätantike einen Ausweg aus Niedergang und Krise fand, ebensowenig vermochte die Wissenschaft sich einen Ausweg ohne durchgreifende Veränderungen ihrer gesellschaftlichen Grundlagen zu bahnen. Sie selbst trug zu solchen Veränderungen nicht bei und ging daher in den revolutionären Stürmen unter. Nur eine Auswahl ihrer Ergebnisse fand Aufnahme und Bewahrung in den Händen gebildeter christlicher Theologen, und nur ein Teil ihrer Schriften nahm den Weg in die Bibliotheken der Klöster oder an die Höfe arabischer Kalifen und anderer großer Feudalherren. Dazu gehörten die Überlieferungen des Platonischen und des Aristotelischen Weltbildes und die Ptolemäische Astronomie[12].

Eine völlig neue Grundlage erhielt die Entwicklung der Wissenschaft und damit die des Weltbildes nach der vollen Ausbildung der Feudalgesellschaft seit der Mitte des 11. Jahrhunderts in großen Teilen Europas.

Die gesellschaftliche Arbeitsteilung als Voraussetzung wissenschaftlicher Tätigkeit war nicht mehr ausschließlich an die herrschende Klasse des Feudaladels, darunter die hohe Geistlichkeit, gebunden, sondern sie hatte zur Konstituierung des Städtebürgertums als einer bis dahin in der Weltgeschichte unbekannten gesellschaftlichen Kraft geführt. Sowohl aus der herrschenden Klasse des Feudaladels und der hohen Geistlichkeit als auch aus dem Städtebürgertum gingen nunmehr die gelehrten Männer hervor.

Feudaladel und Kirchenfürsten sowie Städtebürgertum standen sich von Anbeginn mit unterschiedlichen Klasseninteressen gegenüber und trugen diese unterschiedlichen Interessen seit dem 11. Jahrhundert in oftmals bewaffneten Klassenauseinandersetzungen aus. Daran waren verhältnismäßig breite Teile des Volkes, die Bürger ganzer Städte und Gebiete, beteiligt. Als Bestandteil dieser Zusammenstöße erlangten in zunehmendem Maße auch geistige Auseinandersetzungen von Männern bürgerlicher und plebejischer Geisteshaltung mit der den Interessen der Feudalklasse entsprechenden christlichen Lehre an Gewicht. Die Häresien, anfangs die Hauptform derartiger geistiger Auseinandersetzungen, vollzogen sich zwar auf dem allgemeinen Boden des Christentums, jedoch um die Interpretation der Dogmen im Hinblick auf die spezifischen Klasseninteressen. In diesen Auseinandersetzungen entwickelte sich seit dem 12. Jahrhundert die Scholastik.

Die bedeutendsten Vertreter der Geistlichkeit versuchten, die christliche Lehre und ihre Dogmen mit vernunftmäßig-philosophisch-idealistischen Argumenten auszubauen. Anknüpfungsmöglichkeiten boten vor allem die Lehre des Aristoteles. Mit ihrer Hilfe und unter Einbeziehung des geozentrischen Kosmosbildes von Ptolemäus wurde nun die philosophisch-idealistische Grundlage des mittelalterlichen Christentums ausgeprägt. Danach bildete die Erde den Mittelpunkt der Welt. Über der Erdscheibe wölbten sich halbkugelförmig die verschiedenen (von Ptolemäus berechneten) Sphären mit den Planeten und Gestirnen. Jenseits der äußersten Sphäre, der Fixsternsphäre, wurde der Sitz Gottes angenommen. Der Kosmos wurde so gewissermaßen zwischen Mensch und Gott gestellt, über den Kosmos verlief die Kommunikation zu

Gott. Durch die Einbeziehung der auf Beobachtungen und mathematischen Berechnungen beruhenden geozentrischen Hypothese von Ptolemäus hatte das Christentum eine scheinbar rationale Grundlage erhalten. Das Kosmosbild wurde damit zu einem wesentlichen Bestandteil der christlichen Religion, und jede Veränderung dieses Kosmosbildes stellte zwangsläufig einen Angriff gegen die Grundlagen dieser Religion dar.

Mit den Bemühungen der Scholastiker, vernunftmäßiges Denken und Glauben zu vereinbaren, war gleichzeitig die Untersuchung des Verhältnisses von Vernunft und Glauben, von Welterkenntnis und Dogma, verbunden. Damit jedoch eröffnete sich für die geistigen Auseinandersetzungen ein weiteres Feld, das letztlich das Verhältnis von Religion und Wissenschaft betraf. Das Bildungsprivileg, das die Kirche aufgebaut hatte, schirmte dieses Feld zunächst ab. Auf ihm kämpften daher nur Männer im Kittel von Theologen. Ihrer Position und ihrer Herkunft nach standen sie jedoch zu unterschiedlichen Schichten und Klassen der Gesellschaft in Verbindung. Während Thomas von Aquino, einer der bedeutendsten Exponenten der Scholastik, den Primat des Glaubens betonte und damit rationeller Welterkenntnis und naturwissenschaftlicher Denk- und Arbeitsweise keinen Raum ließ, fand eine versteckt materialistische Richtung, die der Nominalisten, in Männern wie Wilhelm von Occam an der Universität Oxford einen hervorragenden Vertreter. Nach Auffassung der Nominalisten existierten die Einzeldinge wirklich, allgemeine Begriffe galten nur als Namen, nicht als Realität[13]. Aus dieser letztlich mit dem Platonismus brechenden Auffassung ließ sich das Postulat nach Untersuchung der Einzeldinge der Welt herleiten. Es wurde von Roger Bacon dann auch bereits in der 2. Hälfte des 13. Jahrhunderts in die Forderung nach Naturforschung mit Hilfe von Beobachtung und Experiment gekleidet. Bacon wurde verurteilt und fast 15 Jahre lang in einem Kloster gefangen gehalten. Wilhelm von Occam erhielt von der Papstkirche ein ähnliches Schicksal zugedacht. Die päpstliche Kurie in Avignon fällte das Verdammungsurteil über ihn und warf ihn in den Kerker. Occam konnte jedoch fliehen. Hundert Jahre später entwickelte Nicolaus Cusanus (1401–1464) neue, über die religiöse Kosmosauffassung hinausgehende Gedanken zur relativen Stellung der Erde und zur Unendlichkeit des Universums[14].

Die geistigen Auseinandersetzungen in der Zeit des Feudalismus erreichten also in der Zeit vom 11. bis zum 15. Jahrhundert gegenüber der Antike eine neue Stufe. Sie vollzogen sich nicht nur auf einer anderen, differenzierteren Klassengrundlage, sondern auch unter den Bedingungen und im Zusammenhang ausgedehnter Klassenkämpfe, an denen breite Volksschichten beteiligt waren. Sie fanden im Rahmen einer insgesamt religiösen Weltanschauung statt, die sich eine Reihe von Naturerkenntnissen und idealistischen Theorien der Antike zu ihrer rationellen Begründung angeeignet hatte. Aus eben diesem Grund hatte die christlich-religiöse Weltanschauung eine sehr hohe Stabilität erreicht. Für ihre Verbreitung unter den Volksmassen sorgte eine mächtige Kirchenorganisation, ebenso wie diese über ihre Integrität wachte.

Ein fundamentaler Unterschied zur Antike bestand darin, daß Wissenschaft und Bildung eine soziale Basis im Bürgertum der Städte fanden. Seit dem 12. Jahrhundert entstanden in den bedeutendsten Städten Süd-, West- und Mitteleuropas Universitäten in größerer Anzahl. Damit jedoch war die von den Pythagoreern explizit ausgesprochene, jedoch durchaus in der Antike allgemein gängige Auffassung von der Exklusivität wissenschaftlicher Erkenntnis nicht mehr vereinbar. Zweifellos galt sie nach wie vor gegenüber den ungebildeten, unwissenden und unterdrückten Volksmassen, gegenüber den Bauern und den unteren Schichten der Städte. Copernicus selbst hat sich noch mit dieser Auffassung im Hinblick auf sein eigenes Verhalten auseinandergesetzt[15]. Vor allem begann jedoch die Vorstellung von der Öffentlichkeit wissenschaftlicher Erkenntnisse eine Rolle zu spielen, bedingt nicht zuletzt durch ihre Stellung in den weltanschaulichen Auseinandersetzungen. Letztlich trug diese Auffassung zur Herausbildung von Buchdruck und Druckereiwesen in der 2. Hälfte des 15. Jahrhunderts ebenso bei, wie die von beiden gebotenen Möglichkeiten die Verbreitung von Ideen und Erkenntnissen mächtig förderten.

Vom 11. bis zum 15. Jahrhundert war es nicht gelungen, auf der sozialen Grundlage des vollentwickelten Feudalismus die Trennung von Religion und Wissenschaft durchzusetzen und damit der Wissenschaft die notwendigen Entwicklungsbedingungen zu schaffen. Auf einer Anzahl von Gebieten, die mit der „industriellen" Produktion des Bürgertums zusammenhingen, waren jedoch neue Erkenntnisse und Beobachtungen von Naturvorgängen gewonnen worden. In der Astronomie hatte das Zusammenwirken von arabischen, christlichen und jüdischen Astronomen zur Aufstellung der sogenannten Alfonsinischen Tafeln geführt. Die Arbeiten von Georg Feuerbach und Regiomontanus brachten Beobachtungen, die zwar auf der Grundlage der ptolemäischen geozentrischen Hypothese verarbeitet wurden, die jedoch zugleich auch die Widersprüche dieser Hypothese verstärkten. So war bis zum 15. Jahrhundert das Problem der Lösung der Wissenschaft von den religiösen Dogmen nicht nur theoretisch gestellt worden, sondern wissenschaftliche Beobachtung und Experiment begannen allmählich eine Rolle zu spielen, und die Verfechter des Fortschritts in der Entwicklung des Geistes hatten im Kampf mit den religiösen Dogmen und der Kirche ihre Opfer bringen müssen.

Die Lage begann sich im 15. Jahrhundert grundlegend zu verändern, als in Italien, England, Frankreich, Deutschland, Polen und in anderen Teilen Mitteleuropas die Herausbildung kapitalistischer Produktionsverhältnisse einsetzte. Die erweiterte Warenwirtschaft, die einsetzende ursprüngliche Akkumulation des Kapitals, der Ausbau von kapitalistischem Verlagswesen und Manufaktur berührte alle Klassen der feudalen Gesellschaft in der einen oder anderen Weise. In Teilen Europas beherrschten tiefe Unsicherheit und Krisenerscheinungen das gesellschaftliche Leben. Umfangreiche Kämpfe zwischen Feudaladel und Bauern, zwischen Feudaladel und Städtebürgertum, zwischen reichen Bürgern und Plebejern, darunter den ersten kapitalistischen Lohnarbeitern, brachen in den Städten aus. Die feudale Gesellschaftsordnung, in die bisher auch das Städtebürgertum eingepaßt war, vermochte diese Entwicklung nicht mehr zu integrieren. Die feudalen Verhältnisse wurden zu ihrem Hemmnis. Die unterschiedlichen und subjektiv völlig verschiedenartig ausgedrückten Interessen von Feudalbauern und Städtebürgern, von Verlagsherren und städtischen Plebejern, liefen letzten Endes im praktischen Kampf auf die Beseitigung der feudalen Gesellschaftsverhältnisse hinaus.

Unter diesen Bedingungen nahmen auch die geistigen Auseinandersetzungen seit dem 15. Jahrhundert einen neuen Charakter an. Hatten sie sich bisher auf der Basis der Theologie und im Rahmen der Papstkirche abgespielt, so gaben nunmehr Renaissance und Humanismus vor allem den Boden ab, auf dem sie sich vollzogen. Auch die Vertreter des Alten mußten in diese Arena steigen, wollten sie ihre Ideologie verteidigen. Gegenüber der Zeit der Scholastik begannen sich also die Dinge umzukehren. Das blieb natürlich nicht ohne Einfluß auf Humanismus und Renaissance selbst. Beide wirkten zwar insgesamt auf Zersetzung und Beseitigung der Ideologie des Feudalsystems und der Vorherrschaft der römisch-katholischen Kirche hin[16]. Die Positionen ihrer Verfechter waren jedoch im einzelnen höchst unterschiedlich.

Nachdem in der ersten Hälfte des 15. Jahrhunderts in einer breite Volksmassen umfassenden Bewegung die Hussiten zeitweise der katholischen Kirche und dem Feudalsystem schwere Schläge zufügen konnten, mündeten die Klassenkämpfe in Deutschland einhundert Jahre später, zu Anfang des 16. Jahrhunderts, in Reformation und Bauernkrieg, in die erste frühbürgerliche Revolution in der Geschichte[17].

Wollte die geistige Auseinandersetzung mit dem Papsttum Massen erreichen, so konnte sie bei dem ausschließlich religiösen Bildungsstand der Massen sich nur in religiöser Verkleidung vollziehen. Reformatoren des Christentums, von Wiclif und Hus bis Luther, Müntzer und Calvin wurden daher zeitweise zu geistigen Führern von großen Volksmassen. Im Hinblick auf die Wissenschaft und ein wissenschaftliches Weltbild waren jedoch die Grenzen dieser Reformationsideologien eng gesteckt. Es blieben religiöse Weltanschauungen, ihr Weltbild blieb das der Bibel und das der Scholastik. Der Spielraum, den die reformatorischen Lehren der Entwicklung der Wissenschaft boten, erweiterte sich daher dem Wesen nach nicht.

Nicolaus Copernicus war Zeitgenosse dieser gesellschaftlichen und geistigen Auseinandersetzungen in großen Teilen Europas. Er lernte sie während seines Studiums an den Universitäten von Kraków bis Padua kennen und beobachtete sie als Domherr und Gelehrter in Frombork. Er griff als Staatsmann durch seine Vorschläge zur Münzreform in die Wirtschaftspolitik des polnischen Staates ein, und er leitete als Statthalter des Gebietes von Allenstein erfolgreich die Verteidigung dieser Stadt gegen die Angriffe des Deutschen Ordens während des Krieges zwischen diesem und dem polnischen Königreich in den Jahren 1519–1521. Die Lehren Luthers und die Reformation in Deutschland scheinen ihn nicht näher berührt zu haben, da er offensichtlich in der Reformation keine wirkliche geistige Alternative zum katholischen Christentum sah[18].

Nicolaus Copernicus stand über Jahrzehnte hinweg in Verbindung zu den gesellschaftlichen Bewegungen in Europa und zu politischen und staatlichen Angelegenheiten in Polen, ohne daß er jedoch an den Brennpunkten der sozialen und geistigen Kämpfe selbst wirkte. Unter diesen Bedingungen schuf er sich die Möglichkeit, das schon in den Jugendjahren konzipierte heliozentrische System auszuarbeiten und dabei eine Reihe von wegweisenden naturwissenschaftlichen Prinzipien und Methoden im Ansatz zu entwickeln.[19] Die heliozentrische Lehre stürzte einen biblischen Grundpfeiler des christlichen Weltbildes und des vom Christentum verknöchert rezipierten aristotelischen Weltbildes, zugleich begründeten die zu ihrer Ausarbeitung von Copernicus angewendeten wissenschaftlichen Methoden einen Umbruch in der Entwicklung der Wissenschaften. Damit schrieb Nicolaus Copernicus „der Theologie den Absagebrief" der Naturwissenschaften[20].

Diese Absage an die Theologie war nicht nur objektive Folge der Lehre und der Methode von Copernicus, sondern sie wurde – so widersprechend das erscheinen mag – von Copernicus selbst in der Widmung an Papst Paul III. ausgesprochen. In dieser Widmung wird erstens zwar verklausuliert, jedoch eindeutig die Möglichkeit zurückgewiesen, daß wissenschaftsfremde Kritiker (worunter in erster Linie nur Theologen und Priester verstanden werden können) in die Wissenschaft hineinreden[21]; zweitens gesteht Copernicus dem Papst eine Urteilsberechtigung über sein Werk nicht in der Eigenschaft als Kirchenoberhaupt zu, sondern als Mathematiker ebenso wie allen anderen gelehrten Mathematikern[22].

„Der revolutionäre Akt", so schrieb Friedrich Engels, „wodurch die Naturforschung ihre Unabhängigkeit erklärte und die Bullenverbrennung Luthers gleichsam wiederholte, war die Herausgabe des unsterblichen Werkes, womit Kopernikus, schüchtern zwar und sozusagen erst auf dem Totenbett, der kirchlichen Autorität in natürlichen Dingen den Fehdehandschuh hinwarf. Von da an datiert die Emanzipation der Naturforschung von der Theologie..."[23].

Die weltanschaulichen Auseinandersetzungen erhielten mit dem Werk des Copernicus eine neue Grundlage, andere Bezüge und Formen. Sie erfolgten mehr und mehr außerhalb der Theologie, zwischen Religion und emanzipierter Naturwissenschaft und schließlich in klarerer Scheidung zwischen Idealismus und Materialismus. Die Periode bis zu den siegreichen bürgerlichen Revolutionen in England und Frankreich wurde von diesen Auseinandersetzungen bewegt, wobei die Anwendung der von Copernicus begründeten Prinzipien der Naturforschung den Anhängern des Materialismus immer neue Ergebnisse der Tatsachenforschung für die Ausarbeitung einer mechanisch-materialistischen Weltanschauung verfügbar machte.

Das Bild vom Kosmos hat in langen Perioden der Menschheitsgeschichte eine zentrale Rolle in der Auseinandersetzung um den geistigen Fortschritt gespielt. Copernicus hat diese Auseinandersetzungen zum Höhepunkt geführt, indem er die Grundlagen des objektiven Kosmosbildes mit wissenschaftlichen Methoden erfaßte und dem Glauben die Berechtigung zur Gestaltung dieses Bildes entzogen hat. Er hat damit den Kosmos in doppelter Weise auf die Erde geholt: indem er die wirklichen Bewegungen am Himmel erkannte und darstellte, erwies er zugleich die Einheit der Welt, die Erde als Teil des Kosmos. Damit war die von der Religion und der idealistischen Philosophie Platons und Aristoteles begründete und vom Christentum als religiöses Dogma ausgebaute Lehre von der Verschiedenartigkeit von Erde und Kosmos überwunden. Daraus folgte jedoch zweitens, daß am Himmel und auf der Erde die gleichen Gesetzmäßigkeiten unter gleichen Bedingungen wirken mußten.

Seit dem 18. Jahrhundert ist das Bild vom Kosmos in den geistigen Auseinandersetzungen mehr und mehr zurückgetreten, nachdem seine wissenschaftlichen Grundlagen durch Copernicus gelegt und von Galilei, Kepler, Newton und anderen weiter ausgearbeitet worden waren. In den Mittelpunkt traten, je weiter die bürgerliche Revolution heranreifte, die Fragen der Gesellschaftstheorie. Dennoch hat das Bild vom Kosmos bis auf unsere Tage seine Rolle in der Auseinandersetzung zwischen Materialismus und Idealismus nicht verloren[24].

So steht das mehr als zweitausend Jahre währende Ringen um das Bild vom Kosmos für die harten und opferreichen Anstrengungen der Menschheit um den Fortschritt des Denkens und der Wissenschaft. Diese Auseinandersetzungen haben in der frühesten Klassengesellschaft begonnen, und sie erreichen in unserer Zeit, in der Sozialismus und Imperialismus sich gegenüberstehen, einen nie gekannten Umfang. Nicolaus Copernicus steht in der Mitte dieser Entwicklung und leitete einen entscheidenden Umbruch ein. Er hat zu dem Grund, auf dem das sozialistische Zeitalter unserer Erde bauen kann, durch seinen „revolutionären Akt" einen unvergänglichen Beitrag geleistet.

JOACHIM HERRMANN

Anmerkungen

1 Vgl. z. B. die polnische Bibliographie von H. Baranowski, Bibliografia Kopernikowska, 1509–1955, Warszawa 1955.

2 Die Behandlung der Datierungsfragen und der Verbreitung der Handschrift bei Eugeniusz Rybka, Four Hundred Years of the Copernican Heritage. Jaellonian University, Jubilee Publications Vol XVIII, Kraków 1964, 74 ff.; Schmeidler, Nikolaus Kopernikus. Große Naturforscher Bd. 34, Stuttgart 1970, 84 ff.

3 Der Titel, der von Copernicus für das Werk vorgesehen war, lautete möglicherweise nur „De revolutionibus". – Vgl. dazu C. L. Menzzer, Nicolaus Coppernicus aus Thorn über die Kreisbewegungen der Weltkörper. Übersetzt und mit Anmerkungen von C. L. Menzzer, Thorn 1879, 2, Anm. 1. Zum gleichen Ergebnis kommt auch A. Birkenmajer. Vgl. Nicolaus Copernicus, Über die Kreisbewegungen der Weltkörper, Erstes Buch, hrsg. und eingeleitet von G. Klaus, Berlin 1959, 93.

4 In der Vorrede zu „De revolutionibus" erörtert er die Frage, wie es ihm „in den Sinn gekommen ist zu wagen, gegen die angenommene Meinung der Mathematiker, ja beinahe gegen den gemeinen Menschenverstand" seine Lehre auszuarbeiten. „Als ich daher mit mir selbst zurate ging, für welch ‚mißtönenden Ohrenschmaus' diejenigen, welche die Meinung von der Unbeweglichkeit der Erde auf Grund des Urteils vieler Jahrhunderte für bestätigt annehmen, es halten werden, wenn ich dagegen behaupte, die Erde bewege sich, so war ich lange unschlüssig, ob ich meine Kommentare, die ich zum Beweis ihrer Bewegung geschrieben habe, herausgeben solle, oder ob es besser wäre, dem Beispiel der Pythagoräer und einiger anderer zu folgen, welche die Geheimnisse der Philosophie nur ihren Verwandten und Freunden, nicht schriftlich, sondern mündlich zu überliefern pflegten ... Als ich mir das also reiflich überlegte, hätte mich die Verachtung, die ich wegen der Neuheit und scheinbaren Widersinnigkeit meiner Meinung zu befürchten hatte, fast bewogen, das fertige Werk ganz beiseite zu legen". Er rechnete mit den Angriffen von Verleumdern und Schwätzern, „die, obgleich in allen mathematischen Wissenschaften unwissend, sich dennoch ein Urteil darüber anmaßen ..." Zitate nach Nicolaus Copernicus, Über die Kreisbewegungen (wie Anm. 3), 5, 7. Vgl. insbesondere auch den Beitrag von H. Ley in diesem Band.

5 M. Luther, Tischreden, Bd. 1, Weimar 1912, 419; Bd. 4, Weimar 1916, 412.

6 Die Vorrede von Osiander findet sich u. a. in der Ausgabe von 1873; deutsche Übersetzung von C. L. Menzzer 1879 (wie Anm. 3), 1–2. In der gleichen Ausgabe auch der Briefwechsel zwischen Giese und Rheticus, in dem dieser Vorgang behandelt und verurteilt wird.

7 Philipp Melanchthon, Initia doctrinae physicae, in: Corpus Reformatorum Bd. 13, Halle 1846, Sp. 180–412, besonders Sp. 214 ff.

8 Vgl. die Beiträge von H. Mielke, H. Ley, O. Günther, A. Kauffeldt, K.-H. Hintze, G. Jackisch und H.-J. Treder in diesem Band.

9 Dazu u. a. den Beitrag von F. Jürß in diesem Band. Man vgl. vor allem auch Th. Heath, Aristarchus of Samos. The Ancient Copernicus. A History of Greek Astronomy to Aristarchus together with Aristarchu's Treatise on the Size and Distances of the Sun and Moon. A new Greck Text with Translation and Notes, Oxford 1913. Zum heliozentrischen System vgl. bes. 299 ff.

10 Die Wirkungen eines dem Lysis zugeschriebenen Briefes auf Copernicus behandelt F. Schmeidler, Nikolaus Kopernikus (wie Anm. 2), 82, 143, 162. Dazu auch H. Ley, in diesem Band. Copernicus hatte diesen Brief in das Lateinische übersetzt und ihn in den Autographen aufgenommen, dann jedoch wieder gestrichen.

11 F. Engels schrieb beispielsweise: „So hoch die Naturwissenschaft der ersten Hälfte des 18. Jahrhunderts über dem griechischen Altertum stand an Kenntnis und selbst an Sichtung des Stoffes, so tief stand sie unter ihm in der ideellen Bewältigung desselben, in der allgemeinen Naturanschauung. . ." (F. Engels, Dialektik der Natur, in: Marx-Engels Werke Bd. 20, Berlin 1962 315).

12 Zu der bedeutenden Rolle, die arabische Wissenschaftler und Mäzene für die Bewahrung und Verarbeitung von Kenntnissen der Astronomie der Antike spielten vgl. G. Strohmaier, in diesem Band.

13 Zum Nominalismus im Zusammenhang mit den hier behandelten Fragen vgl. Pál Sándor, Nicolaus Cusanus, Berlin-Budapest 1971, 25 ff. Marx und Engels legten dar, daß der Nominalismus „der erste Ausdruck des Materialismus ist" (Die heilige Familie, in: Marx-Engels Werke Bd. 2, Berlin 1962 135).

14 P. Sándor, Nicolaus Cusanus (wie Anm. 13), 60, kommt zu dem Ergebnis, daß die Philosophie von Cusanus „in ihrer Gesamtheit eine objektiv-idealistische Philosophie" ist, „daß dieser idealistische Standpunkt von Cusanus nicht streng eingehalten, sondern häufig zugunsten eines in materialistische Richtung tendierenden Pantheismus durchbrochen wird". Zum spezifischen Prinzip von Sein und Bewußtsein und zum zentralen Problem seiner Philosophie wurde die Unendlichkeit. Insofern bereitete er philosophisch die Lehre des Copernicus vor. H.-J. Treder spricht daher von dem „cusanisch-copernicanischen Relativitätsprinzip", das die Symmetrien (Homogenität und Isotropie) des physikalischen Raumes feststellt. Philosophisch bedeutet das cusanisch-copernicanische Prinzip zunächst die Negierung des von der scholastischen Philosophie und Theologie behaupteten Unterschieds zwischen Himmel und Erde, und erkenntnistheoretisch schloß dieses Prinzip die Universalität der Naturgesetze ein. . ." (H.-J. Treder, in diesem Band).

15 Vgl. oben, Anm. 10.

16 F. Engels, Einleitung zur englischen Ausgabe der Schrift „Entwicklung des Sozialismus von der Utopie zur Wissenschaft", in: Marx-Engels Werke Bd. 22, Berlin 1963, 299.

17 F. Engels sprach von den „drei großen Entscheidungsschlachten", in denen „der große Kampf des europäischen Bürgertums gegen den Feudalismus kulminierte. . . Die erste war das, was wir die Reformation in Deutschland nennen" wie Anm. 16, 300). An anderer Stelle heißt es: „[Die] Reformation Luthers und Calvins = [die] Revolution Nr. 1 der Bourgeoisie" (F. Engels: Über die Reformation und den Bauernkrieg in Deutschland, Konzept, in: Marx, Engels, Über Deutschland und die deutsche Arbeiterbwegung, Bd. 1, Berlin 1961, 279).

[18] F. Schmeidler, Nikolaus Kopernikus (wie Anm. 2), 110, zeigt, daß die wahrscheinlich sehr gemäßigte Schrift Gieses gegen die lutherische Reformation etwa auch die Auffassungen von Copernicus wiedergab.

[19] K. Zeller, Des Joachim Rheticus Erster Bericht..., München–Berlin 1943, 82 f.

[20] F. Engels, Dialektik der Natur, in: Marx–Engels Werke Bd. 20, 315.

[21] „Wenn aber vielleicht Schwätzer kommen, die, obgleich in allen mathematischen Wissenschaften unwissend, sich dennoch ein Urteil darüber anmaßen und es wagen sollten, wegen einer Stelle der Schrift (locum Scripturae – d. h. der Bibel, J. H.), die sie zugunsten ihrer These übel verdreht haben, dieses mein Werk zu tadeln oder anzugreifen, so mache ich mir nichts aus ihnen, und zwar in solchem Maße nicht, daß ich sogar ihr Urteil als ein dummdreistes verachte..." De revolutionibus, zitiert nach der Ausgabe von G. Klaus (wie Anm. 3), 15.

[22] „Quid autem praestiterim ea in re, tuae Sanctitatis praecipue atque omnium aliorum doctorum mathematicorum iudicio relinquo..." De revolutionibus, zitiert nach der Ausgabe von G. Klaus (wie Anm. 3), 16.

[23] F. Engels, Dialektik der Natur, in: Marx-Engels Werke Bd. 20, 313.

[24] Vgl. dazu besonders die Beiträge von H. Mielke, H. Ley und H.-J. Treder, in diesem Band; weiterhin G. Klaus, Über die Kreisbewegungen (wie Anm. 3) Einleitung LVII ff.

Fritz Jürss

Die Entwicklung des Weltbildes in der Antike

Es gibt Ereignisse, deren kalendarische Wiederkehr uns nur ein kurzfristig antiquarisches Interesse abnötigt. Und es gibt jene anderen ertragreichen, deren Bedeutung bis in die Gegenwart hineinreicht. Sie markieren oft eine Zeit des Umbruchs, in der das nicht immer evidente Fortschrittsgeschehen dann gleichsam mit Händen zu greifen ist. Was Copernicus tat, ist sprichwörtlich geworden für eine solche Wende. Seine Lehre ist eingebracht in unser heutiges Weltbild, ist seit langem zur Selbstverständlichkeit geworden, was unseren Blick für die Größe der Leistung leicht trüben könnte. Goethe, der noch inmitten der Auseinandersetzungen lebte, hat sie so gewürdigt: „Unter allen Entdeckungen und Überzeugungen möchte nichts eine größere Wirkung auf den menschlichen Geist hervorgebracht haben, als die Lehre des Copernicus.“[1] Solche Zeiten der Wende stehen im Spannungsfeld des Vergangenen und des Zukünftigen. Vom zukünftigen eben heute aktuellen Stand der wissenschaftlichen Erkenntnis kann allein ausgemacht werden, wo die relativ überzeitlichen Ergebnisse und Einsichten vorangegangener Leistungen liegen. Denn alle Erkenntnis des Gegenwärtigen wie des Vergangenen ist dem Wandel der gesellschaftlichen Praxis unterworfen. Insofern besitzen wir vergangenes Geschehen nie nur an sich, sondern immer zugleich in unseren Beziehungen zu diesem Geschehen. Diese Beziehungen aber werden bestimmt durch die letzte Form der historischen Entwicklung, welche „die vergangenen als Stufen zu sich selbst betrachtet“ (Marx). Als reifste Form von Philosophie und Wissenschaft hat sie jene Begriffe und Kategorien entwickelt, die das theoretische und methodische Rüstzeug für die historische Analyse liefern.

Es sind freilich oft genug gerade diese Begriffe, die zu einem einseitig logisch-aktuellen Aspekt verführen. Die Gefahr ist keine kleine, den Geist der eigenen Zeit in den Geist vergangener Zeiten hineinzudenken und die Entstehungsgeschichte eines Ereignisses gründlich mißzuverstehen. Dem logisch-aktuellen Aspekt ist das Prinzip „strenger Geschichtlichkeit“ dialektisch verbunden, wie es Lenin fordert, der energisch darauf bestand, „den Alten nicht eine solche Entwicklung ihrer Ideen zuzuschreiben, die uns verständlich ist, bei den Alten aber in Wirklichkeit noch nicht vorhanden war“.[2] Um aber das eigentliche Anliegen eines Denkers, sein Selbstverständnis und die Spezifik der vorangegangenen Entwicklung zu begreifen, sind historisches Sachwissen und philologische Akribie unerläßliche Voraussetzungen. Das Beispiel des Columbus ist symptomatisch. Man muß nicht nur wissen, daß er Amerika entdeckte, man muß zugleich begreifen, warum er Zeit seines Lebens meinte, Indien entdeckt zu haben.

Ähnliches gilt für Copernicus. Er hat sich weit mehr als Wiederentdecker einer in der Antike bereits vollzogenen Denkmöglichkeit verstanden, denn als Initiator jener großen von Kepler, Galilei und Newton fortgesetzten naturwissenschaftlichen Revolution. Die Lektüre seines Werkes macht deutlich, in wie starkem Maße sein Denkstil, seine Begriffe und Methoden vom Erbe der Antike geprägt sind. Damit bildet Copernicus keine Ausnahme; denn die ganze Zeit der Renaissance und des Humanismus suchte ihre Probleme vorwiegend anhand antiker Lehren und Leitbilder zu lösen.

Unter der methodischen Voraussetzung der Einheit des Logischen und Historischen wird die folgende Untersuchung das Schwergewicht auf das Historische legen und deutlich zu machen versuchen, „wie eine bestimmte Erscheinung in der Geschichte entstanden ist und welche Hauptetappen (sie) ... durchlaufen hat"[3]. Die bestimmte Erscheinung ist das Bild vom Kosmos. Seine Geschichte gewinnt an Bedeutung für uns im allgemeinen und für Copernicus im besonderen mit den alten Griechen. An der Westküste Kleinasiens hatten sie in der Auseinandersetzung mit der orientalischen Welt auf der Basis der antiken Sklavenhaltergesellschaft eine neue Form des Denkens entwickelt. Die neue Form war die Philosophie, die zunächst das noch undifferenzierte, auch alle späteren Fachdisziplinen integrierende Gesamtwissen darstellt. Sie macht anfangs kaum die menschliche Gesellschaft zum Gegenstand der Untersuchung, sondern den Kosmos. Geschichte des philosophischen Anfangs ist deshalb vorrangig Geschichte des Weltbildes. Dabei wurde im Übergang vom Mythos zum Logos jener Neuansatz einer rational-wissenschaftlichen Wirklichkeitserfassung gewonnen, welche die Welt ganz ohne Bild und Fabelei zu erkennen sucht. Auch hier herrscht intensives Fortschrittsgeschehen. Was immer dem Denken an Möglichkeiten erreichbar war, scheint in gedrängtem Zeitraum verwirklicht worden zu sein. Dabei zeigt griechisches Denken eine schnelle Bereitschaft, dem langsamen Wachstum des empirischen Wissens davonzulaufen und vermöge seiner Spontaneität und spekulativen Beweglichkeit den erkannten Wirklichkeitsbereich zu transzendieren. Dieser Überschuß an Phantasie ist den Griechen oft zum Vorwurf gemacht worden. Doch Phantasie, heute durch gesicherte Erkenntnisse und Erkenntnismethoden zu diszipliniertem Vorgehen veranlaßt, spielt auch in der modernen Wissenschaftsentwicklung keine geringe Rolle. Sie kann in theoretischem Spiel ideelle Gebilde konzipieren, die noch nicht bekannte Strukturen der Wirklichkeit antizipieren, oder aber solche, die gar nichts Reales abbilden. Wer auf den für den Erkenntnisfortschritt vorteilhaften ersten Fall nicht verzichten will, muß das Risiko des zweiten in Kauf nehmen.[4] Dieses Risiko dürfte zur Zeit des beginnenden Philosophierens noch größer gewesen sein. Um so erstaunlicher ist die Leistung der Griechen im Entwerfen fruchtbarer Denkmöglichkeiten, die beim Auffinden moderner Problemlösungen eine gleichsam heuristische Funktion erfüllt haben, weil sie im Ansatz vorwegnahmen, was viel spätere Zeiten an Ergebnissen hervorbrachten[5]. Ihre Versuche, die Welt zu interpretieren, haben einen Erkenntnisgewinn gezeitigt, dessen – wie Engels gerade im Hinblick auf die heuristische Funktion treffend bemerkt – „kolossale Resultate ... die Untersuchung weit antizipieren" und „fast alle späteren Anschauungsweisen im Keim, im Entstehen"[6] enthalten. Wie rasch sich das Fortschrittsgeschehen gerade auch in der Entwicklung des astronomischen Weltbildes vollzog, ist kaum zu übersehen. Denn die Griechen haben in der kurzen Zeit von 600–300 v. u. Z. von noch mythischen Vorstellungen ausgehend schließlich das heliozentrische Weltbild konzipiert.

Der Rekonstruktion dieser Entwicklung stellen sich freilich Schwierigkeiten entgegen. Die historisch-philologische Analyse muß sich an einem Quellenmaterial betätigen, das recht unzulänglich ist. Zum Teil sind die Zeugnisse verlorengegangen wie die wertvolle Astronomiegeschichte des Aristotelesschülers Eudemos von Rhodos, von der uns nur spärliche Angaben bei Späteren überliefert sind[7]. Zudem widersprechen sich die Zeugnisse in der Zuordnung von Theorien und Autoren so häufig[8]. Hier macht sich der Abstand von Ereignis und Tradition bemerkbar, die, vielfach gebrochen, uns nur aus dritter oder vierter Hand vorliegt. Dabei wird uns meist nur das doxographische Faktum überliefert. Was weit wichtiger für uns wäre, um den Gang der Entwicklung in den Griff zu bekommen, ist das Wissen um Motivierung und Genese einer Theorie.

Der Quelleninterpretation ist also ein gewisser Spielraum gesetzt. Das hat dazu verführt, eine konsequent-zielstrebig die heutige Wissenschaftssituation anlaufende Entwicklung zu konstruieren[9]. Aber der logische Verlauf des historischen Geschehens ist eine modellhafte Konzeption, die nur im allgemeinen und auf langzeitliche Zusammenhänge zutrifft. Nur „im Ganzen" – um mit Hegel zu reden – stimmt die logische Ordnung eines Begriffssystems mit der Ordnung überein, „in welcher in der Zeit diese Begriffe hervorgegangen sind"[10]. Im Einzelnen führt der Weg des Weltbildes über viele Umwege, Abwege und auch Rückwege nach vorn. Wer mit bloß antiquarischem Interesse beim Einzelnen verbleibt, verfehlt den wesentlichen Zusammenhang der Entwicklung, wer dagegen nur die allgemeine Logik des Fortschritts im Blickpunkt hat, dem entgeht die konkrete Mannigfaltigkeit des Historischen.

Bevor Philosophie entstand, gab es nur den Mythos. Als universelles, noch in keine Formen differenziertes Bewußtsein frühgesellschaftlicher Organisationen, ist er das Welt- und Selbstverständnis des Menschen auf einer relativ unentwickelten Stufe seiner gesellschaftlichen Praxis. Dieser Stufe entspricht die Spezifik seiner Wirklichkeitsauffassung, mit bildhaften Vorstellungen die Sachverhalte der materiellen Wirklichkeit zu erklären. Das mythische Weltbild der Griechen, mit dem sich die beginnende Philosophie auseinanderzusetzen hatte, kann hier nur angedeutet werden. Am Aufbau der mannigfaltigen Varianten dieses Weltbildes sind orientalische Vorstellungen in starkem Maße beteiligt. Denn die Griechen sind in eine traditionsreiche Kulturlandschaft eingedrungen und haben an jenem Mythen- und Religionssynkretismus, der im 2. Jahrtausend und in den sogenannten dunklen Jahrhunderten zu Beginn des 1. Jahrtausends v. u. Z. im östlichen mediterranen Bereich offenbar geherrscht hat, nachweislich[11] partizipiert. Auch Mythos bietet keine bloße Bestandsaufnahme der Gegebenheiten dieser Welt. Er erklärt immer zugleich, warum sie so ist, wie sie ist. Hier zeigt sich eine Antizipation des Kausalitätsbegriffes.[12] Bei Hesiod (um 700 v. u. Z.) ist alles aus dem Chaos, aus der „unendlichen Tiefe" geworden, eine im Orient seit eh und je weit verbreitete Vorstellung.[13] Aus dem

Chaos sind die kosmischen Institutionen entstanden, die als Götter begriffen werden. Hier, wo der Mensch in einer erfolgreichen Umweltbewältigung noch nicht gelernt hatte, daß ihm die psychischen Fähigkeiten angehören und verfügbar sind, hat das Göttliche eine Funktion als Mittel theoretischer und praktischer Daseinsbewältigung. Je weniger der Mensch an sich selbst zu besitzen meint, desto mehr verlegt er in die Götter[14]. Das mythisch-religiöse Weltbild ist das notwendige Komplement der auf dieser niederen Stufe der gesellschaftlichen Entwicklung noch unentfalteten Persönlichkeit; die Entstehung des wissenschaftlichen Weltbildes hat ihr Gegenstück in der Selbstfindung des Menschen.[15]

Auch nach der Ursache jenes unsere Welt konstituierenden Raumes zwischen Himmel und Erde, der ja die Existenz von Wesen erst ermöglicht, fragt der Mythos. Und er erklärt die Zweiheit von Himmel und Erde aus der gewaltsamen Trennung der beiden, ursprünglich in Liebe vereinigten Gottheiten durch den jüngsten Sohn Kronos, der seinem Vater Uranos das Glied abschneidet.[16] Da kosmologische Erscheinungen oft im Bilde sozialer Verhältnisse interpretiert werden, könnte sich hier die Trennung des endogamen Clans in zwei exogame Phratrien widerspiegeln.[17] So wird die Welt in zunehmendem Maße gegliedert. Nach Homer und Hesiod läßt sich im großen und ganzen das mythische Weltbild rekonstruieren.[18] Himmel, Erde und Tartaros machen das Ordnungsgefüge dieser Welt aus. Der eherne Himmel ruht – von der Version des Himmelsträgers Atlas einmal abgesehen – auf der Peripherie der vom Ozean umflossenen flachen Erde. Erde und Ozean werden vom Tartaros getragen. Die Dimensionen sind schon erheblich. Für die Distanz Himmel – Erde und Erde – Tartaros benötigt ein fallender Amboß je neun Tage und Nächte. Der Raum dieser Welt ist nicht isotrop. Jeder Ort, jede Richtung hat ihre magisch-religiöse Qualität. Der Himmel gehört den Überirdischen, die Erde den Menschen, der Tartaros den Unterirdischen und Toten, links ist schlecht, rechts ist gut.[19] Diese geordnete Welt selbst ruht nach Hesiod auf dem gähnenden Abgrund, dem Urgrund, aus dem sie selbst hervorgegangen. Seinen Grund würde ein fallender Gegenstand selbst in einem Jahr nicht erreichen, nicht so sehr wegen seiner Unermeßlichkeit, sondern weil hier chaotische Winde jede Fallbewegung verhindern. Damit löst Hesiod zugleich das Problem, warum der Tartaros mit Erde und Himmel nicht nach unten fällt. Noch häufig hat später philosophisches Denken die Frage, was die Erde trägt, auf ähnliche Weise beantwortet.

In der Auseinandersetzung mit diesem religiösen Weltbild hat sich die Philosophie konstituiert. Ihre Entstehung vollzog sich im Rahmen eines die gesamte gesellschaftliche Praxis umfassenden ungewöhnlichen Fortschritts. Im Bereich des wirtschaftlichen Unterbaus ging ein erheblicher Aufschwung von Handwerk und Handel Hand in Hand und zwar in enger Wechselwirkung mit der um die Mitte des 8. Jh. v. u. Z. einsetzenden großen Kolonisation. Mit der Produktion trat anstelle des herkömmlichen Gebrauchswertes der Produkte mehr und mehr der Tauschwert.[20] Dadurch wurde ein abstraktes Warenäquivalent notwendig. Das Geld entstand und begünstigte die Erweiterung der Reproduktion. Mit dem Bedürfnis nach Steigerung der Produktivkräfte nahm die Sklaverei zu und wurde seit dem Ende des 6. Jh. zur gesellschaftsbestimmenden Ausbeutungsmethode. Zugleich übte das Geld eine egalisierende Wirkung auf die Beziehungen zwischen den Mitgliedern des Gemeinwesens aus. Im Akt des Austausches traten sie sich als Gleiche gegenüber, wie auch ihre Tauschobjekte als Äquivalente einander angeglichen wurden.[21] Mit der durch das Geld bedingten Versachlichung der Beziehungen verlor die aristokratische Abkunft an Bedeutung. Diese wirtschaftlichen Verhältnisse bildeten die Grundlage für den scharfen Klassenkampf gegen die Privilegien des Adels. In den harten sozialen und politischen Auseinandersetzungen hat sich dann als neue Form gesellschaftlicher Organisation die Polis entwickelt, die auf dem Prinzip der rechtlichen Gleichstellung aller freien Bürger basierte. In diesen Auseinandersetzungen war auch der die Polisdemokratie tragender Polisbürger herangereift. Er hatte an den Erfolgen in Produktion und Handel, in Klassenkämpfen und sozialen Experimenten gelernt, daß er Einfluß auf die gesellschaftlichen Prozesse zu nehmen vermochte. Dieser erfolgreiche, praktische Umgang mit den realen Gegebenheiten in Wirtschaft und Gesellschaft spiegelt sich in einem realitätsbezogenen, theoretischen Denken wider. Dafür steht der urtümliche Materialismus der ersten Philosophen, die alle ein noch durch keine ideologische Barriere verbautes, ungebrochenes Verhältnis zur technischen Arbeit hatten, das erst mit der anwachsenden Sklaverei gestört werden sollte. Die Entdeckung der Profanität dieser dem Bewußtsein bislang nur in mythischer Umprägung gegebenen Welt nahm ihren Anfang.

Zum Schrittmacher dieser Entwicklung wurden die jonischen Städte an der Westküste Kleinasiens. Dort hatte sich Milet zum führenden wirtschaftlichen und geistigen Umschlagplatz zwischen Ägäis und Orient entwickelt[22], wo in der Konfrontation mit dem Fremden die fixierten traditionellen Denkschemata zuerst fragwürdig wurden. Entscheidende Bedeutung hatte Milet als Metropole von mehr als 80 Tochterstädten[23]. Wie am Ausgang des Mittelalters die der Koloniengewinnung geltenden Entdeckungsfahrten das Weltbild erweiterten, so folgte der kolonisatorischen Expansion auch in Milet eine solche des Geistes.

Philosophie wird für uns zuerst in der Gestalt des Thales von Milet (um 625–545) greifbar. Schon Aristoteles hatte seine Kenntnis über ihn offensichtlich bloß vom Hörensagen.[24] So bleibt vieles unsicher. Als gesichert kann gelten, daß nach ihm die Erde auf dem Wasser schwimmt, aus dem alles entstanden ist. Hier lassen sich die mythische Provenienz und die orientalische Tradition mit Händen greifen. Sowohl in ägyptischen als auch in babylonischen Schöpfungsmythen haben Wassergottheiten seit eh und je eine Ursprungsrolle gespielt;[25] und auch Homer gibt dem Poseidon die Attribute „Erdhalter“ und „Erderschütterer“. Das eigentlich Neue liegt im Wandel des Denkens, das die mythische Vorstellung ins Physikalische übersetzte.[26] Nicht mehr Poseidon mit dem Dreizack, sondern heftige Bewegungen des Wassers verursachen Erdbeben.

Auch über astronomische Probleme soll Thales gehandelt haben. Die antiken Angaben über seine Voraussage der Sonnenfinsternis vom 28. 5. 585 gehören jedoch offenbar in das Reich der Legende.[27] Sie hätte nur aufgrund eines von den Babyloniern übernommenen Zyklus zustande kommen können, den man aber auch bei ihnen zu dieser Zeit noch nicht kannte; denn der berühmte „Saros“ von rund 18 Jahren scheint in Babylon überhaupt keine Beziehung zu Sonnenfinsternissen gehabt zu haben. Das ist um so verständlicher, als sich seine Periodizität erst gewinnen läßt, wenn man die Finsternisse auf der ganzen Erde in Betracht zieht.[28]

Das Ausmaß des orientalischen Einflusses auf die Formung des griechischen Weltbildes ist auch heute noch umstritten, kann aber, wo es um Beobachtungsdaten und technische Details geht, nicht zweifelhaft sein. Von den Ägyptern konnten die Griechen wenig lernen. Daß diese die überaus rationelle Erfindung des solaren Kalenders von den Ägyptern nicht übernahmen, hat ihnen viel chronologisches Kopfzerbrechen bei der Adaptation des Mondjahres bereitet. Sonst waren Mathematik und Astronomie der Ägypter nur mäßig entwickelt. Sie haben vor allem von den Babyloniern gelernt. Von dort direkt oder über Ägypten haben auch die Griechen bedeutende Anregungen empfangen. Als Hilfsdisziplin der Sternreligion hatte die babylonische Astronomie die Bewegungen der Gestirne erforscht und dabei ein umfangreiches Beobachtungsmaterial zusammengetragen. Das führte schon um 1600 v. u. Z. zur Erkenntnis der Identität von Morgen- und Abendstern. Doch erst seit dem 7. Jh. v. u. Z. wurde die babylonische Astronomie allmählich mathematisiert und die entdeckte Periodizität der Planetenbewegungen mit Hilfe arithmetischer Methoden beschrieben, wie sie vor allem in den linearen „Zackenfunktionen" vorliegen. Diese Funktion, welche die zu- und abnehmende Länge bzw. Geschwindigkeit der Gestirne darstellt, erreicht ihr Maximum nicht kontinuierlich – wie die Sinuskurve – sondern durch jeweils konstante Differenzen.[29] Solche Leistungen durchaus wissenschaftlichen Charakters haben ihren Höhepunkt freilich erst nach 300 v. u. Z. Die Entwicklung lief also mit der griechischen annähernd parallel.[30]

Die griechische Astronomie ist jedoch von Anfang an einen ganz anderen Weg gegangen. Sie blieb bis über Ptolemäus hinaus von den Babyloniern abhängig, wo immer es sich um Beobachtungsdaten handelte. Aber sie war in Übereinstimmung mit der von der Philosophie eingebrachten Unterscheidung von Wesen und Erscheinung ganz und gar auf „Strukturerkenntnis gerichtet".[31] Babylonische Astronomie ist immer empirisch, phänomenologisch geblieben. Sie war eine Priesterwissenschaft, die das alte Weltbild nicht überwand und den Mythos nicht losgeworden ist. Hier wurde der Sternenwandel statistisch erfaßt. Aber dieser Wandel war göttlicher Wandel, hieß „Leben des Sonnengottes, Leben des Mondgottes".[32] Dagegen strebte griechische Astronomie von Anfang an danach, hinter der scheinbaren Bewegung im Zweidimensionalen die tatsächliche im Dreidimensionalen zu konzipieren und anhand eines mathematischen Modells darzustellen.

War das Weltbild des Thales dem äußeren Grundriß nach noch weitgehend am Phänomen und an der Tradition orientiert, so begann die große Wende und Befreiung vom Augenschein mit seinem Schüler Anaximander. In diesem Zusammenhang ist wichtig, daß Anaximander das Weltall als Kosmos entdeckt zu haben scheint. Die Begriffsgeschichte zeigt, daß Kosmos zunächst nicht Weltall bedeutete. Vielmehr wurden damit die Dinge unserer Welt bezeichnet, insofern sie sich durch eine funktionstüchtige, zweckmäßige oder geschmackvolle Anordnung ihrer Teile auszeichnen.[33] Das Wort Kosmos erscheint, wo System- und Strukturaspekte eine Rolle spielen. So wird verständlich, daß in der griechischen Literatur die Worte Kosmos und System im selben Zusammenhang auftreten. Erst die Einsicht, daß auch der Mannigfaltigkeit des Weltalls ein von Gesetzmäßigkeiten beherrschtes Ordnungsgefüge zugrunde liegt, hat die Übertragung des Wortes von Teilbereichen auf das Universum veranlaßt. Kosmos ist eigentlich nicht Weltall schlechthin, sondern Weltall als Ordnungsgefüge, als organisch-systematische Einheit.

Schon im einzigen Fragment Anaximanders, dem ältesten überlieferten Bruchstück philosophischen Denkens, wird diese „kosmische" Konzeption des Weltalls deutlich: „In eben jene Ursprünge, aus denen die Dinge entstehen, gehen sie auch wieder zugrunde nach der Notwendigkeit, denn sie büßen ihr gegenseitiges Unrecht nach der Zeitordnung". Hier ist die allgemeine Naturgesetzlichkeit des Entstehens und Vergehens der Dinge erkannt, wenn auch noch im Bilde eines gesellschaftlichen Rechtsverhältnisses als Wechselfolge von Schuld und Sühne formuliert.

Sind nun die Einzelheiten von Anaximanders Kosmologie oft unsicher und ungereimt, so kann doch das Ganze nicht zweifelhaft sein. Als Arché oder substantielles Prinzip der gesamten Wirklichkeit gilt ihm das Apeiron, ein nach Quantität „Unbegrenztes" und wohl auch nach Qualität „Unbestimmbares". Es weist nach rückwärts zum „grenzenlosen Abgrund" mythischer Kosmogonien,[34] und nimmt, von Anaximander ganz ins Abstrakt-Rationale gewendet,[35] zugleich Bestimmungen des marxistischen Materiebegriffes vorweg. Das Apeiron ist in Bewegung, weil das frühgriechische Denken Kraft noch als eine dem Stoff inhärente Eigenschaft versteht. Wie sich bei Hesiod über dem grenzenlosen Chaos das Weltgebäude erhob,[36] so gehen aus dem Apeiron die Ordnungsgefüge, die begrenzten und bestimmten Kosmoi hervor. Ob ihre in Raum und Zeit unendliche Anzahl von Anaximander selbst gelehrt oder von Späteren womöglich erst aus dem Apeiron deduziert worden ist, steht dahin.[37] Unser Kosmos hat sich aus der Absonderung einer feucht-kalten Masse entwickelt, die von einer trockenen Feuersphäre umschlossen war. Aufsteigende kalte Dünste haben diese Sphäre in lauter Ringe gespalten und das Feuer eingeschlossen. Aus ventilartigen Löchern der rotierenden Dunstringe schaut das Feuer in Gestalt von Sonne, Mond und Sternen hervor. Das ist ebenso bizarr wie genial. Denn nun war der Himmel zur Vollsphäre ergänzt, und das Problem, was mit den Sternen passiert, wenn sie untergehen, fand eine zureichende Lösung. Mit dieser Lösung hängt ein totales Umdenken über die Erde zusammen, über dessen Ausmaß wir uns schwerlich eine rechte Vorstellung machen können. Dieser sphärisch konzipierte Kosmos erlaubte keine traditionellen „Wurzeln" der Erde, keine Stütze mehr. Eine solche *Hypothese* hatte Anaximander denn auch nicht mehr nötig. Die dem sozialen Bereich entstammende Kategorie der „Gleichheit" wurde von ihm als kosmologisches Erklärungsprinzip übernommen: Von der Gleichheit ihrer Distanz zu allen Punkten der Peripherie wird die Erde in der Mitte festgehalten. Späte Autoren wollen wissen, Anaximander habe die Erde als kugelgestaltig bezeichnet,[38] eine logische Konsequenz aus der Lehre vom Gleichmaß ihres Abstandes zur Himmelskugel. Anaximander hat sie – hier noch am Augenschein festhaltend – nicht gezogen. Die Erde ist ein Zylinder, dessen Höhe $^1/_3$ des Durchmessers seiner Grundfläche beträgt. Auf der einen Fläche leben wir; ob er für die andere Antipoden annahm, ist ungewiß.[39] Auch nach Größe und Abstand der Gestirne hat er schon gefragt. Die Sonne, d. h. das Loch in ihrem Feuerschlauch hielt er schon für ebensogroß wie die

Erde und für am weitesten entfernt, näher kreisen der Ring mit dem Mond, uns am nächsten die Ringe mit den Fixsternen. Die Anordnung ist wohl orientalischer Herkunft.[40] Die 3er Potenzen, die den Abstand der Ringe regeln, sind Zahlenspekulation. Davon abgesehen erscheint das Ganze mit seiner Entmythologisierung und Relativierung der Raumrichtungen, mit seiner an Kugel, Kreis und Zentrum orientierten Struktur als Novum. Griechische Wissenschaftstradition lag nicht vor. Seine technischen Details borgte er sich bei den Babyloniern aus. Er übernahm von dort den Gnomon, der zur Bestimmung der Solstitien, der Äquinoktien und der Tageszeit diente. Er entwarf wahrscheinlich einen Himmelsglobus und sicher eine Erdkarte nach babylonischen Vorlagen. Aber das Ganze ist genuin griechisch.

Das neue Bild vom Kosmos hängt mit der neuen Organisationsform der griechischen Gesellschaft, mit der Polis, zusammen. Durch den Wandel der gesellschaftlichen Praxis wird die Bahn frei für ein neues Denken über die Welt. Wie das Weltbild Anaximanders legt auch das politische Gebilde der Polis den Akzent auf Kreis und Zentrum.[41] Die „Gleichheit"[42] der Bürger garantiert die Stabilität der Demokratie, die „Gleichheit" der Distanz zur Peripherie die Stabilität der Erde. Die „Gleichheit" hat in der Mitte des Kosmos wie der Polis ihren Angelpunkt. Sie beweist sich in der rationalen politischen Argumentation auf der Agora, dem Poliszentrum[43]. Die „Mitte" ist ein entscheidender Begriff im demokratischen Denken der Griechen.

Wieder wie so oft war auch in der Kosmologie Anaximanders die Spekulation der Beobachtung davongelaufen. Seine teilweise wahren Hypothesen waren nicht wissenschaftlich aufgebaut[44], weil sie ohne zureichenden empirischen und theoretischen Vorlauf in die Nähe dessen gerieten, was erst viel später verifiziert werden sollte. Der von Anaximander eingebrachte Erkenntnisfortschritt wurde von seinen Nachfolgern denn auch weitgehend wieder zurückgenommen. Gleich sein Schüler Anaximenes hatte offenbar große Denkschwierigkeiten mit der ungestützten Erde. Er ließ sie daher auf einem Luftkissen ruhen.[45]

So führte die Entwicklung denn wieder weg von der Entdeckung der Kugelgestalt der Erde, die eigentlich doch schon in der Konsequenz des anaximandrischen Weltbildes gelegen hätte. Wer diese Entdeckung gemacht hat, war schon in der Antike ungewiß. In der Hauptsache rivalisieren Pythagoras und Parmenides. Was Pythagoras angeht, so hat jüngere Forschung die Haltlosigkeit der Tradition überzeugend dargetan. „Pythagoras ist einer der größten griechischen Wissenschaftler"[46], kann heute nicht mehr unwidersprochen behauptet werden. Erst seine Schüler haben ihn zu einem Idol wissenschaftlichen Forscherdranges verklärt, das bis in die Zeit des Copernicus und Kepler lebendig blieb. Daß er freilich als Religionsstifter und Magier überhaupt keine Beziehungen zur Wissenschaft gehabt haben kann, ist ein Vorurteil[47]. Die mathematisch-wissenschaftlichen Leistungen seiner Schüler machen entsprechende Ansätze beim Meister wahrscheinlich. So wird man nicht ganz ausschließen können, daß womöglich auch Pythagoras rein spekulativ der Erde die Gestalt der Kugel als des mathematisch vollkommensten Körpers zugeschrieben hat.

Viele Forscher haben sich indessen für Parmenides entschieden.[48] Da seine Philosophie des Seins eine gewisse Verwandtschaft mit dem Apeiron Anaximanders zeigt, könnte er dessen Kosmologie zu Ende gedacht und von der Kugelgestalt gesprochen haben, zumal er das Seiende selbst mit einer „wohlgerundeten Kugel" vergleicht.[49] Von einer Entdeckung wird man freilich nur in eingeschränktem Sinne sprechen können. Er hat in Anlehnung an seine Ontologie die Kugelgestalt eigentlich mehr erfunden, in einer Zeit als man zwischen Finden und Erfinden erst allmählich zu unterscheiden lernte. Eine Entscheidung zwischen Pythagoras und Parmenides ist schwerlich zu treffen. Aber Pythagoreer und Eleaten standen in Beziehung; beide waren in Großgriechenland zu Hause; und es ist wahrscheinlich, daß die Vorstellung von der Kugelgestalt der Erde sich von da aus über die griechische Ökumene verbreitet hat. Seit der Mitte des 5. Jh. ist sie in der Diskussion, das System des Philolaos baut auf ihr auf und um 400 v. u. Z. zeigt sich Bion von Abdera mit ihren Konsequenzen vertraut, wenn er erklärt, es müsse Landschaften geben, wo 6 Monate lang Tag und dann ebensolange Nacht sei.[50] Was Platon im „Phaidon" (108 ff) vorträgt, kann auch nur im Sinne der Kugelgestalt gedeutet werden, und nach der Mitte des 4. Jh. v. u. Z. gibt Aristoteles dann die im ganzen zureichenden Beweise[51]: 1. Seinen naturphilosophischen Voraussetzungen zufolge haben die schweren Erdpartikel ihren natürlichen Ort in der Mitte des Alls und müssen sich dort bei notwendig gleichmäßiger Ablagerung zur Kugelform zusammenschließen, die zugleich allein die zentrale Ruhelage der Erde garantiert. 2. Die Fallrichtung der Körper verläuft an verschiedenen Orten nicht parallel, wohl aber immer senkrecht zur jeweiligen Tangentialebene; die Oberfläche muß folglich sphärisch sein. 3. Die Form des Erdschattens bei Mondfinsternissen und 4. die Veränderung der Himmelssphäre bei Nord-Südbewegung des Beobachters. Aufgrund der nach Aristoteles' Ansicht dabei raschen Horizontveränderung kann die Erde keine große Kugel sein, was ihn zur Vermutung führte, daß das Meer westlich der Straße von Gibraltar identisch sei mit dem Meer östlich von Indien. Der anfänglichen Konzeption der Kugelgestalt bei den frühgriechischen Denkern haben solche Beweise sicher nicht zugrunde gelegen, was gerade die in Fragen solider Naturforschung weit kompetenteren Fachleute wie Anaxagoras (um 500–428) und Demokrit (um 460–370) davon abhielt, diese Ansicht zu teilen.

Im mechanistischen Weltbild Demokrits fand die von Anaximander kommende materialistische Philosophie ihren Höhepunkt. Der gesamte Kosmos, Himmel und Erde, bilden eine materielle Einheit. Bewegungen, Veränderungen und Qualitäten werden auf das atomare Geschehen reduziert. Was Demokrit sonst an kosmologischen Einzelheiten gelehrt hat, wird von der unsicheren Überlieferung vielfach mit den Ansichten des Anaxagoras identifiziert. Offenbar haben sie in der Nachfolge des Anaximenes die Luft als Stütze der Erde angenommen, die als Scheibe mit konkaver Oberfläche einer Mulde gliche.[52] Notfalls konnten auch so die Zeitdifferenzen der Sternaufgänge und -untergänge erklärt werden. Die Himmelsmechanik wird durch einen Urwirbel begründet, der als Ätherumschwung die Gestirne mit sich reißt, in Richtung Erde aber zunehmend nachläßt. Daher bleiben Sonne ($\approx 1^0$) und Mond ($\approx 13^0$) täglich hinter der Fixsternsphäre zurück.[53] Die Wenden werden nach Anaxagoras durch die kalte, dichte Luft im Norden und Süden veranlaßt, welche die Planeten zurückstößt.[54] Auch die Milchstraße haben beide offenbar richtig als Licht vieler kleiner Sterne erklärt.[55] Bei beiden Denkern scheint neben dem theoretischen Kalkül die Beobachtung eine gewisse Rolle gespielt zu haben.

Mit seiner astrophysikalischen Theorie hat Anaxagoras Geschichte gemacht, und es kam zum ersten uns bekannten Zusammenstoß von Fortschritt und Reaktion in der Wissenschaftsgeschichte. Die Lehre, daß Sonne und Sterne nur durch den Umschwung erglühte Gesteinsmassen seien,[56] hätte in Jonien niemanden erschreckt und gehörte dort wohl ohnehin zum einschlägigen Bildungsgut[57]. Aber Anaxagoras hatte solches in Athen verkündet, und das trug ihm dort einen Prozeß wegen Religionsfrevels ein.[58]

In Athen war ein Mißverhältnis zwischen den wirtschaftlichen Kapazitäten, zwischen der erweiterten Form der Reproduktion und der bisherigen Form der gesellschaftlichen Organisation entstanden. Die allgemeine Krise der Polis begann. Als sie in den Vorwehen des Peloponnesischen Krieges akut wurde und die Herrlichkeit Athens zu verblassen begann, da suchte man nach Sündenböcken. Man fand sie in den aufgeklärten Denkern der „neuen Bildung"[59], die – selbst Exponent der Krise – als Ursache der Krisenerscheinungen mißverstanden wurden. Das politische Haupt dieser Denker war Perikles, ihr spiritus rector Anaxagoras. Politische und klerikale Reaktion machten offenbar gemeinsame Sache. Man wollte Perikles als Demokrat und Mäzen der „neuen Bildung" ebenso treffen wie Anaxagoras als Wegbereiter mechanistischer Wirklichkeitserfassung. Auch die Zunft der Seher und Orakeldeuter, die auf ein numinoses Verständnis der Himmelserscheinungen ihre Existenz begründeten, sah sich bedroht.[60] Ihr Wortführer Diopeithes brachte ein Gesetz durch, wonach „alle anzuklagen seien, die nicht an das Göttliche glaubten oder Hypothesen über Himmelserscheinungen verbreiteten"[61]. Einstimmig bezeugter Anklagepunkt gegen Anaxagoras war die Profanierung der Sonne als Gesteinsbrocken. Er ging auf Anraten des Perikles den drohenden Konsequenzen aus dem Wege und siedelte nach Lampsakos über, wo er offenbar hochgeehrt gestorben ist.[62] Der Gesetzentwurf aber macht deutlich, daß die Parteigänger des Überlebten schon damals in der Astronomie einen weltanschaulichen Faktor sahen, der die Aufklärung des Denkens förderte. Noch Platon registriert später mit Sorge, daß die Astronomie zur Entheiligung der Welt beigetragen habe, versucht aber um so energischer darzutun, daß aus der mathematischen Ordnung in den Bewegungen des Himmels im Gegenteil der Glaube an eine göttliche Intelligenz notwendig folge.[63]

Nach Anordnung und Abstand der Gestirne hatte zuerst Anaximander gefragt. Seine falsche Antwort wurde zum Teil schon von seinem Nachfolger Anaximenes rektifiziert, der die gegenüber der Sonne größere Entfernung der Fixsterne damit begründete, daß diese nicht wärmten.[64] Eine genaue Kenntnis der Planeten scheint keiner der ältesten Philosophen besessen zu haben, obwohl nicht unwahrscheinlich ist, daß die „irrenden", eben nicht fixen Sterne den Griechen selbst frühzeitig aufgefallen sind und manches – wie womöglich die Venus Betreffendes – schon im 6. Jh. v. u. Z. aus Babylon eingedrungen ist. Von dort ist dann nach der Mitte des 5. Jh. v. u. Z.[65] die Kenntnis der Anzahl der in der Antike bekannten Planeten, der Daten für die Umlaufzeiten und auch die Identifikation mit den Göttern gekommen.

Kronos, Zeus, Ares, Aphrodite und Hermes, deren lateinische Bezeichnungen noch heute verwendet werden, sind Übersetzungen der entsprechenden babylonischen Planetengötter und haben sich im 2. und 1. Jh. v. u. Z. durchgesetzt.

Es bleibt das Verdienst der griechischen Astronomie, die richtige, d. h. nach Umlaufzeiten und Abständen geordnete Reihenfolge der Planeten konzipiert zu haben. Wer das zuerst tat, ist umstritten. Durchaus in Frage kommt Demokrit, dessen wenige erhaltene Fragmente uns immer wieder deutlich machten, wie bedauerlich der Verlust seiner Bücher ist. Ein solches hat er auch „Über die Planeten" geschrieben und dabei „zuoberst die Fixsternsphäre, dann die Planeten, danach Sonne, Venus, Mond" mit jeweils unterschiedlichen Erddistanzen angeordnet. Das seinem Philosophieren immanente Problembewußtsein, das im Wissen um die Unzulänglichkeit des Erkannten die Grenze zum Unerkannten zu transzendieren sucht, kommt auch in der Astronomie zum Ausdruck. Er spricht die Vermutung aus, es gäbe mehr Planeten als die bekannten fünf.[66] Daß er um diese fünf Planeten im einzelnen gewußt hat, darf bei einem in mathematisch-naturwissenschaftlichen Dingen so beschlagenen Mann als ziemlich sicher gelten. Wenn Eudemos bei der Frage nach dem Entdecker der richtigen Anordnung Demokrit unerwähnt läßt[67], so ist das erklärlich; denn er urteilt vom Standpunkt der platonisch-aristotelischen Reihenfolge, in der von der Erde aus gesehen nach dem Mond erst die Sonne und dann die Venus folgten. Doch da unter geozentrischem Aspekt Sonne, Venus und auch Merkur die gleiche mittlere Umlaufszeit von einem Jahr haben, war ihre gegenseitige Anordnung belanglos und Demokrits Theorie genauso „richtig".

Die richtige Anordnung haben nach Eudemos zuerst die Pythagoreer ermittelt. Das System, das von Aristoteles diesen „sogenannten Pythagoreern" zugeschrieben wird[68], ist identisch mit dem des Philolaos, der es unabhängig von Demokrit wohl auch gegen Ende des 5. Jh. v. u. Z. entworfen hat. Ein älteres pythagoreisches System ist nicht nachweisbar. Unterhalb der Fixsternsphäre kreisen die fünf Planeten; es folgen Sonne, Mond und Erde. Um den Kosmos durch die heilige Zehnzahl zu „besiegeln", nahm er unterhalb der Erde noch eine Gegenerde an und ließ das Ganze um ein ebenso fiktives Zentralfeuer kreisen. Erde und Gegenerde befinden sich stets in Opposition, so daß die auf der dem Zentralfeuer abgewandten Seite der Erde lebenden Menschen beide Körper nicht wahrnehmen können. Der Fixsternhimmel scheint allerdings nicht an der Bewegung teilzunehmen, da nach Aristoteles Tag und Nacht in diesem System durch eine 24-stündige Umlaufszeit der Erde verursacht werden. Mit einer wissenschaftlichen Astronomie hat diese verwegene Phantasterei wenig gemeinsam.[69] Sie hat die überkommene Planetenordnung in das Gewand mystisch-religiöser Zahlenspekulation gezwängt und leistet nichts zur Erklärung der Bewegungsanomalien der Himmelskörper. Das war freilich auch nicht Anliegen des Systems. Es hat nach Aristoteles „nicht nach den Erfahrungstatsachen die Theorien und Prinzipien entwickelt, sondern nach den Theorien und Spekulationen die Erfahrungstatsachen zurechtgestutzt".[70] Denn die Erde wurde zum Planeten, weil nur dem vornehmen Feuer der Ehrenplatz des Begrenzenden in der Mitte und an der Peripherie zukommen konnte. Kein Zweifel also, daß Voltaires Verdikt der Sache nach zutrifft: „Dieser verworrene Unsinn hat nichts gemein mit den erhabenen Wahrheiten eines Copernicus, Kepler, Galilei und Newton".[71] Und doch waren es die Pythagoreer, die zuerst die Erde unter die Planeten einreihten, die scheinbare Bewegung der Fixsternsphäre auf Erdbewegung zurückführten und damit Denkmöglichkeiten schufen, die überall da fruchtbar werden sollten, wo man gegen die Denkschemata überkommener Weltbilder zu Felde zog.[72] Copernicus selbst, als er von den antiken Denkern spricht, die ihn angeregt haben, nennt zweimal den Philolaos.[73] Copernicus' System lief lange unter dem Namen Astronomia Pythagorica oder Philolaica[74]. Und im 4. Jh. v. u. Z. konnten sich die Vertreter der Erdrotation an Philolaos orientieren.

Wie sehr man solche geistigen Gebilde verfehlt, wenn man sie nur nach ihren positiven Resultaten beurteilt, zeigt gleich ein anderes fruchtbares Produkt pythagoreischen Denkens. Die pythagoreische Sphärenharmonie[75], der zufolge die nach musikalischen Proportionen distanzierten Planeten eine unaufhörliche Weltmusik machen, gehört zur Hälfte sicher in „Tausend und eine Nacht". Und doch hat sich der darin enthaltene Gedanke, daß die Welt kein Chaos, sondern ein von mathematischen Gesetzmäßigkeiten beherrschtes Ordnungsgefüge, also ein Kosmos sei,[76] als unerhört anregend in der Wissenschaftsgeschichte erwiesen. W. Heisenberg zählt zu den Erkenntnissen der griechischen Philosophie, die „ihre fruchtbare Kraft auch in der heutigen Physik noch entfalten" neben der Atomlehre „den Glauben an die sinngebende Kraft mathematischer Strukturen".[77] Das ist eigentliches – wie mystisch-spekulativ auch immer verpacktes – pythagoreisches Vermächtnis, das in Gestalt der Sphärenharmonie nachweislich Pate stand, als Kepler sein 3. Gesetz entdeckte.[78]

War das System des Philolaos auch geeignet, als vorwissenschaftliches Denkmodell wissenschaftliche Lösungen anzuregen, so ließ es doch die Erscheinung der Planetenbewegungen unerklärt. Es entstand die Forderung, nicht mehr an den Phänomenen vorbeizuspekulieren, sondern die Theorie so zu entwerfen, daß sie die Erscheinungen erklärt. Der Grundgedanke fand die berühmte Formulierung „die Erscheinungen retten" und wird den Pythagoreern und (oder) Platon zugeschrieben.[79] Hier kann nicht annähernd auf das bis heute fortgesetzte Pro et Contra um die Bedeutung Platons für die Entwicklung von Mathematik und Naturwissenschaft eingegangen werden. Nach Neugebauer ist seine „Rolle erheblich überschätzt worden",[80] und er verweist auf den Appell Platons, Beobachtung durch Spekulation zu ersetzen.[81] Sicher stellt die im wirtschaftlichen Sachverhalt der Sklaverei und im Apriori seiner Ideenmetaphysik gründende Vorstellung von der Minderwertigkeit aller praktisch-gegenständlichen Arbeit an den materiellen Dingen eine ideologische Barriere dar, welche die Entwicklung von Technik, Experiment, Beobachtung hemmte. Wo man später dennoch empirische Forschung betrieb, wie in hellenistischer Zeit, geschah das nicht selten mit schlechtem Gewissen. Platon hat der Entstehung einer Physik durch die Spaltung des einheitlichen Kosmos in zwei qualitativ unterschiedliche Sphären den Boden entzogen. Ganz anders stand es mit der platonischen Bewertung der Mathematik und Astronomie. Hier gebietet die Divergenz der Zeugnisse selbst, die einzelnen Testimonien nicht zu pressen, die Dialoge als Stationen einer fortgesetzten Meinungsbildung und -wandlung zu begreifen und Platon selbst auch nicht mit der Akademie zu identifizieren. Was die Eigenart dieser Institution betrifft, so ist die Sache wichtig genug, um irrigen Vorstellungen entgegenzutreten. Dieses Urbild aller

Akademien war eine Stätte lebendigen Meinungsstreites, die ihre Mitglieder ganz und gar nicht auf das philosophische Dafürhalten ihres Gründers verpflichtete.[82] Sie verband Leute mit den unterschiedlichsten wissenschaftlichen Interessen und Ansichten. Platon fordert vom Adepten ein zehnjähriges propädeutisches Studium der Arithmetik, Geometrie, Stereometrie, Astronomie und Harmonie;[83] denn er hielt solche mathematischen Übungen für ein unabdingbares Mittel, die Befähigung zur Wissenschaft von den Ideen zu erwerben.

Platon war kein Fachastronom. Die oft beklagte Dunkelheit der Darstellung ist nicht zuletzt bedingt durch seine künstlerischen Intentionen, wissenschaftliche Inhalte in poetisch-mythologischer Form darzubieten. Doch findet sich gerade in seinen Werken ein durchgängiges Interesse für astronomische Fragen. Hier wie in der Mathematik hat er sich alles Faktenwissen von den Fachleuten ausgeborgt. Daß er selbst deshalb deren Studien andererseits nicht habe anregen können, ist ein Vorurteil. Wie die Aktualität seines „Timaios" mit der Reduktion der qualitativen Mannigfaltigkeit auf mathematische Invarianten erst jüngst von der modernen Physik hervorgehoben wurde (Heisenberg), so gibt auch die Tatsache zu denken, daß fast alle großen griechischen Astronomen der platonisch-aristotelischen Schule entstammen. Das wäre bei totaler methodischer Unfruchtbarkeit unerklärlich. Platon hat seine noch im „Staat" erhobene Forderung nach Konstruktion einer von aller Beobachtung abstrahierenden, idealen Astronomie in den „Gesetzen" offenbar modifiziert, wie seine Alterswerke überhaupt eine Neigung erkennen lassen, die empirische Realität weniger abzuwerten. Doch schon im „Staat" gelten die Himmelsphänomene als „das Schönste und Exakteste" der Wahrnehmungswelt.[84] Sie bleiben weit hinter dem Idealen der wahren, allein durch Vernunft faßbaren Himmelsbewegungen zurück. Aber der Graben war andererseits nicht gar so unüberbrückbar, denn die Wahrnehmungsgegenstände existierten gerade durch ihre Teilhabe am wahrhaft Seienden und waren letztlich der Anstoß für den Geist, sich der Ideen selbst zu erinnern.

Daß Platon in allen astronomischen Fragen weitgehend Anleihen bei Eudoxos von Knidos gemacht hat, darf als wahrscheinlich gelten. Der große Astronom und Mathematiker, dessen Proportionenrechnung auch bei modernen Fachkollegen Respekt findet,[85] stand in engen Beziehungen zur Akademie. Ob das Prinzip der Rettung der Phänomene von ihm selbst aufgestellt oder von Platon unter dem Eindruck seiner Theorie der homozentrischen Sphären formuliert worden ist, läßt sich kaum schlüssig erweisen.[86] Die Formulierung selbst läßt wohl vermuten, daß sie vom Standpunkt eines Denkens aus geschah, das dem theoretischen Apriori bislang allein den Vorzug gab, nun aber entgegen der bisherigen Praxis auch die Phänomene berücksichtigen wollte. Der Grundsatz verlangt die Untersuchung, wie durch „gleichförmige und geordnete Kreisbewegungen die Himmelserscheinungen gerettet werden könnten". Hier wird implizit zwischen Wesen und Erscheinung unterschieden, zugleich eine Beziehung zwischen beiden behauptet und diese so gefaßt, daß in der Erscheinung das Wesen erscheint. Soweit handelt es sich um einen methodischen Grundsatz von genereller Bedeutung. Aber dieser Grundsatz ist hier durch ein Apriori belastet, ja nur aufgrund dieses Apriori anwendbar; denn das Wesen ist präjudiziert. Es sind gleichförmige Kreisbewegungen, und die Gestirne werden als göttlich aufgefaßt.

Beides hängt untrennbar zusammen. Daß dem Begründer der Akademie die Vorstellung von der Göttlichkeit der Gestirne erst aufgrund des Nachweises solcher Bewegungen durch Eudoxos aufgegangen sein soll, ist so nicht haltbar.[87] Denn diese Göttlichkeit war ohnehin ein nie ganz verloren gegangener Glaubensartikel einiger Griechen, an dem besonders die Pythagoreer festhielten. Was Eudoxos veranlaßt hatte, eine auf gleichförmigen Kreisbewegungen basierende Theorie zu entwerfen, kann also durchaus pythagoreisch-platonischer Glaube gewesen sein, der dann wieder die Theorie des Eudoxos als Bewahrheitung seiner selbst verstand.

Hier scheint die Frage unabweislich, ob die Konzeption von der Göttlichkeit der Gestirne nicht einen Rückgriff auf vorwissenschaftliches Denken darstellt. Denn wo jonische Philosophie die Entmythologisierung der Natur vorangetrieben hatte, war auch die alte Vorstellung einer Eigenbewegung der göttlichen Planeten aufgegeben worden, wie sie vor allem in Babylon zu Hause war. Die höchste Ausprägung erhielt dieses mechanisch-materialistische Weltbild durch Anaxagoras und Demokrit. Statt Selbstbewegung im Tierkreis in west-östlicher Richtung nahmen sie ein naturnotwendiges „Zurückbleiben" der Planeten hinter dem kosmischen Wirbel in ost-westlicher Richtung an. Dieser Wirbel hat seine Spitzengeschwindigkeit im Umschwung der Fixsternsphäre. Was sich aber im Verständnis der Neuzeit als unerhört fortschrittlich erweist, konnte unter den Bedingungen seiner Epoche die Wissenschaftsentwicklung offenbar nicht mehr stimulieren.[88] Denn daß zu den Bestimmungen der materiellen Wirklichkeit ihre Ordnung und Bewegung nach mathematischen Gesetzmäßigkeiten gehört, lag im ganzen und großen doch außerhalb des Denkmöglichen jener Zeit. Wie sich im irdischen Bereich die Fähigkeit, Mathematik treiben zu können, als eine Bestimmung menschlicher Intelligenz erwies, so war es offenbar eine höhere, nun göttliche Intelligenz, die am Himmel Mathematik trieb. Wie anders sollte solche mathematische Gesetzmäßigkeit aus den Bewegungen toter Planetenkörper resultieren. die vom Druck und Stoß eines blinden Wirbels hin- und hergerissen wurden.[89] Erst das Apriori der Göttlichkeit verhieß dem Bemühen Erfolg, hinter dem irregulären Bewegungsspiel der Planeten mathematische Ordnungen zu finden. Dieses phantastisch-religiöse Bild vom Kosmos hat sich später als erhebliches Hemmnis für den Fortschritt der Erkenntnis erwiesen. Unter den Bedingungen dieser Epoche aber hat es die Mathematisierung der Astronomie und die Konzipierung neuer Planetentheorien ohne Zweifel gefördert, während sich auf der anderen Seite die irdische Physik nicht entwickeln konnte.[90]

Das „Retten der Erscheinungen" auf der Basis vollkommener gleichförmiger Kreisbewegungen hat sich zunächst zwar ohne Zweifel als ein fruchtbares Axiom erwiesen, das die Entwicklung der Planetentheorie erheblich beschleunigt hat und von Platon bis Kepler uneingeschränkt gültig blieb. So bedeutsam aber dieses Axiom auch war, so sehr wurde die nähere Bestimmung – gleichförmige Kreisbewegung – später zum Hemmschuh. Copernicus hat in einer flüchtigen Bemerkung den Gedanken geäußert, daß in der Himmelsgeometrie auch derjenige Kegelschnitt eine Rolle spielen könnte, den die Mathematiker Ellipse nennen.[91] Aber er hat die Bemerkung ebenso schnell wieder getilgt. Denn es sei „unwürdig, dergleichen ungleichmäßige Bewegung bei den himmlischen Dingen anzunehmen, die auf optimale Ordnung gegründet seien".[92]

Sind es doch gerade die „Grundprinzipien gleichförmiger Bewegung“[93] selbst, die er in der Epizykel-Exzenter-Theorie des Ptolemäus zu Recht verletzt glaubt, und denen er mit seiner heliozentrischen Theorie wieder entsprochen zu haben meint. Und noch Kepler's Werke machen deutlich, welche Anstrengungen ihn die Überwindung dieses Vorurteils und die Einsicht bereitet hat, daß die Rettung der Erscheinungen nur durch eine „astronomia nova“, die mit Ellipsen arbeitet, geschehen kann.[94] Wie zur Selbstrechtfertigung bringt er nun auch die Ellipse mit dem bislang allein dem Kreis angemessenen Begriff der Vollkommenheit zusammen; er spricht von der „figura perfecte elliptica“[95].

Als erster Versuch, die scheinbaren Stillstände und Rückläufigkeiten der Planeten auf der Grundlage gleichförmiger Kreisbewegungen zu erklären, ist uns das System der homozentrischen Sphären des Eudoxos von Knidos überliefert[96]. Zentrum aller Bewegungen ist die im Mittelpunkt des Kosmos ruhende Erde. Der scheinbare Lauf eines Planeten wird durch die Resultante kreisender Kugelschalen beschrieben, die nach Art einer Kardanischen Aufhängung ineinander verschachtelt vorgestellt werden müssen; doch sind ihre Achsen nicht rechtwinklig, sondern so gegeneinander ausgerichtet, daß die sich gleichförmig aber mit unterschiedlicher Geschwindigkeit drehenden Sphären im Endeffekt den scheinbaren Lauf hervorbringen. Die Systeme von Sonne und Mond umfassen drei, die der anderen Planeten vier Schalen. Auf dem Äquator der jeweils innersten Schale ist der Planet befestigt. Jede von ihnen repräsentiert eine Besonderheit der Himmelsbewegungen. Die jeweils äußerste Schale stellt überall den täglichen Umlauf dar, an dem ja alle Planeten teilhaben. Die nachfolgende, sich langsam entgegengesetzt drehende gibt die Umlaufszeit des Planeten in der Ekliptik wieder. Die Achsen der dritten und vierten Sphäre, die gleichschnell in entgegengesetzter Richtung rotieren, sind so ausgerichtet, daß der Planet eine in der Ekliptikebene liegende Acht, die sogenannte Hippopede (Pferdefessel) beschreibt, die von der zweiten Sphäre zur charakteristischen Schleife verzerrt wird. Die Gesamtheit aller Himmelssphären beträgt 26.

Die Leistung des Eudoxos verdient Respekt. Die moderne Forschung ist sich weitgehend einig, daß in dieser Anwendung geometrischer Methoden der Ausgangspunkt einer wissenschaftlich-mathematischen Astronomie liegt. Sie hat jedoch infolge einer Reihe deskriptiver Unzulänglichkeiten von Anfang an zu fruchtbarer Kritik herausgefordert. Anstoß erregte die Kompliziertheit des Modells, wonach außerdem – entgegen den Tatsachen – die retrograden Bewegungsphasen immer in derselben Weise verlaufen mußten. Ungeklärt blieb auch, daß Venus von der östlichen bis zur westlichen maximalen Elongation 144 Tage, für den entgegengesetzten Weg aber 440 benötigt. Vielleicht am auffälligsten war, daß die Planeten auf der innersten Sphäre stets gleichen Abstand zum Zentrum hielten, während tatsächlich die etwa beim Venusumlauf auftretenden Helligkeitsunterschiede auf eine Änderung der Distanz Erde–Planet hinwiesen. Zugleich blieb bei postulierter Gleichförmigkeit der Bewegung auch die Sonnenanomalie unerklärt, die sich in der ungleichen Länge der Jahreszeiten zeigt und schon 80 Jahre zuvor von Euktemon und Meton erkannt worden war.

Eine wenn auch begrenzte Möglichkeit, das Modell durch den Einbau weiterer

Schalen den Erscheinungen besser anzupassen, war gegeben.[97] Kallippos hat die Zahl auf 33 erhöht und scheint vor allem die zuletzt erwähnte Unzulänglichkeit beseitigt zu haben. Aristoteles brachte es auf 55 Sphären. Seine Leistung ist umstritten. Was aber auf den ersten Blick als Herausforderung an den gesunden Menschenverstand erscheint, war gerade durch einen realistischen Denkansatz bedingt, der an die physikalische Interpretation eines Anaxagoras und Demokrit anknüpfte. Aristoteles' Vorgänger hatten das System mit Sicherheit abstrakt-mathematisch begriffen und für die bloße Deskription gedacht. Für das Realitätsbewußtsein des Aristoteles aber war die Frage nach dem konkreten physikalischen Ablauf der Bewegungen unabweisbar. Und er fand, daß sich der kinematische Mechanismus der vier Schalen des jeweils übergeordneten Planeten notwendig dem System des eingeschlossenen mitteilen müsse. Deshalb schaltete er zwischen den Schalensystemen zweier Planeten drei bzw. vier „zurückrollende" Sphären ein, welche die jeweiligen Bewegungen der übergeordneten Sphären kompensieren sollten. Dabei galt die äußerste, die tägliche Rotation repräsentierende Sphäre für alle Planeten gleichermaßen und brauchte nicht ausgeglichen zu werden.

Das System hatte trotz der Kompliziertheit den Vorzug, physikalischen Prinzipien zu entsprechen, die damals jene des Aristoteles waren.[98] Denn die Erde ruhte entsprechend ihrem natürlichen Ort in der Mitte des Universums und war – anders als in der Epizykeltheorie – Zentrum aller Kreisbewegungen. Die Bedeutung des Aristoteles und die physikalische Unzulänglichkeit der mathematisch weit überlegenen Epizykeltheorie sicherten dem System der homozentrischen Sphären auch im Mittelalter Anhänger. Copernicus erwähnt die Lehre als eine Möglichkeit neben der des Ptolemäus.[99] Die ohnehin schon erhebliche Kompliziertheit war im Mittelalter durch Erhöhung der Sphärenzahl auf 79 an den Rand des Grotesken getrieben worden. Ihr Erfinder, Girolamo Fracastoro, lehrte in Padua, als Copernicus von 1501–1503 dort studierte.[100] Es steht zu vermuten, daß das Verlangen nach Vereinfachung hier wie schon in der Antike verstärkte Bemühungen um neue Planetentheorien angeregt hat, die jeweils im Heliozentrismus ihren Gipfel erreichten.

Das Prinzip der „Rettung der Erscheinungen" hatte mit seiner Problemstellung eine relativ eigenständige Entwicklung der Bemühungen um seine Lösung ausgelöst. Das Geschehen am Himmel wurde zum bevorzugten Exerzierfeld mathematischen Scharfsinns; denn bei dem, was an Ergebnissen auf dem Gebiet der mathematischen Astronomie eingebracht wurde, lag der Akzent eindeutig auf der Rechnerei. Beobachtung war zweitrangig, die Arbeit konnte am Schreibtisch erledigt werden. Es entstand eine Vielzahl von Hypothesen, deren Details und deren Zuweisung zu bestimmten Autoren bis heute umstritten sind. Daß sich die rasante Drehung der Fixsternsphäre durch die Annahme einer Erdrotation natürlicher erklären ließe, wird als Lehre der Pythagoreer Hiketas und Ekphantos und des Platonschülers Herakleides Pontikos bezeugt[101] und war im 4. Jh. mit Sicherheit Gegenstand der Erörterung. Herakleides war kein Fachastronom; aber es scheint, daß in seinen Dialogen zahlreiche Reflexe dessen vorhanden waren, was von den Zuständigen diskutiert wurde. Erörtert wurde auch die sogenannte heliodynamische oder heliosatellitische Theorie,[102] die eine Vorstufe zu der des Aristarch darstellt. Hier kreisen Merkur und Venus um die Sonne, diese aber und die äußeren Planeten um die Erde. Auch dieses System überdauerte das Mittelalter und wurde noch von Tycho Brahe mit der Abänderung akzeptiert, daß sich auch die äußeren Planeten um die Sonne drehen, welche die Erde umkreist. In der Antike war die Theorie wohl vom Bemühen inspiriert, die leidige Aporie der Anordnung von Sonne, Merkur und Venus zu lösen, die den alten Astronomen keine kleinen Schwierigkeiten gemacht hat.[103] Denn ob man nun die beiden inneren Planeten oberhalb oder unterhalb der Sonne ansetzte, so hätten sie in jedem Fall in einem geordneten Kosmos, wo Abstand und Umlaufzeit durch eine Proportion geregelt sein sollten, langsamer oder schneller als die Sonne umlaufen und auch in Opposition zu dieser geraten müsse. Dagegen zeigten beide nur eine Elongation von 27° bzw. 47° und alle drei dieselbe mittlere Umlaufzeit von einem Jahr.

Nun ist uns von Herakleides Pontikos noch ein anderes Fragment von erheblichem Gewicht überliefert. Es macht trotz seiner unpräzisen Aussage deutlich, daß schwache Ansätze eines Heliozentrismus bereits vor Aristarch in der Diskussion waren, und lautet: „Es kam aber jemand daher, so erzählt Herakleides Pontikos (vermutlich in einem seiner Dialoge), und sagte, daß unter der Voraussetzung einer irgendwie bewegten Erde und einer irgendwie ruhenden Sonne, die um diese erscheinende Anomalie gerettet werden könne."[104] Eine gewisse Ähnlichkeit damit haben die Propositionen der scholastischen Philosophie. Auch dort gab es Wegbereiter des Copernicus. Im Sentenzenkommentar des Franciscus de Mayronis wird kurz nach 1300 mit ähnlichen Worten auf die Möglichkeit der Erdbewegung hingewiesen: „Es sagte aber ein gewisser Gelehrter, daß eine bessere Disposition zustande käme, wenn sich die Erde bewegte und der Himmel ruhte."[105] Doch scheinen solche mittelalterlichen Vorbereitungen nur die Erdrotation, nicht die Revolution zu betreffen.

Der Eifer in der Rettung der Erscheinungen brachte dann auch jenen Gipfelpunkt hervor, der mit dem Namen Aristarch von Samos verbunden ist.[106] Da seine Bedeutung seinerzeit unerkannt blieb, hat die Tradition auch kaum etwas von seinen Lebensumständen bewahrt. Gegen Ende des 4. Jh. v. u. Z. geboren, war er Schüler des als Physiker einzigartigen Peripatetikers Straton von Lampsakos, welcher der reinen Theorie durch exakt-experimentelle Forschung eine solide Grundlage zu geben suchte. Nach Vitruv scheint auch Aristarch auf naturwissenschaftlichem Gebiet wohl bewandert gewesen zu sein.[107] Wir hören von Arbeiten zur Theorie des Lichtes und der Farben. Sein Hauptinteresse galt freilich der Astronomie. Hier hat er den Gnomon, den Schattenstab, verbessert, den er in die Mitte einer mit einem Gradnetz versehenen Halbhohlkugel einsetzte.

Seine bedeutendste Leistung aber beschreibt sein jüngerer Zeitgenosse Archimedes so: „Er stellte die Hypothese auf, daß Sonne und Fixsterne unbeweglich sind, die Erde aber sich auf einer Kreisbahn um die Sonne bewegt, die im Mittelpunkt steht. Die Fixsternsphäre jedoch, die dasselbe Zentrum hat, ist von so großer Ausdehnung, daß die Erdbahn sich zum Abstand der Fixsterne verhält wie der Mittelpunkt einer Kugel zu ihrer Oberfläche."[108] Das ist das ausführlichste Zeugnis, und es ist in Anbetracht des gewichtigen Themas von bedauerlicher Kürze. Dennoch kann kein Zweifel sein, daß hier die unzeitgemäß fortschrittliche Theorie des heliozentrischen System vorliegt. Daß nur vom Erdumlauf die Rede ist, tut nichts zur Sache; aus ihm ergibt sich von selbst der Sonnenumlauf der anderen Planeten, der in Ansätzen ohnehin schon vorher konzipiert worden war. Zugleich ist durch die Feststellung der Fixsternsphäre Erdrotation vorausgesetzt, wird aber durch ein ergänzendes Zeugnis bei Plutarch nachdrücklich bestätigt: „Klag uns nur nicht wegen Religionsfrevel an, mein Lieber, wie es sich einst Kleanthes vorgenommen hatte, als er ganz Griechenland zur Anklage gegen Aristarch von Samos aufrief, weil der Mann die Phänomene zu retten gesucht, indem er den Herd des Kosmos in Bewegung brachte, den Himmel aber ruhen und die Erde sich auf einem schiefen Kreise fortrollen und zugleich um ihre eigene Achse wirbeln ließ".[109]

Copernicus erwähnt Aristarch[110], und es ist womöglich diese Stelle gewesen, die ihm bekannt war; denn daß er Plutarch kannte, ist gewiß,[111] während die Erstausgabe vom „Sandrechner" des Archimedes erst 1544 kurz nach seinem Tode erschien. Manche Wissenschaftstheoretiker meinen, die Bedeutung von Copernicus werde durch die Leistung des Aristarch geschmälert, die sie dann als vage Hypothese oder gar flüchtigen Einfall abtun, während ersterem das originale Verdienst gebühre, alles begründet zu haben.[112] Dergleichen bleibt jedoch unbeweisbar, weil die Ungunst der Tradition von Aristarchs Werk nur einen Splitter bewahrt hat, während uns das Werk des Copernicus vollständig vorliegt. Und es ist zu bedenken, daß nicht einmal Copernicus seine Hypothese bewiesen hat. Erst der weitere Gang der Wissenschaftsgeschichte, erst Kepler, Galilei, Newtons Himmelsmechanik, die Entdeckung der Aberration (1728) und der Nachweis der jährlichen Parallaxe (1838) haben allmählich seine Hypothese verifiziert – eine Nachfolge, die Aristarch versagt war. Man weiß, wie viele, gerade auch kompetente Zeitgenossen sich skeptisch zur Lehre des Copernicus verhielten, genau wie damals Archimedes selbst, einer der genialsten naturwissenschaftlichen Denker, beim Referat der Hypothese Aristarchs keinerlei Zustimmung erkennen läßt.

Freilich hat Copernicus seine Hypothese durch Hinweis auf die Vorteile wahrscheinlich gemacht.[113] Daß Aristarch dazu außerstande gewesen sein sollte, ist durch nichts zu erweisen. Hat er doch den entscheidenden Einwand der fehlenden Parallaxe gegen sein System im Grunde ganz richtig mit dem Hinweis auf die gewaltigen kosmischen Größenordnungen entkräftet. Er ist, wie schon anfangs deutlich gemacht, kein bloßer Spekulierer. Davon gibt uns auch seine erhaltene Schrift „Über die (relativen) Größen und Entfernungen von Sonne und Mond" einen Begriff.[114] Er ging dort als erster von dem exakten Ansatz aus, daß Erde, Mond und Sonne bei Halbmond ein rechtwinkliges Dreieck bilden und fand für den Winkel Mond–Erde–Sonne mangels zureichender Instrumente – auch für die genaue Festlegung der Halbmondzeit – den Betrag von 87° (exakt 89° 50′). Da trigonometrische Verfahren zu seiner Zeit noch nicht entwickelt waren, errechnete er durch ein kompliziertes geometrisches Nährungsverfahren für die Distanz Erde – Sonne das 19- (exakt 370-)-fache der Distanz Erde – Mond und für den Durchmesser der Sonne das 6,75-(exakt 109-)fache des Durchmessers der Erde.

Das heliozentrische System des Aristarch hatte keine Chance. Um 150 v. u. Z. hat Seleukos von Seleukia die Theorie offenbar noch etwas präzisiert,[115] dann schweigt die Tradition endgültig. Aristarchs Leistung scheint auch die frommen

Fanatiker seiner Zeit in Harnisch gebracht zu haben, und man könnte meinen, es hätten die gleichen Kräfte das System zu Fall gebracht, die auch zu Copernicus Zeiten bestimmten, was der Mensch von Gott und der Welt zu glauben habe: Die Religion und der Aristoteles. Aber hier stimmt die gesellschaftliche Analogie nicht ganz, und alle Behauptungen von einem wirklichen Religionsprozeß gegen Aristarch haben in den Quellen keinen Rückhalt. Der Text spricht nur von einem Wunsch des Kleanthes, der in Griechenland mit seiner tolerierten Meinungsvielfalt keineswegs ernste Konsequenzen gehabt haben muß. Es war ganz ohne Zweifel das am naturphilosophischen Weltbild des Aristoteles orientierte Denken der Zeitgenossen, mit dem sich freilich auch die Begründer der Naturwissenschaften zu Beginn der Neuzeit auseinanderzusetzen hatten.[116] Noch Galileis Kollege, Cesare Cremonini, weigerte sich, durch's Fernrohr zu schauen, weil er zu sehen fürchtete, was es nach Aristoteles nicht geben durfte. Das hat in dieser Zeit schon den Wert eines Kuriosums, denn das Weltbild des mittelalterlichen, von der Kirche katholisierten Aristoteles[117] stand in voller Auflösung. Es waren die sich kraftvoll entfaltenden frühbürgerlichen Gesellschaftsverhältnisse, welche die Dinge zum Tragen brachten, denen in der Antike keine Wirksamkeit beschieden war. Wie Demokrits Atomlehre und Erkenntnistheorie, wie Herons Theorie des Dampfdrucks unter den Bedingungen der Poliskrise und der Sklavenhaltergesellschaft seinerzeit keine Nachfolge fanden, sondern erst in der Neuzeit fruchtbar wurden, so blieb auch die Leistung Aristarchs ohne Resonanz. Zu seiner Zeit stand das aristotelische Weltbild in voller Geltung und stellte das reifste Entwicklungsstadium der Wissenschaft dar. Dieses Weltbild soll hier nicht ausführlich behandelt werden. Seine damals zum Teil selbstverständlichen Kategorien sind heute nicht mehr zwingend, weil gerade unter den Bedingungen einer fortgeschritteneren gesellschaftlichen Praxis in der von Copernicus eingeleiteten Periode ein Umdenken stattgefunden hat. Für die Antike jedoch bedeutete Aristoteles eine Neuorientierung von erheblichem Ausmaß.[118] Daß diese Neuorientierung noch allenthalben von den Muttermalen vorangegangener Naturspekulation gezeichnet ist, kann kaum verwundern. Aristoteles hat sich nicht von allen überkommenen Denkschemata – auch solchen platonisch-idealistischer Provenienz – freimachen können. Aber er begründete seine Philosophie eigentlich in ständigem Streitgespräch mit seinen Vorgängern, unter denen Platon die entscheidende Rolle spielt, und gewann dabei erhebliches philosophisches Neuland. Platon und Aristoteles suchten beide invariante Prinzipien, die das eigentliche Korrelat wissenschaftlicher Erkenntnis sind; denn beide glaubten, daß dort, wo eine sich ständig verändernde Mannigfaltigkeit von Dingen ohne Ordnungsstruktur vorliegt, Wissenschaft nicht möglich sei. Deshalb glaubte der Idealist Platon, seine Erkenntnisgegenstände, die Ideen, als objektive geistige Realitäten jenseits der empirischen Wirklichkeit ansiedeln zu müssen. Aristoteles verwarf die Transzendenz der Ideen. Er faßte sie als den Erfahrungsobjekten immanente Formprinzipien auf, die als das objektive Allgemeine und Wesentliche die Mannigfaltigkeit der Dinge gliedern. Damit konnte Erkenntnis des Allgemeinen nicht ohne Kenntnis des Einzelnen geschehen. Wahrnehmung und Wahrnehmungsgegenstände wurden rehabilitiert. Hier zeigt sich Aristoteles als Materialist.

Mit der Einsicht, daß sich unser Denken an den „Tatsachen selbst“ orientieren muß, um zum Allgemeinen zu gelangen, machte Aristoteles Wissenschaft von der Natur erst möglich. Wenn es für Platon im Grunde nur die eine „Wissenschaft“ von den Ideen gab, so ergab sich für Aristoteles entsprechend den unterschiedlichen Tatsachenbereichen eine Differenzierung unserer Naturerkenntnis in Disziplinen mit spezifischen Methoden. Die Natur war für ihn eine organisch-funktionelle Einheit[119], deren entscheidende Bestimmungen Bewegung und Veränderung sind. Das geschieht in Raum und Zeit. Raum ist der Ort eines Dinges. „Ort ist die erste unbewegte Grenze des umfassenden Körpers zum umfaßten“.[120] Außerhalb der Dinge gibt es also keinen Raum. So ist der Begriff des absoluten Raumes Aristoteles fremd. Sein Schüler Theophrast schreibt vorsichtiger: „Vielleicht existiert also der Raum an sich gar nicht, sondern wird durch die Lage und die Reihenfolge der Dinge gemäß ihrer Natur und ihren natürlichen Funktionen bestimmt“.[121] Durch die Verbindung von Geometrie und Materie zeigt der aristotelische Raumbegriff größere Nähe zur Relativitätstheorie als zur Auffassung Newtons.[122] Mit dem Infinitesimalen hatte Aristoteles keine kleinen Schwierigkeiten. „Wir sind in einem Dilemma, denn es ist klar, daß das Unbegrenzte in gewisser Weise existiert, in gewisser Weise nicht“.[123] Daß der unendliche, leere Raum, eben weil er keine Körper enthält, gar nicht existieren kann, geht aus seinem Raumbegriff einwandfrei hervor. Aber Aristoteles leugnete auch, daß Körper von unendlicher Größe oder Kleinheit actualiter existieren, die notwendig formlos wären und damit keinen Gegenstand der Erkenntnis bilden könnten. Aus dem Dilemma half er sich mit seinen Kategorien Akt und Potenz. Er wußte, daß Größen ins Unendliche geteilt werden können und die Zahlenreihe ad infinitum fortgeführt werden kann. Das „kann“ wird zum entscheidenden Begriff. Denn das Unendliche existiert nach Aristoteles niemals verwirklicht, sondern nur der Möglichkeit nach.

Bewegung, Raum und Zeit waren für Aristoteles Relationsgrößen.[124] Wie den Raum mit den Körpern, so verband er die Zeit mit der Bewegung. „Auch die Zeit erkennen wir, wenn wir die Bewegung mit Hilfe von ‚vorher‘ und ‚nachher‘ bestimmen.“[125] Zeit als Zahl der Bewegung ist gleichsam die Eigenschaft einer Eigenschaft der Materie. Zeit und Bewegung freilich haben weder Anfang noch Ende. Das Setzen eines Anfangs würde zu einem regressus ad infinitum führen. Daraus folgt die Ewigkeit der Welt. Der Prozeß kann nicht anders als zyklisch begriffen werden; „alle Kunst und Philosophie ist viele Male erfunden und vervollkommnet worden und dann doch wieder untergegangen“[126]. Wie der kosmische Gesamtraum von der Fixsternsphäre definiert wird, so ist deren Rotation Grund und Maß aller Bewegung. Aber alle Bewegung benötigt eine letzte unbewegte Ursache. So kam Aristoteles zur viel umstrittenen Lehre eines ersten unbewegten Bewegenden an der äußersten Himmelssphäre. Der von dieser Sphäre umfaßte Kosmos bildet die Gesamtheit der materiellen Objekte und ist begrenzt. Da es außerhalb des Kosmos keine Körper gibt, ist dort weder Ort noch Bewegung und also auch keine Zeit.

Das kosmologische Strukturprinzip ist im wesentlichen durch den Begriff der natürlichen Bewegung und des natürlichen Ortes gegeben. Der natürliche Ort ist der Zielpunkt der natürlichen Bewegung der Elemente. Im irdischen Bereich herrscht die gradlinige Bewegung vor; sie verläuft nach unten zum Mittelpunkt hin wie die der Erde oder nach oben vom Mittelpunkt weg wie die des Feuers. „Weil es aber ein Element gibt, daß über alles hinausgeht und eines, daß unter alles hinab geht, muß es zwei weitere geben, die sowohl unter etwas hinab als auch über etwas hinausgehen".[127] Mit dieser grotesken Deduktion wird die Existenz von Wasser und Luft und die Anordnung der Elemente entsprechend ihrer zunehmenden Leichtigkeit und Beweglichkeit zur Peripherie hin begründet. Nun gibt es neben der gradlinigen Bewegung auch die kreisförmige, die im Umschwung der Fixsternsphäre ihren reinsten Ausdruck findet. Kreisförmige Bewegung ist den vier Elementen nicht natürlich. Also muß es ein Element geben, dem sie gemäß ist. Das ist der Äther, die quinta essentia, aus der die supralunare Welt besteht. Jeder im Kreis bewegte Körper aber muß einen ruhenden Mittelpunkt haben. Dieser wird notwendig von der Erde okkupiert, denn das schwere und träge Element hat eben dort seinen natürlichen Ort. Der Geozentrismus war eine logische Konsequenz der Theorie der natürlichen Bewegung und des natürlichen Ortes.

Wo Aristoteles Einzelprobleme erörterte, leistete er zeitgemäß Überragendes. Dann aber verführte ihn der Wille zur Systematisierung bisweilen zu verwegenen Konstruktionen, die für den gesunden Menschenverstand eine Zumutung darstellen. Aus einem einzigen Beobachtungsfaktum wurden umfassende Theorien induziert. Wie er seinen unbewegten Beweger, seinen Äther und anderes erschlossen hat, läuft den Prämissen seiner eigenen Logik und Methodologie zuwider. Besonders in seiner Theologie und Teleologie ist der idealistische Einschlag spürbar. Damit hängt zusammen, daß auch Aristoteles in der Nachfolge Platons die Spaltung des Kosmos in zwei Bereiche von unterschiedlicher Rangordnung beibehielt. Dennoch überwiegen die fruchtbaren, materialistischen Tendenzen seiner Philosophie. Aristoteles bleibt der „größte Denker des Altertums" (Marx).

Es ist nicht schwer zu begreifen, daß Aristarchs Theorie dieses Bild vom Kosmos in heillose Unordnung gebracht hätte. Es schien unmöglich, daß die ätherisch leichte Sternsphäre ruhen und die träge Erde sich kreisförmig bewegen sollte. Und auch die Rotation schien undenkbar, denn dann müßten hochgeworfene Körper, Wolken und alles, was nicht niet- und nagelfest ist, hinter der rasanten Drehung zurückbleiben.[128] Dem war eigentlich bis Newton kaum etwas Stichhaltiges entgegenzusetzen.

So blieb denn nur, die Rettung der Erscheinungen auf der Basis des Geozentrismus zu perfektionieren. Dazu bot sich von seiten der Mathematiker die Theorie epizyklischer und exzentrischer Bewegungsformen an. Ihre Beziehungen zueinander untersucht zu haben, ist das Verdienst des Apollonios von Perge um 200 v. u. Z.[129]. Ob er sie begründete, oder überkommene, womöglich aus der heliosatellitischen Theorie stammende Ansätze weiterentwickelte, ist nicht mit Sicherheit zu entscheiden. Damit wurde eine Entwicklung beschritten, die in Ptolemäus ihren Höhepunkt hatte. Aber sie ist nicht ganz so komplikationslos verlaufen, wie man auf den ersten Blick vermuten möchte. Die Anwendung der Epizykel in der Astronomie dürfte die Fachleute im Gegenteil vor keine kleinen Schwierigkeiten gestellt haben. Denn zu perfektionieren war das mit den Beobachtungen kollidierende System homozentrischer Sphären. Dieses aber stimmte als einziges mit den Voraussetzungen der aristotelischen Physik überein, wonach alle Bewegung im Bereich der Quintessenz kreisförmig um ein und dasselbe kosmische Zentrum von notwendig solider Substanz verlaufen mußte. Kreisförmige Bewegung um ein bloß mathematisches Zentrum, d. h. um ein Nichts wie beim Epizykel, war eine Sünde wider den Geist der aristotelischen Naturphilosophie. Daß die Epizykeltheorie mathematisch-deskriptiv Vorzügliches leistete, aber mit der Physik nicht zurecht kam, blieb ihre schwache Stelle. Ein für die Entwicklung wenig förderlicher Gegensatz zwischen physikalischer und mathematischer Astronomie brach auf,[130] den erst die mit Copernicus beginnende Wissenschaft der Neuzeit überwinden sollte.[131]

In der Theorie epizyklischer und exzentrischer Bewegung fungiert als Grundkreis ein Trägerkreis oder Deferent (Abb.1), auf dessen Peripherie der Mittelpunkt K eines

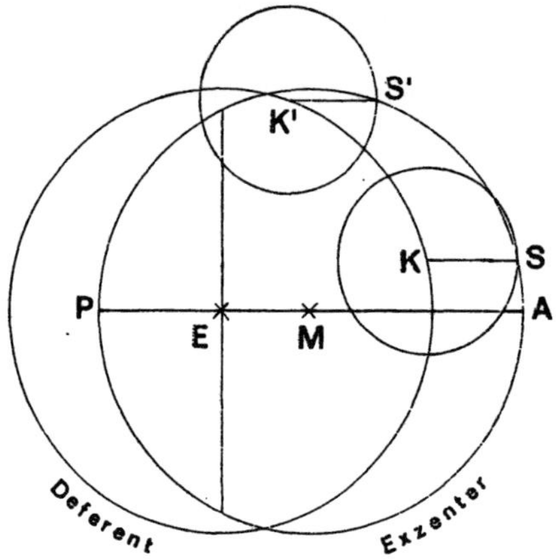

Abb. 1

kleinen Kreises, des Epizykels, umläuft, der den Planeten trägt. Bewegt sich der Radiusvektor KS nun mit solcher Winkelgeschwindigkeit, daß er stets parallel zur Apsidenlinie PA verläuft, dann laufen K und S gleichzeitig um; dabei beschreibt S einen Exzenter, dessen Exzentrizität dem Radius des Epizykels gleich ist. Die exzentrische ist folglich ein Sonderfall epizyklischer Bewegung.[132] Ist S die Sonne, dann liegt die Erde E um EM vom Mittelpunkt entfernt. Das Modell war also geeignet, die unterschiedlichen Distanzen und die ihnen zugeordneten unterschiedlichen Geschwindigkeiten zu beschreiben. Hipparch (um 190–125) hat davon Gebrauch gemacht, um die unterschiedliche Länge der Jahreszeiten zu erklären, da die gleichförmige Bewegung von S auf dem Exzenter von E aus gesehen ungleichförmig erscheint, d. h. schneller im Perigäum P, langsamer im Apogäum A. Die Bedeutung Hipparchs für die Geschichte der Astronomie kann schwerlich unterschätzt werden. Er ist durch keinen kühnen Entwurf eines umfassenden Weltbildes hervorgetreten, sondern hat durch eine auf minutiösen Beobachtungen basierende Forschung den Rückstand der Empirie aufzuholen versucht. Unter anderem entdeckte er durch Vergleich seiner zu Zwecken der Katalogisierung bestimmten Fixsternörter mit den über 100 Jahre älteren Positionsangaben des Timocharis und Aristyllos die Präzession der Äquinoktien. Sein Wirken bildete eine entscheidende Voraussetzung für die Leistung des Ptolemäus.

Claudius Ptolemäus (um 100–178) hat das ihm von Apollonios und Hipparch Überkommene durch Eigenes bereichert und zu einer Planetentheorie ausgebaut. Er hat in seinem Almagest versucht, die gesamte Erscheinungsvielfalt der Himmelsbewegungen im geozentrischen Bezugssystem so lückenlos wie möglich darzustellen. Um nun die Planeten kinematographisch exakt in den Griff zu bekommen, ging Ptolemäus von einem Deferenten mit schon exzentrisch gelegener Erde aus. Läuft S öfter um als K, so erscheinen die für die Planeten charakteristischen Schleifenbahnen. Stellt S die 3 äußeren Planeten Saturn, Jupiter und Mars dar, so ist sein Umlauf das ins geozentrische System projizierte Abbild der heliozentrischen Erdbahn und die Bewegung von K auf dem Deferenten der wirkliche Umlauf des Planeten um die Sonne. Bei Merkur und Venus dagegen entspricht die Revolution von S dem wirklichen Planetenumlauf, die von K dem Erdumlauf. Durch Ermittlung der Exzentrizität und der Lage der Apsidenlinie, des Deferanten, des Epizykelradius und seiner Umlaufzeiten, durch Bestimmung der Neigung des Epizykels gegen den Deferenten und des Deferenten gegen die Ekliptik, um die Breitenbewegung darstellen zu können, ist es Ptolemäus gelungen, die Bewegungen der Planeten mit fast derselben Genauigkeit zu beschreiben, wie das durch die Keplersche Ellipse geschieht. Um diese Genauigkeit zu erreichen, hat Ptolemäus das Prinzip gleichförmiger Kreisbewegung de facto aufgegeben und nur noch durch ein kinematographisches Kunststück formal beibehalten (Abb. 2). Er hatte gefunden, daß die Geschwindigkeit von K, sowohl von E als auch von M aus gesehen, ungleichförmig verlief. Deshalb ersann er einen zusätzlichen Kreis, den im Mittelalter sogenannten circulus aequans, mit dem Mittelpunkt F, dem punctum aequans, das von M und EM entfernt ist.[133] Dem Beobachter in F zeigen sich nun die in gleichen Zeiten durchlaufenen ungleichen Kreisbögen AK und K'P unter gleichen Winkeln, d. h. der Radiusvektor FB läuft mit konstanter Winkelgeschwindigkeit um. In gewisser Hinsicht scheint Ptolemäus mit der Einführung des Aequans zugleich eine

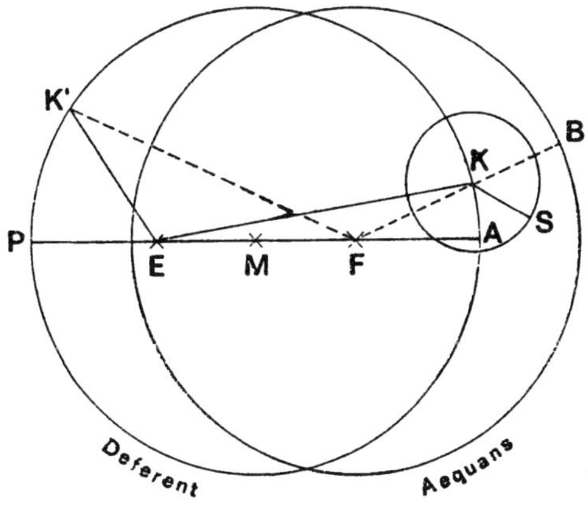

Abb. 2

bemerkenswerte Nähe zur Kinematographie elliptischer Bahnbewegungen erreicht zu haben. Das konnte um so eher geschehen, als die Bahnen infolge geringer Exzentrizität – vom schwer zu beobachtenden Merkur und damals unbekannten Pluto abgesehen – sich einem Kreis annähern. Nach dem 1. Keplerschen Gesetz steht nun die Sonne in dem einen Brennpunkt der Ellipse, entspräche in unserem geozentrischen Bezugssystem also E. Nach dem 2. Gesetz beschreibt der Radiusvektor Sonne–Planet, also EK, in gleichen Zeiten gleiche Flächenräume. Tatsächlich ist denn auch in Abb. 2 der Sektor PEK' $\approx$ Sektor AEK. Das punctum aequans entspricht also annähernd dem 2. Brennpunkt der Keplerschen Ellipsenbahn.

Durch genauere Beobachtungen und Berechnungen hätte Ptolemäus sein Modell im Hinblick auf größere Annäherung an den phänomenalen Bewegungsablauf sicher noch verbessern können. Auch Copernicus weiß, daß seine Theorie für die Berechnung der Ephemeriden grundsätzlich nicht wesentlich mehr leistet als das System des Ptolemäus.[134] Aber die Gleichartigkeit besteht nur in der mathematisch-deskriptiven Leistung. Die entscheidende Tat des Copernicus ist, die Grundlage dafür gelegt zu haben, daß die Physik und damit das Streben nach Erkenntnis der objektiven Gesetzmäßigkeiten wieder zu Wort kommen konnte. Daß mit der Relativitätstheorie die Entscheidung zwischen der heliozentrischen und geozentrischen Theorie wieder gegenstandslos geworden sei, ist nicht stichhaltig. Die Entstehung des Systems der Planeten, die tatsächlichen Bewegungsabläufe, kurz die Newton'sche Himmelsmechanik ist mit dem Heliozentrismus untrennbar verbunden. Seitdem hat die Theorie des Ptolemäus ihre Rolle ausgespielt.

Das Ptolemäische System war die letzte große Leistung des Altertums auf dem Gebiete der Astronomie. Die antike Gesellschaftsformation ging ihrem Ende entgegen. Schon vor Ptolemäus war der Elan zu originellen Schöpfungen weitgehend dem Bemühen gewichen, Bilanz zu ziehen. Die zunehmende Müdigkeit im Gang der Wissenschaftsgeschichte führte zu Versuchen, das überkommene Wissen in Einführungsschriften, Kompilationen und Summen zu inventarisieren. Die Überzeugung, nichts Kluges mehr denken zu können, das nicht die Vorwelt schon gedacht, verbreitete sich.[135] Zugleich machten sich die für niedergehende Gesellschaftsformationen charakteristischen Symptome des Irrationalismus und Mystizismus bemerkbar. Mit der zunehmenden Diffusion von Magie und exakter Wissenschaft wurde das gesamte Weltbild „remythologisiert".[136] Die Mathematik wurde mehr und mehr von neupythagoreischer Zahlenmystik, Botanik, Mineralogie, Alchemie und Medizin mehr und mehr vom Okkultismus beherrscht. Die ursprünglich ablehnende Haltung der Griechen gegenüber der Astrologie wurde schon im 3. Jh. v. u. Z. allmählich aufgegeben. Ptolemäus, Wissenschaftler in seinem Almagest, hat Astrologie getrieben. Zu dieser Zeit war ihr alle Welt vom „Kaiser bis zum Zirkuskutscher" verfallen. Die christliche Lehre ersetzte das philosophische Denken, wurde zur „schönen Philosophie".[137] Mit dem wachsenden Interesse für die Dinge im Himmel verloren die Dinge am Himmel ihre Bedeutung. Die „Heilige Schrift" wurde zum Lehrbuch schlechthin. Viele Kirchenväter leugneten die bewiesene Kugelgestalt der Erde[138] und Kosmas Indikopleustes entwarf seine christliche Topographie auf der Basis des biblischen Weltbildes mit der flachen Erde.[139]

Daß das Erreichte dennoch nicht von diesen offenkundigen Rückschritten verschüttet wurde, gehört zu den unbestreitbaren Verdiensten von Männern wie Cassiodor. Sie haben das Erbe der Alten in Gestalt der „Sieben freien Künste" zur Bildungsinstitution in den Klosterschulen gemacht und damit über die große Pause im wissenschaftsgeschichtlichen Geschehen hinweggerettet. Es konnte fruchtbar werden, als unter den Bedingungen der Herausbildung des Städtebürgertums sich die naturwissenschaftlichen Studien an den Klosterschulen von Oxford, Chartres und Paris im 13. Jh. wieder belebten. Auch die astronomische Forschung lief wieder an und nahm mit Copernicus jenen fruchtbarsten Ansatz der Antike wieder auf, den achtzehn Jahrhunderte zuvor Aristarch geschaffen hatte.

Anmerkungen

Die Fragmente der frühgriechischen Philosophen werden zitiert nach der Sammlung von H. Diels – W. Kranz, Die Fragmente der Vorsokratiker, 5. Auflage ff., Berlin 1934 ff. Im folgenden zitiert: Diels – Kranz.

1 Materialien zur Geschichte der Farbenlehre, Weim. Ausg. II 3, S. 213.

2 W. I. Lenin, Philosophische Hefte, Werke 38, Berlin 1970, 234.

3 W. I. Lenin, Über den Staat, Werke 29, Berlin 1970, 463.

4 Zum Problem vgl. G. Klaus, Kybernetik und Erkenntnistheorie, 2. Aufl., Berlin 1967, 98.

5 Vgl. die Bemerkung von P. M. Schuhl, Actualité de l'Epicureisme, Actes du VIIIe Congrès de l'Association Guillaume Budé, Paris 1969, 45: „Toutes les grandes philosophies sont toujours actuelles ... et l'on ne cesse de s'apercevoir qu'elles avaient toujours contenu en puissance des réponses à des questions que ne leur avaient pas été posées, questions que suggèrent des ciconstances nouvelles, réponse que n'avaint pas actualisées les conjunctures anterieures."

6 F. Engels, Dialektik der Natur, in: Marx-Engels Werke Bd. 20, 491 und 333.

7 Ed. F. Wehrli, Die Schule des Aristoteles 8, Basel 1955, Fragm. 143–149.

8 So sind für Platon die Theorien der ruhenden (Phaidon 108 e), der rotierenden (Timaios 40 b c) und der revolvierenden Erde (Theophrast bei Plutarch, Numa 11, 67) belegt.

9 So sind teilweise E. Frank, Platon und die sogenannten Pythagoreer, Halle 1923, und B. L. van der Waerden, Die Astronomie der Pythagoreer, Verhandelingen der Koninklijke Nederlandse Akademie van Wetenschapen, Afd. Natuurkunde 1, 20, 1, Amsterdam 1951, verfahren.

10 Vgl. P. V. Kopnin, Dialektik – Logik – Erkenntnistheorie, Berlin 1970, 78, der zugleich eine vortreffliche Analyse der dialektischen Beziehungen des Logischen und Historischen bietet, 237 ff.

11 Erwähnt sei hier nur der Sukzessionsmythos Uranos – Kronos – Zeus bei Hesiod, der offenbar über eine phönizische Version auf eine jüngst entdeckte churristisch-hethitische zurückgeht, der womöglich noch ältere zugrunde liegen, vgl. H. Otten, Mythen vom Gotte Kumarbi. Neue Fragmente, Berlin 1950, 6.

12 Vgl. dazu und zur Struktur des mythischen Weltbildes E. Cassirer, Philosophie der symbolischen Formen II: Das mythische Denken, Berlin 1925.

13 Vgl. U. Hölscher, Anfängliches Fragen, Studien zur frühgriechischen Philosophie, Göttingen 1968, 58 ff.

14 Vgl. die Analyse bei Marx, Zur Kritik der Hegelschen Rechtsphilosophie, Einleitung, Marx-Engels Werke Bd. 1, 378 ff. Der Gedanke findet sich schon bei Goethe: „Was der Mensch als Gott verehrt, ist sein eigenstes Innere herausgekehrt", vgl. B. Snell, Die Entdeckung des Geistes, Studien zur Entstehung des europäischen Denkens bei den Griechen, 2. Aufl., Hamburg 1948, 46.

15 Dieses Verhältnis am frühgriechischen Denken aufgewiesen zu haben, ist ein Verdienst von B. Snell, Die Entdeckung des Geistes (wie Anm. 14), 35.

16 Die Verbreitung solcher mythischen Grundmotive über Gebiete, zwischen denen keine Kommunikation stattgefunden hat, macht deutlich, daß auf ähnlichen Entwicklungsstufen der gesellschaftlichen Praxis die Sachverhalte ähnlich widergespiegelt werden können. Im polynesischen Mythos hat der Gott der Bäume den Himmel mit Gewalt weggedrückt, um den in der Erde verborgenen Wesen Lebensraum zu schaffen. In diesem Weltbild ist der Himmel dann nicht höher als die höchsten Bäume. Vgl. W. Staudacher, Die Trennung von Himmel und Erde, Tübingen 1942, und H. Schwabl, Art.: Weltschöpfung, Realencyclopädie der class. Altertumswissenschaften, Suppl. 9, 1433 ff.

17 Vgl. G. Thomson, Die ersten Philosophen, Berlin 1961, 122 ff.

18 Homer, Ilias 8, 16; Hesiod, Theogonie 720 ff.; vgl. I. V. Kopp, Das physikalische Weltbild der frühen griechischen Dichtung, phil. Diss. Freiburg/Schweiz 1939; B. Gladigow, Pneumatik und Kosmologie, Philogus 111, 1967, 1–20; G. S. Kirk – J. E. Raven, The Presocratic Philosophers, Cambridge 1966, 10–19.

19 Vgl. J. P. Vernant, Mythe et pensée chez les Grecs, Paris 1965, 149.

20 Eine Übersicht über die sozialökonomischen Veränderungen gibt P. M. Schuhl, Essai sur la formation de la pensée Grecque, 2e éd., Paris 1949, 151 ff. Anregend ist G. Thomson, Die ersten Philosophen (wie Anm. 17), 143 ff., der freilich durch Reduktion aller philosophischen Kategorien auf die Gegebenheiten der Warenwirtschaft in einen simplifizierenden Ökonomismus verfällt; vgl. auch E. Ch. Welskopf, Die Produktionsverhältnisse im alten Orient und in der griechisch-römischen Antike, Berlin 1957.

21 K. Marx, Grundrisse der Kritik der politischen Ökonomie, Berlin 1953, 156 ff.

22 Vgl. C. Roebuck, Jonien trade and colonization, New York 1959.

23 Nach Plinius, Naturgeschichte 5, 112 waren es 90 Kolonien.

24 Diels-Kranz 11 A 14; 12.

25 Vgl. Thomson, Die ersten Philosophen (wie Anm. 17), 127 und vor allem U. Hölscher, Anfängliches Fragen (wie Anm. 13), 40 ff.

26 Folgerichtig beginnt E. J. Dijksterhuis, Die Mechanisierung des Weltbildes, Berlin–Göttingen –Heidelberg 1956, auch mit Thales.

27 O. Neugebauer, The exact sciences in antiquity, 2nd ed., Providence 1957, 136 hält sie für unhistorisch, ebenso A. Pannekoek, A history of astronomy, 2nd ed., London 1969, 99.

28 Daß die Voraussage auf dem Saros beruht haben könnte, bestreitet auch B. L. van der Waerden, Erwachende Wissenschaft 2: Die Anfänge der Astronomie, Basel 1968, 119 ff. Doch Van der Waerden neigt dazu, die Quellen oft allzu unkritisch hinzunehmen und aus einem Minimum von Überlieferung sehr kühne Schlußfolgerungen zu ziehen, vgl. die Kritik bei D. R. Dicks, Early Greek astronomy to Aristotle, New York 1970, 173 f., der die These eines Zyklus von 47 Monaten für willkürliche Spekulation hält.

29 Van der Waerden, Erwachende Wissenschaft 2 (wie Anm. 28), 139 ff.

30 Neugebauer, The exact sciences (wie Anm. 27), 97 und 156 f. Das hohe Alter der babylonischen Astronomie ist seit langem als Phantasiegebilde der Panbabylonisten ausgewiesen, die allzu verschwenderisch mit den Jahrtausenden umgegangen sind; zum orientalischen Einfluß vgl. Dicks, Early Greek astronomy (wie Anm. 28), 163 ff.

31 K. von Fritz, Grundprobleme der Geschichte der antiken Wissenschaft, Berlin – New York 1971, 8.

32 Pannekoek, A history of astronomy (wie Anm. 27), 77. Bezeichnend ist, daß die frühgriechischen Denker die astralreligiöse Verpackung des astronomischen Materials nicht akzeptierten.

33 Bei Homer ist die Organisation eines Kriegerhaufens zu einer funktionierenden Armee ebenso „kosmische" Tätigkeit wie die Herstellung einer Mahlzeit aus angemessenen Zutaten. Da im Begriff des Kosmos das physikalisch, ästhetisch und moralisch „Ordentliche" zunächst noch wenig geschieden ist, kann das Wort auch Schmuck, Ornament bedeuten, ja sogar auf ein der Situation angepaßtes, schickliches Handeln Anwendung finden. Auch Gedichte als Anordnungen von Wörtern zu sinnvollen, schönen Wortgefügen werden so bezeichnet, wie denn Demokrit die Dichtung Homers einen Kosmos nennt. Bei den Historikern werden die politischen Organisationsformen wie Aristokratie oder Demokratie so bezeichnet. Für die Belegstellen und die Einzelheiten vgl. J. Kerschensteiner, Kosmos, Quellenkritische Untersuchungen zu den Vorsokratikern, Zetemata 30, München 1962 und C. H. Kahn, Anaximander and the origin of Greek cosmology, New York 1960, Appendix I.

34 Vgl. Hölscher, Anfängliches Fragen (wie Anm. 13), 87. Solche Beziehungen machen es unwahrscheinlich, daß der Begriff schon irgendwelche Infinitesimalreflexionen in der Art Zenons und der späteren Mathematiker impliziert.

35 Der Zusammenhang des Denkens mit der Sprache ist auch hier unübersehbar. Die Entmythologisierung scheint mit die Fähigkeit des Denkens, substantivierte Eigenschaftsabstrakta bilden zu können, verbunden, vgl. Snell, Die Entdeckung des Geistes (wie Anm. 14), 217 ff.

36 Vgl. F. Solmsen, Chaos und Apeiron, Studi italiani di filologia classica 24, 1950, 235 ff.

37 Vgl. W. K. C. Guthrie, A history of Greek philosophy I, Cambridge 1962, 106 ff.

38 Diels – Kranz 12 A 1.

39 C. H. Kahn, Anaximander and the origin of Greek cosmology, New York 1960, 56 zieht diese freilich fragwürdige Schlußfolgerung aus den Fragmenten.

40 Vgl. W. Burkert, Iranisches bei Anaximander, Rheinisches Museum 106, 1963, 106 ff.

41 Vgl. zum folgenden bei J. P. Vernant, Mythe et pensée (wie Anm. 19), den Abschnitt Géometrie et astronomie sphérique dans la première cosmologie grecque 145 ff.

42 Für den Begriff der *ὁμοιότης* als kosmisches Prinzip vgl. Platon, Phaidon 109 und Aristoteles (Diels – Kranz 12 A 26), die sich wohl beide auf Anaximander beziehen. Die Bedeutung dieser Begriffsgewinnung für die gesellschaftliche Praxis kann kaum überschätzt werden und wird nicht durch die selbstverständliche Tatsache beeinträchtigt ,daß Ideal und politische Realität auseinanderfielen. Wichtig ist, daß dieses von den Griechen konzipierte Prinzip sozialer Organisation als Korrektiv eine politische Funktion bis heute ausgeübt hat. Der rechtliche Terminus für diese Gleichheit ist Isonomie. Bei Philon, der wohl auf eine ältere pythagoreische Quelle zurückgeht, erscheint sie als Natur und Gesellschaft umgreifendes Grundgesetz Wie sie die kosmischen Verhältnisse ordnet, so liegt sie den politischen Verhältnissen in der „besten Demokratie", den körperlichen in der „Gesundheit" und den seelischen in der „*καλοκαγαθία*" zugrunde, vgl. E. G. Schmidt, Das Gedicht des Ausonius de ratione librae und der Isorrhopie-Gedanke, in Isonomia, hg. von J. Mau und E. G. Schmidt, Berlin 1964, 122.

43 Der Schwerpunkt der orientalischen Städte lag dagegen offenbar auf der Peripherie mit der heiligen Mauer und den heiligen Toren, vgl. E. Kornemann, Heilige Städte, in Gestalten und Reiche, Leipzig 1943, 6 f.

44 Vgl. G. Klaus, Spezielle Erkenntnistheorie, Berlin 1966, 79 f.

45 Wie die übrigen Gestirne auch, vgl. Diels – Kranz 13 A 7. Das hängt mit seiner Ontologie zusammen, in welcher der Luft die Rolle der Arche zukam.

46 So zuletzt B. Farrington, Greek science, 1966, 43.

47 Der Zerstörung der Pythagoras-Legende ist die verdienstvolle Arbeit von W. Burkert, Weisheit und Wissenschaft, Nürnberg 1962, gewidmet. Doch geht Verf. so weit, daß er schließlich Mühe hat, die Historizität der Person zu retten (185 f.). Es bleibt dennoch die Möglichkeit,

daß Pythagoras trotz religiös-mystischer Praxis und Spekulation Wissenschaft betrieben hat. Schließlich ist die unteritalische Philosophie weit stärker im Spannungsfeld von Mythos und Logos zu Hause als die jonische, wie Empedokles beweist.

48 So Burkert (wie Anm. 47), 283 und nachdrücklich R. Mondolfo, La prima affermazione della sfericità della terra. Momenti del pensiero greco e cristiano Napoli 1964, 101–117.

49 Diels – Kranz 28 B 8, 43.

50 Diels – Kranz 77 A 1.

51 Über das Weltall 297 b.

52 Diels – Kranz 59 A 88; 68 A 94.

53 Diels – Kranz 59 A 42, 71; 68 A 88.

54 Diels – Kranz 59 A 72.

55 Diels – Kranz 59 A 80; 68 A 91.

56 Diels – Kranz 59 A 42.

57 Solches hatte schon Anaximenes gelehrt (Diels – Kranz 13 A 6).

58 Für die Religionsprozesse vgl. E. Derenne, Les procès d'impiété, Liège – Paris 1930.

59 Die auch Aristophanes, Wolken 936 ff. als Sachwalter des Althergebrachten angriff. Gute Darstellung der Verhältnisse bei W. Nestle, Vom Mythos zum Logos, Stuttgart 1940, 476 ff.

60 Vgl. M. P. Nilsson, Geschichte der griechischen Religion I, 3 Aufl., München 1967, 768.

61 Plutarch, Perikles 32.

62 Aristoteles Rhetorik 1398 b 15.

63 Platon, Gesetze 966 d.

64 Diels – Kranz 13 A 7.

65 W. Burkert, Weisheit und Wissenschaft (wie Anm. 47), 293, plädiert für Meton als Vermittler.

66 Diels – Kranz 68 A 86; 40; 68 A 92.

67 Eudemos von Rhodos, Fragm. 146, ed. Wehrli.

68 Über das Weltall 293 a 18 ff. = Diels-Kranz 58 B 37.

69 Auch in den übrigen Fragmenten erweist sich die abstruse Phantasie des Philolaos, wenn er meint, die Lebewesen auf dem Monde seien 15mal größer und schöner und hätten keinen Stoffwechsel. Auch sei der Mondtag 15mal so lang. Das alles scheint wieder aus einem Minimum von rationaler Erkenntnis der 30tägigen Umdrehungszeit herausgesponnen zu sein (Diels-Kranz 44 A 20).

70 Über das Weltall 293 b 25.

71 Dictionnaire philosophique, Art. Système, Oeuvres complètes 20, 4, éd. Moland, Paris 1874, 469.

72 Vgl. G. V. Schiaparelli, I Precursori di Copernico nell' Antichità, Pubbl. del Reale osservatorio di Brera in Milano 3, 1873, 8.

73 De revolutionibus orbium caelestium, ed. Societas Copernicana Thorunensis 1873, 6, 10 ff.; 17, 6 ff.

74 Vgl. P. Duhem, Le système du monde I, Paris 1954, 21.

75 Aristoteles, Über Weltall 290 b 12 ff und Platon, Staat 530 d, u. ö.

76 Das Dogma der Pythagoreer hieß: „Die ganze Welt ist Harmonie und Zahl" (Aristoteles, Metaphysik 986 a 3). Sie glaubten die Dinge und ihre Beziehungen – und allerdings auch die psychischen Tatbestände – durch Zahlen und Zahlenverhältnisse bestimmt.

77 Gedanken der antiken Naturphilosophie in der modernen Physik, Antike 13, 1937, 118.

78 Harmonices mundi, praefatio libri V. Man sollte bei der Beurteilung pythagoreischen Denkens nicht vergessen, wie sehr selbst noch bei Kepler Wissenschaft mit mystischer Naturschau pythagoreisch-platonischer Prägung einhergeht, vgl. die freilich allzusehr von Jung'schen Kategorien beeinflußte Studie des Physikers W. Pauli, Der Einfluß archetypischer Vorstel-

lungen auf die Bildung naturwissenschaftlicher Theorien bei Kepler, in Naturerklärung und Psyche, Zürich 1952.

79 Geminos, Einführung in die Astronomie 1,19:11,5 Manitius; Simplikios zu Aristoteles, Über das Weltall 2,12:488,21 ff. Heiberg.

80 The exact sciences (wie Anm. 27), 152.

81 Staat 530 a ff.

82 Vgl. H. Cherniss, The riddle of the early academy, Los Angeles 1945.

83 I. Dühring, Aristoteles, Heidelberg 1966, 3 ff.

84 Staat 529 c.

85 Vgl. H. Wussing, Mathematik in der Antike, 2. Aufl., Leipzig 1965, 108 ff.

86 Zur ganzen Passage vgl. die treffliche Studie von J. Mittelstraß, Die Rettung der Phänomene, Berlin 1962, 117 ff. Unbefriedigt läßt weniger das Versäumnis, sich nicht ausreichend mit B. L. van der Waerden, Die Astronomie der Pythagoreer, auseinandergesetzt zu haben, wie K. v. Fritz, Grundprobleme (wie Anm. 31), 177, Anm. 369, meint; Anstoß erregt vielmehr die rigoros einseitige Auffassung des platonischen Wissenschaftsbegriffes. Daß Platon den Dingen der empirischen Realität keinen Ehrenplatz einräumte, ist zutreffend. Daß er aber deshalb grundsätzlich unfähig gewesen sei, ein Prinzip wie die Rettung der Phänomene zu formulieren, scheint eher ein Vorurteil. Mittelstraß hält Eudoxos für den Schöpfer dieser Idee (152). Der gleichen Ansicht ist G. Sarton, A history of science I, Cambridge 1966, 449, Anm. 65. Eine entgegengesetzt einseitige Auffassung hat Dicks, Early Greek Astronomy (wie Anm. 28), der die wissenschaftsgeschichtliche Bedeutung Platons erheblich übertreibt.

87 Mittelstraß (wie Anm. 86), 161.

88 Vgl. Burkert, Weisheit und Wissenschaft (wie Anm. 47), 313.

89 Van der Waerden, Die Astronomie der Pythagoreer (wie Anm. 9), 14 f. Bezeichnenderweise findet sich unter den antiken Erben des materialistisch-demokritischen Denkens kein Astronom oder Naturwissenschaftler.

90 Vgl. B. Farrington (wie Anm. 46), 94.

91 De revolutionibus orbium caelestium, ed. 1873, 166, adn. zu 26.

92 Ed. 1873, 15, 15.

93 Ed. 1873, 5, 15.

94 Vgl. Mittelstraß, Die Rettung der Phänomene (wie Anm. 86), 213 ff.

95 J. Kepler, Astronomia nova 4,58:3,366 Dyck-Caspar.

96 Erhalten ist eine summarische und deshalb nicht leicht verständliche Beschreibung bei Aristoteles, Metaphysik 1073 b 17 ff., und bei Simplikios zu Aristoteles, Über das Weltall 2,12: 493 ff. Heiberg. Die grundlegende Interpretation stammt von G. V. Schiaparelli, Le sfere omocentriche di Eudosso, Calippo e di Aristotele, Memorie del Reale instituto Lombardo di scienze e lettere, cl. matematiche e naturali 13, 1877, 117–179, dem sich die Forschung im wesentlichen anschloß. Da exakte Daten in den Quellen fehlen, sind die Einzelheiten unsicher. Vgl. auch O. Becker, Das mathematische Denken, Göttingen 1957, 80 ff. „Die Fragmente des Eudoxos von Knidos" sind gesammelt von F. Lasserre, Berlin 1966.

97 Vgl. P. Duhem, Le système du monde I (wie Anm. 74), 102 ff.

98 Daß es einige Beobachtungsdaten nicht erklären konnte, scheint Aristoteles gewußt zu haben, vgl. Duhem I 403; Simplikios zu Aristoteles, Über das Weltall 504, 17 Heiberg. Das Dilemma dürfte erheblich gewesen sein.

99 Ed. 1873, 5, 9.

100 Vgl. E. Zinner, Die Geschichte der Sternkunde, Berlin 1931, 454.

101 Alle drei werden von Copernicus zitiert, ed. 1873,6,6 ff.

102 Zur Diskussion um Herakleides Pontikos und das heliosatellitische System vgl. F. Wehrli, Die Schule des Aristoteles 7, Basel 1953, 94–101. Das System ist zuerst bezeugt bei Theon von Smyrna (186, 24 ff. Hiller), dann bei den spätantiken Autoren Macrobius, Chalcidius und Martianus Capella.

103 Vgl. Ptolemäus, Syntaxis mathematica 9,1 : I 2,207 Heiberg.

104 Frg. 110 Wehrli.

105 Vgl. P. Duhem, François Meyronnes O. F. M. et la question de la rotation de la terre, Archivum Franciscanum Historicum 6, 1913, 23 ff.

106 Zum Ganzen vgl. Th. Heath, Aristarchus of Samos, the ancient Copernicus, Oxford 1913.

107 Über die Baukunst I 1, 16.

108 Sandrechner 1,4 ff. : 2,218 Heiberg.

109 Über das Gesicht im Mond 922 f.

110 Ed. 1873, 34, Anm.

111 Ed. 1873, 6, 7.

112 Vgl. R. Wolf, Geschichte der Astronomie, München 1877, 232.

113 Es ist die bessere „mundi forma ac partium eius certe symmetria, ed. 1873, 5, 17.

114 Ediert und übersetzt in dem zitierten Werk von Th. Heath (wie Anm. 106).

115 Plutarch, Platonische Untersuchungen 1006 c.

116 Vgl. E. Cassirer, Die Antike und die Entstehung der exakten Wissenschaften, Antike 8, 1932, 276 ff.

117 Die Dogmatisierung der aristotelischen Lehre sollte dem antiken Problemdenker nicht angelastet werden.

118 Vgl. I. Dühring, Aristoteles, Heidelberg 1966, dessen vortreffliche, wenn auch bisweilen ein wenig eigenwillige Analyse hier benutzt wurde.

119 Die folgende Darstellung orientiert sich im wesentlichen an der „Physik" und der Schrift „Über das Weltall" des Aristoteles.

120 Physik 212 a 20.

121 Simplikios zu Aristoteles, Physik 639, 15 ff. Diels.

122 Vgl. S. Sambursky, The physical world of the Greeks, London 1956, 96.

123 Physik 206 a 10 f.

124 Physik 200 b 18.

125 Physik 219 a 18 f.

126 Metaphysik 1074 a 38; auch Über das Weltall 270 b 19.

127 Über das Weltall 312 a 28.

128 Die aristotelischen Argumente gegen die Erdbewegung (Über das Weltall 293 ff) werden von Ptolemäus wieder aufgenommen, Syntaxis mathematica 1,7 : 1,21 ff. Heiberg

129 Vgl. O. Neugebauer, Apollonius-Studien, Quellen und Studien zur Geschichte der Mathematik, Abt. B, 2, 1932, 215–254.

130 Vgl. E. J. Dijksterhuis, Die Mechanisierung des Weltbildes (wie Anm. 26), 69 ff. und 239 ff.

131 Eine gute Darstellung findet sich bei J. Mittelstraß, Die Rettung der Phänomene (wie Anm. 86), 164 ff.

132 O. Neugebauer, The exact sciences in antiquity (wie Anm. 27), 155.

133 Ptolemäus, Syntaxis mathematica 9,5 : 2,252 Heiberg. Vgl. die gute Übersetzung von K. Manitius, Ptolemäus, Handbuch der Astronomie. Vorwort und Berichtigung von O. Neugebauer, Leipzig 1963.

134 Ed. 1873, 5, 14.

135 Gegen diese Überzeugung haben sich die großen Erneuerer der Naturwissenschaften im 16. und 17. Jh. energisch zur Wehr setzen müssen, vgl. E. Cassirer, Die Antike und die Entstehung der exakten Wissenschaften, Antike 8, 1932, 276 ff.

[136] Vgl. F. Jürß, Bemerkungen zum naturwissenschaftlichen Denken in der Spätantike, Klio 43/45, 1965, 381 ff.

[137] Gregorios Thaumaturgos, Dankrede an Origenes 1 : 2,5 Koetschau.

[138] Die Stellen finden sich bei O. Zöckler, Geschichte der Beziehungen zwischen Theologie und Naturwissenschaft I, Gütersloh 1877, 122 ff.

[139] Vgl. E. O. Winstedt, The christian topography of Cosmas Indicopleustes, Cambridge 1909.

Gotthard Strohmaier

Das Weltbild der arabischen Astronomie

Im Jahre 1474, also etwa zur gleichen Zeit, da Nicolaus Copernicus in Toruń geboren wurde, starb in Konstantinopel ʿAlī Qūščī, ehemaliger Leiter der Sternwarte zu Samarkand und einer der letzten bedeutenden Vertreter der arabischen[1] Astronomie des Mittelalters. Ulūġ Beg, der Erbauer des Observatoriums, war 1449 einem Mordanschlag zum Opfer gefallen. Unter seinen Nachfolgern gewann religiöser Obskurantismus an Boden; die Gelehrten, die er um sich versammelt hatte, wanderten ab, und schon zu Anfang des 16. Jh. lag der gewaltige Bau der Sternwarte in Trümmern[2]. Zu Beginn unseres Jahrhunderts konnte ihr Ort nur mit Hilfe von Ausgrabungen bestimmt werden. Ihr Schicksal ist symptomatisch für das der mittelalterlichen arabischen Astronomie überhaupt. An ihrem Schicksal zeigte sich, wie das Zurückbleiben in der gesellschaftlichen Entwicklung, wie feudale Zersplitterung und ökonomische Stagnation auch die Entwicklung der Wissenschaft beschränkt haben und schließlich trotz aller bedeutenden geistigen Leistungen von einzelnen zu ihrem Niedergang führen mußten. Wenn heute in vielen Gesamtdarstellungen der Astronomiegeschichte die Araber nur als fleißige, aber unschöpferische Bewahrer des antiken Erbes erscheinen[3], so ist dieses Bild einseitig. Es mißt die Leistungen der arabischen Astronomie an dem Wirken eines Copernicus, eines Kepler oder Newton, die unter neuen gesellschaftlichen Bedingungen lebten und arbeiteten. Wenn aber die Entwicklung der Astronomie in der arabischen Feudalgesellschaft mit der in der Feudalordnung in Teilen Europas vor dem Einsetzen der frühbürgerlich-kapitalistischen Entwicklung verglichen wird, erscheinen die Leistungen der arabischen Astronomen in einem anderen, historisch richtigeren Licht. Denn was Nicolaus von Oresme, Nicolaus Cusanus, Regiomontanus oder Fracastoro an neuen Konzeptionen vorzubringen wußten, findet sich in ähnlicher Form und dazu zeitlich früher auch bei den arabischen Astronomen. Auch hier war eine Unzufriedenheit mit dem komplizierten Weltmodell des Ptolemäus verbreitet. Es gab Versuche zu Neuansätzen in verschiedenen Richtungen. Bemerkenswert ist eine sachliche Diskussion der Frage einer Erdrotation, die immer wieder von neuem geführt wurde. In weltanschaulicher Hinsicht sind Bestrebungen wichtig, den Unterschied zwischen himmlischer und irdischer Physik aufzuheben. So kann durchaus ernsthaft die Frage gestellt werden, warum nicht schon früher einem arabischen Astronomen der revolutionäre Neuentwurf eines heliozentrischen Weltbildes in den Sinn gekommen ist.

Um aber zunächst das Verdienst der Araber als Bewahrer und Vermittler griechischer Tradition recht würdigen zu können, muß von der weltanschaulichen Situation der spätantiken Welt und ihrer Randgebiete ausgegangen werden. Die Vorstellung von der Kugelgestalt der Erde und des Himmels war niemals Gemeingut breiterer Kreise gewesen. Im 2. Jahrhundert u. Z. berichtet der Arzt Galen von Pergamon den Fall eines Geisteskranken, der von der Vorstellung gequält wird, daß der Riese Atlas das Himmelsgewölbe nicht ewig auf seinen Schultern tragen könne und es darum bald auf die Erde herabstürzen werde[4]. Als das Christentum die Oberhand gewann, war das biblische Weltbild von der scheibenförmigen Erde und dem darübergesetzten Himmelsgewölbe kein Hinderungsgrund für seine Verbreitung im Volke, im Gegenteil. Ein bezeichnendes Beispiel bietet die „Christliche Topographie" des Kosmas Indikopleustes aus dem 6. Jahrhundert. Dieser hatte als Kaufmann die südlichen Meere befahren und sah seine Aufgabe darin, das biblische Weltbild, wie er es verstand, mit Gründen des gesunden Menschenverstandes und seiner persönlichen Erfahrung zu verteidigen. In seinem Eifer ging er so weit, seine Mitchristen, die an dem „heidnischen" Weltbild des Ptolemäus festhalten wollten, des Verrats an ihrem Glauben zu bezichtigen[5]. Man sollte in dieser Haltung jedoch keinen reinen Obskurantismus sehen, vielmehr kommt in ihr, wie N. Pigulevskaja gezeigt hat[6], das Bestreben breiter Schichten zum Ausdruck, sich abseits von den unverständlichen Spekulationen der Gebildeten ein eigenes und begreifbares Weltbild zu schaffen. Kosmas' Gegner in Alexandria war der Theologe und Aristoteleskommentator Johannes Philoponos, der unbeirrbar an den Erkenntnissen der antiken Wissenschaft festhielt und sie mit der biblischen Lehre von der Weltschöpfung zu vereinen suchte. Die Haltung der offiziellen Kirche war in der Folgezeit zwiespältig. In Konstantinopel spottete der Patriarch Photios (gest. um 893) über die Einfalt des Kosmas[7], aber in den von klassischer Bildung weniger berührten Randgebieten der Oikumene setzte sich die an der Bibel orientierte Weltsicht eher durch. In Westeuropa hatte im 8. Jahrhundert der Bischof Virgil von Salzburg die Existenz von Antipoden behauptet. Auf Betreiben des heiligen Bonifatius wurde er vom Papst zur Rechenschaft gezogen und mußte seiner Lehre abschwören[8]. In Rußland fand die Schrift des Kosmas weite Verbreitung und wurde noch im 16. Jahrhundert als verbindlich angesehen[9].

Ganz am Rande des griechischen Kultureinflusses lag auch die arabische Halbinsel. Unter dem Einfluß des Judentums und eines häretischen Christentums stehend, reproduzierte hier Mohammed zu Beginn des 7. Jahrhunderts in seinem neuen Offenbarungsbuch die alte biblische Kosmologie. Dem Wortlaut des Koran zufolge hat Gott bei seinem sechstägigen Schöpfungswerk die Erde flach ausgebreitet und den Himmel wie ein Gewölbe oder ein Dach ohne Säulen darübergesetzt[10]. Er hält ihn, daß er nicht auf die Erde fällt, wie er auch die Erde selber hält[11]. Der sichtbare Himmel, an dem die Sterne befestigt sind, ist in Wirklichkeit der unterste von insgesamt sieben Himmeln[12]. Er zeigt keine Risse[13], aber am Jüngsten Tage wird er sich spalten und wie eine Schriftrolle zusammengewickelt werden[14]. Wenn sich ihm ein Satan nähert, um etwas von den Geheimnissen der oberen Welt zu erlauschen, wird ein Stern nach ihm geworfen, um ihn zu vertreiben[15]. Dies ist eine Zutat aus arabischem Volksglauben, der damit das Phänomen der Sternschnuppen erklärte. Unter dem Himmelsgewölbe laufen Sonne und Mond, die nie zusammenstoßen, weil sie auf Gottes Geheiß jeder in ihrer eigenen Sphäre schweben. Hier könnte ein Brocken hellenistischer Bildung in den Koran eingedrungen sein, jedoch scheint nicht an Vollkreisbahnen gedacht zu sein, denn im gleichen Zusammenhang ist gesagt, daß die Sonne zu ihrem Ruheplatz eilt[16]. Alle Himmelskörper sind um des Menschen willen geschaffen; sie sind Kreaturen wie alle anderen und verdienen darum keine göttliche Verehrung[17]. Sie werden darum auch in Anlehnung an den biblischen Sprachgebrauch schlicht als Lampen bezeichnet[18]. Dies ist, wie schon seinerzeit im Schöpfungsbericht des Pentateuch, als eine polemische Wendung gegen den babylonischen Gestirndienst zu verstehen, der zu Mohammeds Zeiten noch nicht ausgestorben war.

Statt des verkündeten Jüngsten Gerichts aber kam bald nach dem Tode des Propheten eine Expansion der arabischen Stämme, die unter dem Banner der neuen Religion geeint waren. Nur hundert Jahre später reichte das neue Imperium vom Atlantischen Ozean bis zum Indus. Es zerfiel in der Folgezeit zwar in zahlreiche mehr oder weniger unabhängige lokale Herrschaften; jedoch hatte sich ein einheitliches Kulturgebiet gebildet, in dem durch das Medium der arabischen Sprache auch wissenschaftliche Lehrmeinungen der verschiedensten Art frei zirkulieren konnten. Im Jahre 750 etablierte sich die Dynastie der ʿAbbāsiden in Bagdad, das zum Zentrum eines angeregten geistigen Lebens wurde. Besonders der Kalif al-Ma'mūn (813–833), ein Sohn des berühmten Hārūn ar-Rašīd, förderte die Wissenschaften nach Kräften. Er gründete ein „Haus der Weisheit", eine Art Akademie, in der vornehmlich die griechischen Standardwerke übersetzt werden sollten. So befaßte sich Salm, der Leiter des Unternehmens, auch mit der Übertragung und Erläuterung des Almagest[19]. Al-Ma'mūn machte sogar den allerdings vergeblichen Versuch, den zu seiner Zeit bedeutendsten byzantinischen Mathematiker Leon, der sich auch mit Astrologie abgab, an seinen Hof zu ziehen[20]. Und wenn auch die Nachfolger auf dem Kalifenthron sich meist weniger interessiert zeigten, gab es doch einen Kreis von reichen Hofbeamten und Privatleuten, die, oft selbst als Wissenschaftler tätig, ansehnliche Geldmittel für Übersetzungen, Abschriften und die Einrichtung von Bibliotheken bereitstellten.

Im großen und ganzen führte diese Aktivität dazu, daß das Beste, was an wissenschaftlichen Werken der Griechen zu dieser Zeit aufzutreiben war, auch auf arabisch in guten und sachverständigen Übersetzungen studiert werden konnte. Auf dem Gebiet der Astronomie gilt dies neben den grundlegenden Werken des Ptolemäus auch für die Schriften des Hypsikles, Autolykos, Theon, Pappos und anderer[21]. Auch Aristarch, der antike Vorläufer des Copernicus, ist darunter, jedoch leider nur mit seiner auch auf griechisch erhaltenen Abhandlung über die Entfernungen und Größen von Sonne und Mond[22]. Die „Sandrechnung" des Archimedes, in der die bekannte Notiz über Aristarchs heliozentrischen Entwurf enthalten ist, wurde übrigens nicht übertragen.

Einer der Mäzene, die sich in der Zeit nach al-Ma'mūn um die Wissenschaften verdient machten, war der Hofbeamte ʿAlī ibn Yaḥyā al-Munaǧǧim[23]. Er richtete auf einem Landgut in der Nähe von Bagdad eine große Bibliothek ein, wo er durchreisenden Gelehrten kostenlos Obdach und großzügige Studiermöglichkeiten bot. Hier soll auch Abū Maʿšar al-Balḫī, ein strenggläubiger Theologe, der über einige astronomische Kenntnisse verfügte, auf seiner Pilgerreise nach Mekka eingekehrt sein,

Er blieb da sehr lange und gab schließlich nicht nur den Gedanken an eine Fortsetzung seiner Wallfahrt auf, sondern auch – wie der Berichterstatter lakonisch vermerkt – seine islamische Religion und wurde zum Ungläubigen[24]. Der Bericht ist bezeichnend für das geistige Klima der ᶜAbbāsidenzeit. Die weltanschaulichen Parteien sind deutlich voneinander geschieden, sie existieren nebeneinander, und Abū Maᶜšar ist von der einen zur anderen übergelaufen, ohne daß ihm daraus persönliche Nachteile erwachsen wären. Nun war die Beobachtung des Himmels und die mathematische Bestimmung der Sternörter gewiß keine Beschäftigung, die mit dem Koran oder dem Religionsgesetz in Konflikt stand. Was aber als Abfall vom strengen Monotheismus des Islam angesehen wurde, war die Astrologie, der Glaube an den unabänderlichen Zwang der Gestirne, der mit der Allmacht des einen Gottes als unvereinbar galt[25]. Abū Maᶜšar verbreitete sich in der Folgezeit ausführlich über astrologische Themen, seine Werke wurden auch ins Griechische und Lateinische übersetzt[26].

Aus späterer Zeit, in der die Heterodoxie weniger Spielraum hatte, wird folgende Episode berichtet: Ein gewisser ᶜAbd as-Salām, auch Rukn ad-Dīn genannt (gest. 1214), wurde in Bagdad das Opfer einer politischen Intrige, in deren Zusammenhang auch eine Haussuchung durchgeführt wurde. Sie förderte neben verdächtigen philosophischen Werken auch Schriften über Astrologie und sogar Gebete an die Planeten in des Hausherrn eigener Handschrift zutage. In seinem Beisein wurde daraus vorgelesen: „Gebet an Saturn: O strahlender, leuchtender Stern! Du regierst die Sphären, du machst lebendig und lässest sterben." Vergeblich beteuerte ᶜAbd as-Salām, daß er dies abgeschrieben habe, um es besser widerlegen zu können. Vor versammeltem Volk wurden die Bücher feierlich verbrannt, und ihr Besitzer wanderte für einige Zeit ins Gefängnis[27]. Der altbabylonische Gestirndienst war zu einer Art Zauberei degeneriert und lebte so im Untergrund weiter und verbreitete sich sogar bis nach Spanien. Einen Beleg bietet das merkwürdige Buch des sogenannten Picatrix, das im Jahre 1256 auf Geheiß des Königs Alfons von Kastilien aus dem Arabischen übersetzt wurde[28]. Hier ist ausführlich dargelegt, in welchen Positionen die einzelnen Planeten am mächtigsten und einflußreichsten sind, mit welchen Gebeten und komplizierten Opferriten sie dann günstig zu stimmen sind und mit welchen Talismanen ihre Einflüsse manipuliert werden können.

Im 9. und 10. Jahrhundert erschienen die Planetenverehrer noch als eine halblegale Religionsgemeinschaft in der Öffentlichkeit. Sie nannten sich Sabier oder Harranier nach der Stadt Harrān im oberen Mesopotamien, wo sie besondere Tempel für die einzelnen Planeten unterhalten haben sollen. Es ist sicher kein Zufall, daß gerade aus ihren Reihen tüchtige Astronomen hervorgegangen sind, wie etwa al-Battānī (gest. 929), der in Europa unter dem Namen Albategnius bekannt wurde. Ihm gelang unter allen arabischen Astronomen mit einem Wert von 23°35′ die genaueste Bestimmung der Schiefe der Ekliptik. Auch durch zahlreiche andere Verbesserungen am ptolemäischen System machte er sich einen Namen[29]. Der bedeutendste Astronom aus dem Kreise der Harranier war Ṯābit ibn Qurra (gest. 901), der im Unterschied zu al-Battānī nicht zum Islam übertrat, vielmehr auch nach seiner Übersiedlung nach Bagdad den Glauben seiner Väter verteidigte. Ṯābit war ein enzyklopädischer Kopf, der als Mediziner, Philosoph, Mathematiker und Übersetzer großes Ansehen genoß. In der Geschichte der Astronomie ist er vor allem als Verfechter der Lehre von der sogenannten Trepidation bekannt[30]. Auf der Grundlage unzureichender Messungen glaubte er, auf ein periodisches Schwanken des Frühlingspunktes um einen Mittelwert schließen zu können. Im Rahmen des ptolemäischen Systems machte dies die Ansetzung einer weiteren Sphäre über der Fixsternsphäre erforderlich, die eine ganz langsame Oszillation ausführt.

Die Religion der Harranier mit ihrem eigentümlichen Planetenkult starb zwar aus, aber die in ein wissenschaftliches Gewand gekleidete Astrologie lebte eng verschwistert mit der Astronomie weiter, bis hin zu Ulūġ Beg, in dessen großem Tafelwerk sie einen befremdlich breiten Raum einnimmt. Sie war aber zugleich ein Mittel, weniger gebildete Fürsten für den Bau von Observatorien und die Anschaffung von Instrumenten und Büchern und die Einstellung einer genügenden Anzahl von Mitarbeitern zu gewinnen. Unter allen Wissenschaften war die Astronomie die kostspieligste. Von Naṣīr ad-Dīn aṭ-Ṭūsī, der einer der einflußreichsten Astronomen des ganzen islamischen Mittelalters und zugleich ein gewitzter Politiker war, wird folgende Anekdote erzählt: Er befand sich am Hofe des Mongolenherrschers Hülägü, der 1258 durch die Eroberung und Brandschatzung Bagdads auch dem islamischen Geistesleben einen nicht wieder gutzumachenden Schaden zugefügt hatte. Hülägü fragte den Gelehrten, welchen Wert die Beobachtung der Sterne habe, wenn doch alles Geschehen unabänderlich durch ihren Lauf festgelegt sei. Aṭ-Ṭūsī bat ihn, einen Kupferkessel in ein oberes Stockwerk tragen und dann herunterwerfen zu lassen. Dies geschah, und die Anwesenden, die das Gespräch nicht verfolgt hatten, schraken von dem Knall zusammen. Darauf erklärte aṭ-Ṭūsī dem Herrscher, daß es doch seinen Wert habe, auf kommende Katastrophen innerlich vorbereitet zu sein[31]. Aṭ-Ṭūsī bekam die Mittel zum Bau des großen Observatoriums von Marāġa in Aserbaidshan, von dem viele Anregungen zur Revision des ptolemäischen Systems ausgingen. Dank der politischen Einheit innerhalb des mongolischen Weltreiches kam es sogar zu einem Austausch von Fachleuten und Instrumenten mit der Sternwarte in Peking[32].

Aber auch für aṭ-Ṭūsī waren astrologische Berechnungen nicht nur Mittel zum Zweck. In einem philosophisch-theologischen Traktat kommt er auf das Verhältnis der wahren zu den falschen Propheten zu sprechen und erklärt es auf folgende Weise: Das Auftreten eines wahren Propheten sei an eine bestimmte Konstellation der Gestirne gebunden, und bei ihrem Weiterwandern sei ihre Wirkung zunächst nur leicht verändert. Sie bedingen dann auch das Auftreten von Propheten, aber von falschen. So sei die zeitliche Nachbarschaft von wahren und falschen Propheten zu erklären[33]. Die Religion des Islam wird damit einer übergreifenden Gesetzlichkeit unterworfen, was schwerlich im Sinne ihres Stifters lag. Besonders weit ging in dieser Beziehung Aḥmad ibn aṭ-Ṭayyib as-Saraḫsī (gest. 899), ein Schüler des Philosophen al-Kindī. Er erklärte alle Propheten für Betrüger und berechnete die ganze Ära des Islam auf nicht mehr als 693 Jahre, von ihrem Beginn an gerechnet[34]

Die Bindung an die Astrologie sicherte der Astronomie den für ihren Betrieb notwendigen Einfluß auf die Herrschenden und gewährte ihr damit auch Schutz vor Verfolgungen[35]. Aber trotz aller Kompromißformeln, die den Widerspruch zwischen der Macht Gottes und dem Zwang der Gestirne ausgleichen sollten[36], blieb die Astrologie in den Augen der Orthodoxen verdächtig, und im Zusammenhang mit ihr auch die Astronomie. Bei der oben erwähnten Verbrennung der Bücher des ᶜAbd as-Salām kam dem Inquisitionsrichter auch ein Werk des Ibn al-Haiṯam, über den noch zu reden sein wird, in die Hände. Er wies auf eine Abbildung, die den Kreis einer Sphäre darstellte, und sprach: „Das ist das große Unheil und das gefühllose Schicksal und das blinde Verhängnis!" Dann zerriß er auch dieses Buch und warf es ins Feuer[37]. Ibn al-Haiṯam war mit seinem Versuch, das System des Ptolemäus physikalisch einsichtig zu machen, ein Wegbereiter künftiger Entwicklungen, aber solches lag für den frommen Eiferer natürlich außerhalb seines geistigen Horizonts.

Eine Ablehnung der Astrologie erfolgte indessen nicht nur aus dem Lager der verschiedenen theologischen Richtungen, sondern auch von seiten der Philosophie, die im Unterschied zur europäischen Scholastik niemals in die islamische Theologie integriert wurde[38] und auch immer ihren fremden griechischen Namen behielt. Freilich waren sich nicht alle Philosophen in der Ablehnung der Astrologie einig. Al-Kindī war ihr Anhänger, während al-Fārābī auf den nicht nachweisbaren Kausalnexus zwischen den Bewegungen der Gestirne und dem irdischen Geschehen hinwies[39]. Was die arabischen Philosophen als weltanschauliche Grundlegung der Astronomie anzubieten hatten, war ein mit neuplatonischen Elementen versehener Aristotelismus. Er fügte sich mit dem ptolemäischen Weltmodell zu einem scheinbar bezwingend harmonischen Ganzen zusammen. Es ergaben sich nur einige weniger ins Gewicht fallende Widersprüche, um deren Beseitigung gerungen wurde.

Nach der Lehre des Aristoteles lebt der Mensch im Zentrum des Kosmos auf der kugelförmigen Erde. Sie wird umschlossen von den Hüllen der Luft und des Feuers. Darüber liegen die Sphären des Mondes, der Planeten, der Sonne und der Fixsterne. Diese bestehen aus dem fünften Element des Äthers, das unterhalb der Mondsphäre nicht vorkommt. Allen Elementen eignet von Natur aus eine bestimmte Bewegung. Die des Äthers ist kreisförmig, die der anderen Elemente ist geradlinig. Und zwar bewegen sich Erde und Wasser nach dem Mittelpunkt der Welt, der ihr sogenannter natürlicher Ort ist. Die schwere Erde kommt dabei dem leichteren Wasser zuvor. Umgekehrt fliehen Luft und Feuer vom Mittelpunkt weg, werden aber von der Mondsphäre aufgehalten. Das Feuer ist leichter als die Luft, darum bleibt diese über der Erde stehen. Neben den natürlichen Bewegungen gibt es erzwungene, die aber nur so lange andauern, wie die bewirkende Ursache anhält und mit ihnen verbunden bleibt. Ein geworfener Stein fliegt deshalb von der Hand weg, weil die von der Wurfbewegung mitgerissene Luft ihn weiterbefördert. Die Sphären der Gestirne liegen wie Schalen einer Zwiebel ohne Zwischenraum aufeinander, denn Aristoteles hatte die Frage nach der Existenz des Leeren negativ beantwortet. Es gibt keinen Raum ohne Körper, über der letzten Sphäre der Fixsterne befindet sich die unkörperliche und unbewegte Gottheit, durch deren Einwirkung der rasend schnelle Umschwung dieser Sphäre geschieht. Er reißt auch die übrigen Sphären mit, aber diese haben daneben ihre ebenso regelmäßigen Eigenbewegungen. Aristoteles erörtert in seiner „Metaphysik" die Frage, inwieweit ihnen deshalb ein eigenes Wesen, eine eigene Beseeltheit zukommt[40]. Hier hatte die neuplatonische Richtung eine Gelegenheit, die alten Götter wieder auf den Thron zu heben, und auch christliche Theologen, wie Theodor von Mopsuhestia, trugen keine Bedenken, die Sphärenbeweger als Engel zu bezeichnen[41]. Eine solche Auffassung findet sich auch bei dem sehr einflußreichen islamischen Theologen al-Ġazzālī (gest. 1111) wieder.[42]

Die Philosophen verbanden die Anschauung von den eigenständigen Sphärenbewegern mit der sogenannten Emanationslehre der Neuplatoniker, der zufolge der menschliche Intellekt am unteren Ende einer Hierarchie von überirdischen Intelligenzen steht. Von der obersten Gottheit angefangen nimmt die Vollkommenheit stufenweise ab. Unterhalb der Mondsphäre beginnt der von ihr beherrschte Bereich der Materie, hier regieren im Gegensatz zur oberen unwandelbaren Welt die Gesetze des Werdens und Vergehens.[43]

Auf diesem Hintergrund verdienen einzelne Tendenzen, die Kluft zwischen oben und unten zu überwinden, besondere Beachtung. Der Religionshistoriker Aš-Šahrastānī (gest. 1153) schreibt dem spätantiken Philosophen Themistios die Ansicht zu, daß die obere Welt nicht aus dem fünften Element des Äthers besteht, sondern aus denselben vier Elementen wie die irdische.[44] Parallel damit gingen die Überlegungen des Theologen und Aristoteleskommentators Johannes Philoponos. Er hatte zum Beispiel das Leuchten der Sterne mit irdischen Lichterscheinungen wie etwa den Glühwürmchen verglichen, was von seinem neuplatonischen Widersacher Simplikios als reine Blasphemie gebrandmarkt wurde.[45] Da nach Meinung des Johannes Philoponos auch die Himmelskörper aus Stoff und Form zusammengesetzt sind, sind sie ebensowenig ewig und unveränderlich wie die irdischen Geschöpfe.[46] Folgerichtig wandte er sich dagegen, ihre Bewegungen auf überirdische ewige Wesen wie Götter oder Engel zurückzuführen.[47] Für den christlichen Theologen Johannes Philoponos sind diese Überlegungen eine Stütze für die Lehre der Weltschöpfung, während die heidnischen Neuplatoniker ihre Überzeugung von der Ewigkeit des Kosmos mit dem Hinweis auf die Unwandelbarkeit der Sphärenbewegungen begründeten. Es ist bezeichnend für die arabische Philosophie, daß die Theorien des Johannes Philoponos, die in Übersetzungen zugänglich waren, nicht übernommen wurden, obwohl sie dem Koran ebensogut angepaßt waren wie der Bibel. Fast alle ihre Vertreter folgten der neuplatonischen Richtung und lehrten sowohl die Ewigkeit des Kosmos wie auch den wesenhaften Unterschied zwischen der Erde und dem Himmel der Gestirnsphären. Nur der materialistische Außenseiter ar-Rāzī (gest. 925), der in Europa unter dem Namen Rhazes als medizinischer Autor bekannt wurde, verglich in kühnem Analogieschluß, der an die Denkweise der Vorsokratiker erinnert, die Kreisbewegungen der feurigen Gestirne mit dem Verhalten von kochendem Wasser oder geschmolzenem Gold, das nach seiner Beobachtung ebenfalls von Natur aus eine solche Bewegung vollführt.[48] Die Fachastronomen standen, soweit sich das nachweisen läßt, im Banne der herrschenden neuplatonischen Richtung. Bezeichnend ist der erwähnte philosophisch-theologische Traktat des Naṣīr ad-Dīn aṭ-Ṭūsī, in dem auch die Hierarchie der himmlischen Intelligenzen und Sphärenbeweger dargelegt ist.[49]

Neben den erwähnten Ansätzen, die Grenze zwischen supra- und sublunarer Welt spekulativ zu überwinden, gab es in der arabischen Astronomie weitere Tendenzen, die auf eine Überwindung des alten Weltbildes zielten. Es handelt sich einmal um sorgsame und durchaus sachliche Diskussionen der Möglichkeit einer Erdrotation, davon unabhängig die Verbreitung einer neuen Kinetik und schließlich eine allgemeine Unzufriedenheit an den Details des ptolemäischen Weltmodells, die zu zahlreichen Verbesserungsversuchen führten. Nicht vergessen sei auch die Bereicherung des astronomischen Instrumentariums.

Die einfachsten Geräte zur Darstellung der Sternörter, der Himmelsglobus und das Astrolab, sind getreue Spiegelbilder der ptolemäischen Weltsicht. Der Himmelsglobus zeigt die Sternbilder spiegelbildlich, d. h. so, wie sie einem Betrachter von außerhalb der Fixsternsphäre erscheinen würden[50]. Das Astrolab besteht aus einer flachen Scheibe mit einer Projektion der Längen- und Breitenkreise, der sogenannten „Mutter des Astrolabs". Darüber liegt eine vielfach durchbrochene Scheibe, die sogenannte „Spinne": Ein ringförmiges Gebilde an ihr markiert den Tierkreis, von ihm ausgehende Pfeilspitzen geben wichtige Fixsterne an. Diese zweite Scheibe ist drehbar gelagert, und zwar entspricht der Zapfen dem Nordpol des Himmels. So läßt sich zu jeder Zeit, also auch am Tage, die Position der Sterne über einem bestimmten Ort ablesen.[51] Wieder schaut der Benutzer so auf das Gerät, als ob er von außen durch die sich drehende Fixsternsphäre hindurch auf die ruhende Erde blickt. So wurde schon dem Anfänger in der Astronomie das alte Weltbild als unverrückbare Selbstverständlichkeit eingeprägt.

Auf diesem Hintergrund ist eine Nachricht bedeutsam, die wir dem großen Gelehrten al-Bīrūnī (gest. nach 1050) verdanken. Sein Zeitgenosse Abū Saʿīd as-Siǧzī habe ein Astrolab konstruiert, das den Namen „das Kahnförmige" trug. Er sei dabei von der Überzeugung gewisser Leute ausgegangen, daß der Fixsternhimmel feststünde und sich statt dessen die Erde in 24 Stunden einmal um ihre Achse drehte.[52] Es ist nicht ganz klar, ob Abū Saʿīd as-Siǧzī selbst dieser Auffassung huldigte, oder sie nur als Hypothese ernstnahm. Wenn die erste Möglichkeit zutrifft, wäre er der einzige mit Namen bekannte arabische Astronom, dem die Lehre von der Erdrotation zugeschrieben werden kann. An eine Bahn der Erde um die stillstehende Sonne hat niemand gedacht, Nachrichten über den Entwurf des Aristarch waren nicht zugänglich, und kein arabischer Astronom hat von sich aus diese Möglichkeit ins Auge gefaßt.[53] Ptolemäus hatte sich in dieser Hinsicht mit der Feststellung begnügt, daß der Erde auch keine irgendwie geartete Bewegung von ihrem Ort weg zukomme. Al-Bīrūnī erwähnt beiläufig eine buddhistische Lehre, nach der die Erde ins Bodenlose fällt und sich dabei um sich selber dreht, da angeblich jeder runde Körper beim freien Fall eine solche Bewegung vollführt.[54] Er würdigt diese Ansicht keiner besonderen Widerlegung.

Zum Überdenken der Möglichkeit einer Rotation der Erde an ihrem Ort gab es einige literarische Anregungen. Zu nennen ist eine kurze Notiz über Herakleides Pontikos und den Pythagoreer Eukrates in den dem Plutarch zugeschriebenen „Placita Philosophorum".[55] Al-Qazwīnī (gest. 1283) läßt in seiner mehr populär gehaltenen Erdbeschreibung, nachdem er die Gestalt unserer Welt nach dem neuesten Stand der Erkenntnis dargelegt hat, einige bemerkenswerte Theorien früherer Denker Revue passieren.[56] Als Ansicht der Pythagoreer führt er an, daß sich die Erde ständig um ihre Achse drehe und der scheinbare Umschwung der Sterne eine Täuschung sei. Danach folgt die Lehre des Demokrit, daß die Erde deswegen feststeht, weil unter ihr Luft eingeschlossen ist, die nicht entweichen kann.[57] Des weiteren kommen auch völlig phantastische Meinungen zu Wort, wie die offenbar von indischen Vorbildern inspirierte Lehre, daß die Erde von einem Engel getragen wird, der auf einem Fels aus Saphir steht, der seinerseits von einem Stier getragen wird, der auf einem Fisch steht. Der Fisch schwimmt in einem Wasser, das über einer Schicht von Luft gelagert ist. Unter der Luft sei Finsternis. Wenn die Lehre von der Erdrotation inmitten einer solchen Aufzählung widerstreitender Ansichten erscheint, so ist klar, daß damit auch ihr der Stempel des hoffnungslos Veralteten aufgedrückt ist. Schon al-Kindī, der erste Philosoph der Araber, hatte für sie in seiner Paraphrase der Gedanken des Ptolemäus nur noch mitleidigen Spott übrig.[58]

Interessant ist, daß der besonnene und kritische Geist eines al-Bīrūnī in dieser Frage etwas weniger entschieden vorgeht. In seinem großen Buch über Indien erwähnt er einen Astronomen namens Aryabhata (um 500 u. Z.), der die Lehre von der Rotation der Erde vertreten hatte. Dieser hatte sich in seinem Lande nicht durchsetzen können, und es war ihm entgegengehalten worden, daß dann Steine und Bäume von der Erde weggeschleudert werden müßten und daß ein nach Westen fliegender Vogel nie zu seinem in östlicher Richtung davoneilenden Nest zurückkehren könne. Al-Bīrūnī betont, daß erstens die Annahme einer Erdumdrehung in keiner Weise mit den astronomischen Berechnungen in Widerspruch steht, daß ihr aber zweitens andere Gründe entgegenstehen, die er in seinem Buch „Schlüssel der Astronomie" besser als alle seine Vorgänger dargelegt habe.[59] Das Werk scheint nicht erhalten zu sein, aber es gibt an anderen Stellen Hinweise, wie seine Beweisführung im einzelnen aussah. S. Pines hat sie durch eine Untersuchung anderer, zum Teil noch nicht edierter Schriften ermittelt. Danach berechnete al-Bīrūnī die große Geschwindigkeit, die einem Punkt an der Erdoberfläche für den Fall der Rotation eigen sein müßte und kam dann zu dem seltsamen Schluß, daß sich diese Geschwindigkeit den nach Osten ausgeführten Bewegungen als eine Art Beschleunigung hinzuaddieren müßte, während sie umgekehrt den Bewegungen nach Westen einen fühlbaren Widerstand leiste.[60]

Andere Astronomen hielten nach wie vor den gegenteiligen Schluß für richtig, daß an Vögeln, Wolken, hochgeworfenen Steinen eine Abweichung in westlicher Richtung zu beobachten sein müßte.[61] Das nahmen einige mit dem Hinweis zurück, daß die sich mitbewegende Luft eine solche Tendenz verhindern würde. Denn auch im Innenraum eines ruhig fahrenden Schiffes könne man durch Wurfversuche die Bewegung des Schiffes nicht nachweisen.[62] Aber schließlich siegten immer die Argumente der aristotelischen Kinematik, nach denen es widersinnig erschien, daß die kreisförmige Bewegung, die von Natur nur den Himmelskörpern zukommt, auch von der Erde ausgeführt wird, deren Elemente von Natur nur eine geradlinige Bewegung haben.[63] Als positives Anliegen wurde den Vertretern der Lehre von der Erdrotation zugestanden, daß sie die Gegenläufigkeit der schnellen westlichen und der langsamen östlichen Bewegung der Planeten beseitigen wollten. Aber die physikalischen Schwierigkeiten, mit denen ihre Theorie belastet sei, würden durch diesen kleinen Vorteil bei weitem nicht aufgehoben.

Damit ist die Stelle bezeichnet, an welcher dem Weiterdenken der Weg verstellt war. Auch in Europa waren es besonders die physikalischen Argumente gegen die Erdrotation, welche bis auf Newton ihre Wirkung nicht verfehlt haben. Copernicus selbst hatte seinen Standpunkt in dieser Frage mit Hilfskonstruktionen stützen müssen, die von arabischen Astronomen kaum akzeptiert worden wären. Es gab zwar schon im 9. Jh. Ansätze zu einer Revision der aristotelischen Kinematik, die, wie S. Pines gezeigt hat, den spätscholastischen Theorien des sogenannten Impetus verwandt sind.[64] Aber auch eine solche Lehre schließt noch ein, daß jede nicht natürliche Bewegung ausläuft, wenn sie von der bewirkenden Ursache getrennt ist. Jede Kreisbewegung der Erde wäre aber eine solche nicht natürliche Bewegung gewesen, weil sie nur der Wundersubstanz des Äthers zukommt. Diese himmlische Kreisbewegung aber beruhte nicht auf reiner metaphysischer Spekulation, sondern man meinte sie jeden Tag in absolut vollkommener und regelmäßiger Weise an den Fixsternen zu beobachten. Da sie ihre Lage zueinander nicht verändern, lag natürlich nach wie vor der Gedanke nur zu nahe, daß sie an einer gemeinsamen Unterlage befestigt sind. Die Fixsternsphäre gab dann das einfache Modell ab, nach dessen Vorbild auch die komplizierteren Bewegungen der übrigen Himmelskörper zu verstehen waren, nämlich als Resultanten mehrerer solcher gleichmäßigen Umläufe, die in irgendeiner Weise aufeinandermontiert sind.

So blieben die Grundzüge des Weltbildes der arabischen Astronomie unverändert. Das bedeutet aber keineswegs, daß ihre Vertreter blinde Nachbeter der von ihnen hochgeschätzten griechischen Lehrmeister waren. An der Verbesserung der Details des überkommenen Systems wurde emsig gearbeitet. Manche ihrer neuen Planetenmodelle, die teils einfacher, meist aber komplizierter waren, finden sich bei den Astronomen der europäischen Renaissance wieder, Copernicus nicht ausgenommen. Typisch an ihnen ist das vorherrschende Bestreben, die beobachteten Gestirnbewegungen noch konsequenter auf absolut gleichmäßige Kreisbewegungen zurückzuführen, als dies Ptolemäus gelungen war. Man nahm dafür eine zusätzliche Anzahl von ineinandergeschachtelten Sphären in Kauf. Das Mondmodell des Naṣīr ad-Dīn aṭ-Ṭūsī hat deren acht[65]. Eine dabei entwickelte Methode, als Ergebnis zweier gegenläufiger Sphären eine geradlinige Bewegung entstehen zu lassen, findet sich bei Copernicus in einem anderen Kontext, nämlich bei seiner Behandlung der Trepidation, wieder. Die Übereinstimmung geht, wie W. Hartner entdeckt hat, so weit, daß in den zugehörigen graphischen Darstellungen die gleichen Buchstaben zur Bezeichnung der Schnittpunkte verwendet sind.[66] Der von aṭ-Ṭūsī begründeten Schule von Marāġa ist Ibn aš-Šāṭir (gest. 1375 oder 1379) zuzurechnen, der als Vorsteher der Muezzine an der Umayyadenmoschee in Damaskus eine Anstellung gefunden hatte. Sein Mondmodell zeichnet sich dadurch aus, daß in ihm in der gleichen Weise wie bei Copernicus auf den Epizykel ein weiterer sogenannter Epiepizykel gesetzt ist, auf dem sich dann erst der Mond befindet. Diese Übereinstimmung kann nicht zufällig sein, aber es ist zur Zeit noch nicht geklärt, auf welchem Wege sie zustande gekommen ist.[67]

Neben den Reformversuchen der Fachastronomen, die sich wie Ptolemäus in seinem Almagest nur um die mathematische Seite der Gestirnbewegungen kümmerten und ihre physikalische Verifizierung auf sich beruhen ließen, gab es andere Ansätze, die von seiten der Naturphilosophie vorgetragen wurden und in weltanschaulicher Hinsicht bedeutsamer sind, weil sie wieder eine gewisse Tendenz erkennen lassen, die obere Welt nach analogen Gesetzen zu begreifen wie die irdische. Aristoteles hatte als Widersacher des antiken Atomismus gelehrt, daß es keinen leeren Raum gibt. Sein eigenes System der wie Zwiebelschalen aufeinanderliegenden homozentrischen Sphären hatte dem vollkommen entsprochen. Das ptolemäische System der sich gegenseitig schneidenden Deferenten und Epizykel schien darauf keine Rücksicht zu nehmen. In Spanien, wo ein besonders strenger Aristotelismus zu Hause war, kamen darum Versuche auf, die homozentrischen Sphären in modifizierter Gestalt wieder einzuführen.

Die Anregung ging von Ibn Ṭufail (gest. 1185/86) aus, der als Verfasser des „Ḥayy ibn Yaqẓān", eines philosophischen Robinsonromans, bekannt wurde. Sein Schüler al-Biṭrūǧī, den Copernicus unter seinem latinisierten Namen als Alpetragius zitiert,[68] erzielte mit seinem System und ohne Verwendung von Epizykeln und Exzentern eine sogenannte „schraubenförmige" Bewegung für die Planeten.[69] Eine mathematisch fundierte Begründung konnte er aber nicht liefern und fand deswegen mit seiner Theorie bei den Fachastronomen wenig Anklang. Auch behielten die Planeten immer die gleiche Entfernung zur Erde, was ihre tatsächlichen Helligkeitsschwankungen unerklärt ließ. Besser durchdacht war in dieser Hinsicht die Konzeption des Ibn al-Haiṯam (gest. 1039), der in Ägypten wirkte. Auch sein Einfluß reichte bis in die europäische Astronomie.[70] Seine Leistung war eine Kombination der aristotelischen Physik mit dem ptolemäischen System der Exzenter und Epizykel. Zu diesem Zweck ist die mit der Erde homozentrische Sphäre eines Planeten gehörig dick angelegt, daß in ihr der Raum für eine exzentrisch rollende Kugel ausgespart werden kann. Diese Kugel übernimmt die Rolle des Epizykels, an ihrer Peripherie befindet sich der Planet. Bei Bedarf aber hat diese Kugel wieder in sich einen weiteren Satz von exzentrisch ausgespartem Raum und rollender Kugel. Alle scheinbaren Hohlräume aber sind natürlich mit Äther ausgefüllt, denn nach der Lehre des Aristoteles kann es kein Leeres geben. In weltanschaulicher Hinsicht leistete dieses System, so monströs es auch erscheinen mag, vor allem dies, daß die Bewegungen der Himmelskörper als Resultat eines mechanischen Zwanges begriffen werden konnten. Ibn al-Haiṯam steht damit in einer materialistischen Tradition, die in seinem Falle dazu mit religiöser Skepsis gepaart war.[71] Als seit Tycho Brahe der leere Weltraum eine Realität geworden war, sah sich Kepler genötigt, den einzelnen Planeten wieder einen eigenen „Verstand" zuzuweisen, mit dem sie sich selber durch den Raum steuern.[72]

Von der copernicanischen Wende her gesehen scheinen alle Fortschritte der arabischen Astronomen Fortschritte auf einem Nebenweg gewesen zu sein, der immer weiter in die Irre führen mußte. Aber gerade die Forschungen der letzten Jahre haben gezeigt, daß sich Copernicus in den Details seines Systems durchaus nicht so meilenweit von den orientalischen Meistern entfernt hat. Die Frage bleibt, warum keiner von ihnen, die sich um Jahrhunderte früher an Ptolemäus schulten, den entscheidenden Schritt getan hat. Furcht vor Verfolgungen ist es sicher nicht gewesen.[73]

Wo das nur sehr oberflächlich verhüllte Heidentum des „Picatrix“ ungestraft kolportiert wurde, hätte ein heliozentrischer Entwurf, mit der nötigen Abstraktion vorgetragen, im Kreise der Fachgelehrten auch zirkulieren können. Das Fehlen der antiken Anregungen ist für diese autoritätsbedürftige Zeit nicht gering zu veranschlagen. Daß keine Nachricht von Aristarchs Entwurf zu den Arabern gedrungen ist, mag dabei ohne große Bedeutung sein, dies hätte vielleicht einen weiteren Paragraphen im Kuriositätenkabinett eines al-Qazwīnī ergeben, nicht mehr. Aber auch die Anregungen, die Copernicus aus den Schriften des Cicero empfangen hat und zu denen er sich ausdrücklich bekennt, haben gefehlt, aus dem Lateinischen ist so gut wie nichts ins Arabische übersetzt worden. Es ist bekannt, wie sehr die halb skeptische, halb eklektische Haltung der römischen Autoren auf die antiaristotelische Richtung der „Humanisten“ gewirkt hat, mit denen Copernicus in Italien in Berührung kam. Die Gärung des gesellschaftlichen Umbruchs, in der die alten Autoritäten fragwürdig wurden, ist in den Ländern des Islams ausgeblieben, worin auch letztlich die Ursache für das Zurückbleiben der arabischen Astronomie zu suchen ist.

Die unbefangene weltanschauliche Diskussion, das Kokettieren mit den verschiedensten Richtungen und das Suchen nach neuen Wegen hatte es in der Blütezeit des abbasidischen Kalifats und noch im 9. Jh. auch gegeben. In eben dieser Zeit hatten sich viele Gebildete dem fremden griechischen Einfluß geöffnet. Das einfache Volk blieb im ganzen gesehen unter dem Einfluß der orthodoxen Prediger, und wenn dieser sich auch auf die Herrschenden ausdehnte, mußte die Zahl der Mäzene kleiner werden. Für die kostspielige Wissenschaft der Astronomie waren die Folgen besonders schwer. Wenn es zudem in der Philosophie und den Wissenschaften zu analogen Erstarrungserscheinungen kam wie in der christlichen Scholastik, so lag dies nicht daran, daß es zu einer Synthese mit der offiziellen Religion gekommen wäre. Hierin liegt ein oft übersehener Unterschied zu den zeitgenössischen Bedingungen in Europa. Unter der Herrschaft des Islam lebten die Philosophie und in ihrem Gefolge auch die Einzelwissenschaften isoliert und beargwöhnt am Rande der Gesellschaft. Verständlicherweise zeigte sich bei ihren Vertretern mehr und mehr eine apologetische Haltung, eine Tendenz zum Ausbau eines lückenlosen und unangreifbaren Systems und ein unbeirrbares Bekenntnis zu den eigenen Autoritäten, als deren oberste Aristoteles auf den Schild gehoben wurde.

So hat, wie abschließend gesagt werden kann, zwar kein direkter Weg von der arabischen Astronomie zum revolutionären Neuentwurf des heliozentrischen Weltsystems geführt, dennoch ist ihr Beitrag aus seiner Vorgeschichte nicht wegzudenken. Er besteht einmal in der umfassenden Aneignung, der Bewahrung und schließlich in der Weitergabe dessen, was die griechische Antike auf diesem Gebiet erreicht hatte. Und dies ist angesichts des Verfalls der Wissenschaften im spätantiken und frühmittelalterlichen Europa nicht hoch genug zu bewerten. Des weiteren aber haben die vielfach genaueren astronomischen Beobachtungen und Berechnungen sowie zahlreiche scharfsinnige Korrekturen an den Details des ptolemäischen Systems, die ebenfalls ihren Weg in die europäische Astronomie fanden, die schöpferische Unruhe mit inspiriert, die schließlich die copernicanische Wende heraufführte.

Anmerkungen

[1] Wie in der Orientalistik allgemein üblich, ist der Ausdruck „arabisch" hier nicht im ethnischen Sinne zu verstehen, sondern bezieht sich auf das vorherrschende sprachliche Medium des durch den Islam geschaffenen einheitlichen Kulturgebietes.

[2] V. V. Bartol'd, Sočinenija, Bd. 2, 2, Moskau 1964, 160 u. 166f.

[3] A. Pannekoek, A history of astronomy, London-New York 1961, 170.

[4] In Hippocratis epidemiarum librum VI commentaria I–VIII, hrsg. v. E. Wenkebach u. F. Pfaff, Berlin 1956 (Corp. Med. Graec. V 10, 2, 2), 487.

[5] W. Wolska, La topographie chrétienne de Cosmas Indicopleustès, Paris 1962, 147f.

[6] Byzanz auf den Wegen nach Indien, Berlin 1969, 115f.

[7] W. Wolska, La topographie (wie Anm. 5), 1.

[8] H. Löwe, Ein literarischer Widersacher des Bonifatius Virgil von Salzburg und die Kosmographie des Aethicus Ister, Abhandlungen der Akademie der Wissensch. u. d. Lit. Mainz, geistes- u. soz.wiss. Kl., 1951, Nr. 11, 938–942.

[9] W. Wolska, La topographie (wie Anm. 5), 183.

[10] Sure 13, 2f.; 21, 32; 31, 10; 40, 64; 51, 47f.; 79, 28–30; 88, 18–20.

[11] Sure 22, 65; 35, 41.

[12] Sure 41, 12; 65, 12; 67, 3; 71, 15; 78, 12.

[13] Sure 50, 6; 67, 3.

[14] Sure 21, 104; 39, 67; 55, 37.

[15] Sure 15, 17f.; 37, 10; 67, 5.

[16] Sure 21, 33; 36, 38–40.

[17] Sure 16, 12; 41, 37.

[18] Sure 20, 61; 41, 12; 67, 5; 71, 16; 78, 13.

[19] Ibn al-Qifṭī, Taʾrīḫu l-ḥukamāʾ, hrsg. v. J. Lippert, Leipzig 1903, 97f. (Übers. bei F. Rosenthal, Das Fortleben der Antike im Islam, Zürich-Stuttgart 1965, 52).

[20] G. E. v. Grunebaum, Der Islam im Mittelalter, Zürich-Stuttgart 1963, 74f.

[21] M. Plessner, Art. Baṭlamiyūs, The Encyclopaedia of Islam, 2. Aufl., Leiden-London 1960ff., Bd. 1, 1100–02; M. Steinschneider, Die arabischen Übersetzungen aus dem Griechischen, Graz 1960, (153)-(232).

[22] In der Bearbeitung des Naṣīr ad-Dīn aṭ-Ṭūsī gedruckt in: Recueil de 8 textes mathématiques édités par Naṣīr ad-Dīn aṭ-Ṭūsī, Haidarabad 1359 A. H. (mir nicht zugänglich).

[23] M. Fleischhammer, Die Banū l-Munaǧǧim, Wissenschaftliche Zeitschrift der Martin-Luther-Universität Halle-Wittenberg, Ges.-Sprachw. R. 12, H. 3/4, 1963, 216.

[24] Yāqūt, Iršādu l-arīb ilā maʿrifati l-adīb, hg. v. D. S. Margoliouth, Bd. 5, Leiden-London 1911, 467 (Übers. bei I. J. Kračkovskij, Izbrannye sočinenija, Bd. 4, Moskau-Leningrad 1957, 73).

[25] I. Goldziher, Die Stellung der alten islamischen Orthodoxie zu den antiken Wissenschaften, Abhandlungen der Kgl. Preuß. Akademie der Wissensch. 1915, Phil.-hist. Kl., Nr. 8, 20f. – Daß die islamische Religion dem astrologischen Fatalismus von vornherein wesensverwandt gewesen sei (so F. Boll, C. Bezold, W. Gundel, Sternglaube und Sterndeutung, 5. Aufl., Darmstadt 1966, 33f.), ist ein verbreitetes Vorurteil. – Vgl. auch M. Ullmann, Die Natur- und Geheimwissenschaften im Islam, Leiden 1972, 274–277.

[26] Vgl. jetzt die Edition Albumasaris de revolutionibus nativitatum, hrsg. v. D. Pingree, Leipzig 1968.

[27] I. Goldziher, Die Stellung (wie Anm. 25), 13–15; 44.

[28] „Picatrix" – Das Ziel des Weisen von Pseudo-Mağrīṭī, übers. v. H. Ritter u. M. Plessner, London 1962, XXI.

[29] G. Sarton, Introduction to the history of science, Bd. 1, Washington 1927, 603; C. A. Nallino, Art. Al-Battānī, The Encyclopaedia of Islam, 2. Aufl., Bd. 1, 1104f.

[30] F. J. Carmody, The astronomical works of Thabit b. Qurra, Berkeley, Los Angeles 1960, 84 bis 113.

[31] E. Wiedemann, Zum Leben von Naṣîr al Dîn al Ṭûsî, Sitzungsberichte der Physikalisch-medizinischen Sozietät zu Erlangen 58/59, 1926/27, 366; zum Bild seiner Persönlichkeit vgl. R. Strothmann, Die Zwölfer-Schīʿa, Leipzig 1926, 27f.

[32] J. Needham, The Peking observatory A. D. 1280 and the development of the equatorial mounting, Vistas in Astronomy 1, 1955, 67–83; W. Hartner, Oriens – Occidens, Hildesheim 1968, 215–226.

[33] Naṣīr ad-Dīn aṭ-Ṭūsī, The Rawdatu't-Taslim, hrsg. v. W. Ivanow, Leiden 1950, 124f.

[34] Chronologie orientalischer Völker, hrsg. v. E. Sachau, Leipzig 1878, 206 (Übers. in Biruni, Izbrannye proizvedenija, Bd. 1, Taschkent 1957, 208f.).

[35] Vgl. S. Pines, The semantic distinction between the terms astronomy and astrology according to al-Bīrūnī, Isis 55, 1964, 348.

[36] I. Goldziher, Vorlesungen über den Islam, 2. Aufl., Heidelberg 1925, 130; M. Plessner, Beiträge zur islamischen Literaturgeschichte I, Islamica 4, 1929, 532f.

[37] Ibn al-Quifṭī, Ta'rīḫu l-ḥukamā' (wie Anm. 19), 229.

[38] Auch wenn Theologen einzelne Argumente von der Philosophie übernehmen, bewahren sie doch eine Skepsis ihr gegenüber. Manchmal sind sie dabei sogar auf richtigem Wege. So zweifelt einer an der Siebenzahl der Planeten und fragt, ob es nicht möglich sei, daß oberhalb des Saturn noch ein Körper etwa von der Größe des Merkur sich befinde, vgl. J. W. Livingston, Ibn Qayyim al-Jawziyyah: A fourteenth century defense against astrological divination and alchemical transmutation, Journal of the American Oriental Society 91, 1971, 99.

[39] I. Madkour, La place d'al Fârâbî dans l'école philosophique musulmane, Paris 1934, 95f., doch vgl. 97f.

[40] Buch Δ, 8 (1073a–74b).

[41] H. A. Wolfson, The problem of the souls of the spheres from the Byzantine commentaries to Aristotle through the Arabs and St. Thomas to Kepler, Dumbarton Oaks Papers 16, 1962, 70.

[42] A. J. Wensinck, On the relation between Ghazālī's cosmology and his mysticism, Mededeelingen d. Koninklijke Akad. van Wetenschapen, afd. letterkunde, Deel 75, Serie A, 1933, 201.

[43] I. Madkour, La place (wie Anm. 39), 73–94, bes. 89 u. 92.

[44] Al-milal wa-n-niḥal, hrsg. v. A. S. Kīlānī, Kairo 1967, T. 2, 153.

[45] H. Jonas, Gnosis und spätantiker Geist, 2. Aufl., Göttingen 1954, 176; vgl. dazu J. Kraemer, A lost passage from Philoponus' Contra Aristotelem in Arabic translation, Journal of the American Oriental Society 85, 1965, 320.

[46] H. A. Davidson, John Philoponus as a source of Medieval Islamic and Jewish proofs of creation, Journal of the American Oriental Society 89, 1969, 362.

[47] H. A. Wolfson, The problem (wie Anm. 43), 70.

[48] S. Pines, Nouvelles études sur Awhad al-zamân Abu-l-Barakât Al-Baghdâdî, Paris 1955, 55f.; es stimmt also nur für die weltanschauliche Situation der europäischen Neuzeit, „daß bis zu Galilei eine physikalische Astronomie, als Übertragung irdischer Erkenntnis auf die Himmelsvorgänge, ausgeschlossen war", so H. Blumenberg, Die kopernikanische Wende, Frankfurt a. M. 1965, 85.

[49] The Rawdatu't-Taslim (wie Anm. 33), 10f.

50 M. Fiorini, S. Günther, Erd- und Himmelsgloben, ihre Geschichte und Konstruktion, Leipzig 1895, 13–17. Eines der ältesten erhaltenen Exemplare befindet sich in Dresden, vgl. A. Drechsler, Der arabische Himmelsglobus vom Jahre 1279 im mathematisch-physikalischen Salon zu Dresden, 2. Aufl., Dresden 1922.

51 W. Hartner, Oriens – Occidens (wie Anm. 32), 287–318; H.-G. Körber, Konstruktionselemente der Antike in Instrumenten der Renaissance und des 17. Jahrhunderts, Antiquitas Graeco-Romana ac tempora nostra, Acta congr. internat. Brno 12.–16. April 1966, Prag 1968, 520 bis 522. Ein arabisches Exemplar wird in Halle aufbewahrt, vgl. H. Goeseke, Ein magribinisches Astrolab aus dem Besitz der Bibliothek der Deutschen Morgenländischen Gesellschaft in Halle (Saale), Wissenschaftliche Zeitschrift der Martin-Luther-Universität Halle-Wittenberg, Ges.-Sprachw. R. 17, H. 2/3, 1968, 87–93, u. 18, H. 4, 1969, 265f.

52 S. Pines, La théorie de la rotation de la terre à l'époque d'al-Bîrûnî, Journal Asiatique 244, 1956, 301f.; vgl. E. Wiedemann, Zu den Anschauungen der Araber über die Bewegung der Erde, Mitteilungen zur Geschichte der Medizin und der Naturwissenschaften 11, 1912, 131.

53 W. Hartner, La science dans le monde de l'Islam après la chute du Califat, Studia Islamica 31, 1970, 149. T. N. Kary-Nijázov sieht in einer Stelle bei Maryam Čelebī, deren Kontext mir nicht zugänglich ist, „einen vorsichtigen Hinweis auf das heliozentrische Weltsystem", Ulugbek i poslednee slovo doteleskopičeskoj astronomii, Obščestvennye nauki v Uzbekistane 1969, H. 3, 23. Die Rede ist hier nur davon, daß die Erde in Bezug auf die Planetenbahnen als nicht in der Mitte befindlich angesehen werden kann, wahrscheinlich handelt es sich nur um deren exzentrische Lage zur Erde.

54 Chronologie orientalischer Völker (wie Anm. 34), 206 (Übers. in Izbrannye proizvedenija, Bd. 1, 204).

55 H. Daiber, Die arabische Übersetzung der Placita Philosophorum, Phil. Diss. Saarbrücken 1968, 239; hier übrigens auch eine allzu kurze Notiz über Philolaos.

56 Kosmographie, hrsg. v. F. Wüstenfeld, Göttingen 1848–49, Bd. 1, 144f. (Vgl. E. Wiedemann, Anschauungen der Muslime über die Gestalt der Erde, Archiv für Geschichte der Naturwissenschaften und der Technik 1, 1909, 311).

57 Vgl. dazu S. J. Lur'e, Demokrit, Leningrad 1970, Nr. 366 u. 376.

58 F. Rosenthal, Das Fortleben (wie Anm. 19), 299–302.

59 Alberuni's India, hrsg. v. E. Sachau, London 1887, 138f. (Übers. in Bīrūnī, Izbrannye proizvedenija, Bd. 2, Taschkent 1963, 254f.).

60 La théorie de la rotation (wie Anm. 52), 305.

61 Abu l'Farağ Barhebräus, Le livre de l'ascension de l'esprit sur la forme du ciel et de la terre, hrsg. v. F. Nau, Paris 1899–1900, 10.

62 E. Wiedemann, Über die Gestalt, Lage und Bewegung der Erde sowie philosophisch-astronomische Betrachtungen von Quṭb al Dīn al Schîrâzî, Archiv für die Geschichte der Naturwissenschaften und der Technik 3, 1912, 417; vgl. 420.

63 A. Sprenger, Rez. zu F. Dieterici, Die Philosophie der Araber im X. Jahrhundert n. Chr., Zeitschrift der Deutschen Morgenländischen Gesellschaft 30, 1876, 334.

64 Un précurseur Bagdadien de la théorie de l'impetus, Isis 44, 1953, 247–251.

65 W. Hartner, Naṣīr al-Dīn al-Ṭūsī's lunar theory, Physis 11, 1969, 287–304.

66 Trepidation and planetary theories. Common features in late Islamic and early Renaissance astronomy, Accademia Nazionale dei Lincei, Fondazione Alessandro Volta, Atti dei Convegni 13, 1971, 616.

67 V. Roberts, The solar and lunar theory of Ibn ash-Shāṭir. A pre-Copernican Copernican model, Isis 48, 1957, 428–432; E. S. Kennedy, Late medieval planetary theory, Isis 57, 1966, 365 bis 378.

[68] E. Rosen, Copernicus and Al-Bitruji, Centaurus 7, 1960/61, 152–156.

[69] F. J. Carmody, Al-Biṭrûjî, De motibus celorum, Berkeley–Los Angeles 1952.

[70] W. Hartner, Oriens–Occidens (wie Anm. 32), 480–484.

[71] M. Schramm, Ibn al-Haythams Weg zur Physik, Wiesbaden 1963, 9f.

[72] H. A. Wolfson, The problem (wie Anm. 41), 91; vgl. dazu den Beitrag von O. Günther in diesem Band.

[73] Dies vermuten Ch. U. Sadykov, Biruni i ego raboty po astronomii i matematičeskoj geografii, Moskau 1953, 40, und Kary-Nijazov, Ulugbek i poslednee slovo (wie Anm. 53), 23.

Helmut Mielke

Die gesellschaftlichen Bedingungen für das Wirken von Nicolaus Copernicus und die philosophisch-weltanschaulichen Voraussetzungen und Wesenszüge seiner Lehre

1. Die allgemeinen gesellschaftlichen Verhältnisse der frühkapitalistischen Periode in ihrer Beziehung zum Schaffen von Copernicus

Die geschichtliche Epoche, in der die Lebens- und Schaffenszeit von Nicolaus Copernicus liegt, war eine Zeit des Umbruchs und der gesellschaftlichen Veränderungen. Dies gilt für nahezu alle Bereiche der gesellschaftlichen Tätigkeit, für Wirtschaft und Politik, für Kunst, Wissenschaft und Philosophie, selbst für Religion und Theologie.

Copernicus, der durchaus nicht – wie bisweilen zu lesen ist – im entlegenen Frombork ein weltabgeschiedenes Gelehrtendasein führte,[1] sondern der als echter Renaissancewissenschaftler durch Universalität des Schaffens und Wirkens gekennzeichnet ist, hat an fast allen diesen Bereichen aktiven Anteil genommen.

Seine eigentliche und epochemachende Leistung darf nicht nur unter speziell astronomischem Aspekt gesehen werden, so wichtig die Begründung des heliozentrischen Weltbildes als der Grundlage allen weiteren Fortschritts der astronomischen Erkenntnis auch ist. Unter dem Gesichtspunkt des gerade bei Copernicus mit größter Deutlichkeit hervortretenden Zusammenhangs von Philosophie und Einzelwissenschaften muß man diese Leistung allgemeiner und umfassender beurteilen: Sie war der entscheidende einzelwissenschaftliche und philosophisch-weltanschauliche Durchbruch zur Denkweise und zur Methodologie der Wissenschaft der Neuzeit.

Das philosophisch wichtigste Ergebnis der Lehre des Copernicus war die beginnende Entdogmatisierung und Säkularisierung der Naturwissenschaft, mit ihren Auswirkungen nicht nur auf das naturwissenschaftliche Weltbild, sondern auch auf den umfassendsten Rahmen aller wissenschaftlichen Erkenntnis, auf die Weltanschauung.

Wenn nun nach den Bedingungen und Ursachen für die bahnbrechende Leistung des Nicolaus Copernicus, seiner revolutionären und revolutionierenden Umgestaltung des astronomischen Weltbildes, mit allen ihren Konsequenzen in naturwissenschaftlicher und philosophisch-weltanschaulicher Beziehung, gefragt wird, so trifft man in der nichtmarxistischen Literatur generell auf entweder überwiegend geistesgeschichtliche Darstellung oder auf eine Überbetonung der technisch-astronomischen Seite in der Entwicklung der Astronomie mit ihren Bezügen zur Kosmogonie und Kosmologie.

Gehen wir zunächst – entgegen mancher Vernachlässigung in der Literatur – von dem aus, was Copernicus selbst in der seinem Hauptwerk „De revolutionibus orbium coelestium" vorangestellten Widmung an Papst Paul III. über seine Beweggründe äußert: „Deshalb will ich Deiner Heiligkeit nicht verhehlen, daß mich zum Nachdenken über eine andere Art, die Bewegungen der Sphären des Weltalls zu berechnen, nichts anderes bewogen hat als die Einsicht, daß sich selbst die Mathematiker bei ihren Untersuchungen hierüber nicht einig sind. Denn erstens sind sie über die Bewegung der Sonne und des Mondes so im ungewissen, daß sie die ewige Größe des vollen Jahres nicht abzuleiten und zu beobachten vermögen. Zweitens wenden sie bei Feststellung der Bewegungen sowohl jener als auch der übrigen fünf Planeten weder dieselben Grund- und Folgesätze noch dieselben Beweise für die zu beobachtenden Umkreisungen und Bewegungen an."[2]

Diese Erklärung des Copernicus für die Ausarbeitung seines mit einer nahezu zwei Jahrtausende alten philosophischen und einer fast eineinhalb Jahrtausende alten astronomischen Tradition revolutionär und revolutionierend brechenden neuen astronomischen Weltbildes, das zugleich und zunächst in erster Linie die Orientierung auf eine prinzipiell neue Einstellung zur Naturforschung oder besser: zur Erforschung der Natur war, diese Erklärung bezieht sich genauer gesehen auf den Anlaß, nicht auf die Bedingungen und Ursachen für die Ausarbeitung des heliozentrischen Systems.

Schöpferische Persönlichkeiten sind sich zwar – wie auch hier im Falle von Copernicus – häufig über die unmittelbaren Motive und Anlässe ihres Schaffens und ihrer hervorragenden Leistungen mehr oder weniger im klaren, d. h., sie sind sich des logischen, systematischen, ideengeschichtlichen Zusammenhangs mit einer gegebenen Problematik – als einer notwendigen Voraussetzung ihres Beitrags zu dessen Weiterentwicklung – bewußt. Dieser Zusammenhang ist nun jedoch nicht der allein und nicht der in letzter Instanz bestimmende. Manche Aspekte dieses Zusammenhangs drücken mehr die Erscheinung einer bestimmten, historisch herangereiften Problematik als ihr Wesen aus. Probleme und ihre Lösungen sind nicht im abstrakten Sinne – nur unter Beachtung ihrer abstrakten, logischen Stellung innerhalb eines Wissenssystems, gesehen aus späterer Sicht – wesentlich. Sie, bzw. ihre Lösung, sind oder werden wesentlich unter bestimmten historischen Bedingungen, als Befriedigung eines gesellschaftlichen Bedürfnisses.

Über die allgemeinen, umfassenden (für den Einzelfall aber notwendigen und unabdingbaren) Bedingungen und Voraussetzungen ihres Schaffens sind sie sich jedoch häufig im unklaren. Ganz abgesehen davon, daß im individuellen Schaffensprozeß die betreffende Persönlichkeit vollauf mit der gestellten konkreten Aufgabe beschäftigt ist, ja von ihr meist absorbiert wird, so daß die Reflexion über die Bedingungen der eigenen Tätigkeit oft als eine zusätzliche, ja bisweilen unbequeme Aufgabe betrachtet wurde, zeigt die Sichtung entsprechender wissenschaftsgeschichtlicher Literatur, daß jede Untersuchung darüber, die sich nicht der Methode des historischen Materialismus bedient, hier zwangsläufig unvollständig bleiben muß. Diese Methode auf die Erforschung und Darstellung des Schaffens von Nicolaus Copernicus anzuwenden, heißt nichts anderes als seine schöpferische Leistung nicht allein in ideengeschichtlichen Zusammenhängen isoliert von den gesellschaftlichen Bedingungen seiner Zeit und gleichsam historisch-gesellschaftlich ursachenlos zu betrachten.

Die Entwicklung frühkapitalistischer Produktions- und Lebensformen, am deutlichsten sichtbar in der Erstarkung des Städtebürgertums, in dem Beginn der ursprünglichen Akkumulation und in der Entstehung von Verlagswesen und Manufaktur, ist die gesellschaftliche Grundlage für die in dieser Periode einsetzenden Umwälzungen sowohl in der Sphäre der Produktionsverhältnisse als auch im Überbau.

Die entstehende neuere Wissenschaft, besonders die Naturwissenschaft, ist ein Ergebnis der damit zusammenhängenden gesellschaftlichen Bedürfnisse.

Die in ihren Anfängen zunächst noch im feudalen Wirtschaftssystem integrierten neuen, bzw. vervollkommneten Produktionsmittel und Produktionstechniken (Mühlentriebwerke für verschiedene Produktionsprozesse, Einführung neuer Verfahren in Metallurgie, Weberei und Färberei, Uhrmacherei, Alkoholdestillation, Glas- und Papierherstellung)[3] führten mit der zunehmenden Konzentration der handwerklichen und industriellen Produktion in der Stadt und vor allem mit der Entstehung der Manufakturen zu frühkapitalistischen Produktionsformen. Ihre Träger waren Teile des reichen Städtebürgertums.

Dieses Bürgertum, mit seinen gegenüber den Feudalherren besonderen ökonomischen und politischen Interessen, war zu seiner ökonomischen Stärkung notwendigerweise an der Entwicklung der Produktionsmittel und besonders an der Entwicklung der mechanischen Produktionsinstrumente interessiert. Zu dieser Zeit war deutlich geworden, daß die bisherige rein praktische, erfahrungsmäßige Anwendung der mechanischen Werkzeuge und Geräte begrenzt und unzureichend ist. Deshalb entstand ein elementares Interesse an einer neuen, auf die Erkenntnis der objektiven Eigenschaften und Zusammenhänge der Naturgegenstände gerichteten Naturwissenschaft. Das zunehmende Interesse an Beobachtung und Experiment, und auch an Hypothese und Theorie, war eine direkte Folge der Bedürfnisse der frühkapitalistischen Produktion; ohne die Konstituierung und Entwicklung der neueren Naturwissenschaft war eine weitere, entscheidende und revolutionierende Veränderung und Verbesserung der Produktion nicht möglich. Obwohl Copernicus persönlich als Kanonikus Angehöriger der hohen Geistlichkeit war und auf diese Weise an den feudal-klerikalen Privilegien teilhatte, diente sein Werk objektiv den Interessen der aufsteigenden bürgerlichen Klasse. Die für ihn selbst noch unabsehbaren Konsequenzen seiner Lehre als der Grundlage und des Beginns der neueren Naturwissenschaft haben indirekt, auf dem Wege der Vermittlung über diese, vor allem durch die Entwicklung der Mechanik, ungeahnte Früchte auch für die spätere kapitalistische Produktion getragen.

Der Zusammenhang von Naturwissenschaft und beginnender kapitalistischer Produktion, der sich vor allem in dem erwähnten Bedürfnis nach der Entwicklung der mechanischen Produktionsinstrumente zeigte, wofür wiederum besonders die Entwicklung der Ingenieurkunst und der Mechanik als Wissenschaft notwendig wurde, dieser Zusammenhang offenbarte die prinzipiellen Schranken und die Verkehrtheit der Methode der aristotelisch-scholastischen Naturwissenschaft im allgemeinen und der aristotelischen Physik im besonderen immer deutlicher. Das beginnende Bewußtsein der Unzulänglichkeit, wenn nicht bereits die Erkenntnis der hemmenden Funktion derselben, förderte in den progressiven Kreisen des reichen Städtebürgertums, aus denen Copernicus kam, eine Atmosphäre der Kritik am Alten und der Aufgeschlossenheit gegenüber dem Neuen. Diese – wenn auch überwiegend latente und esoterische – kritische oder zumindest undogmatische Position gegenüber dem aristotelischen System ist eine notwendige ideelle Voraussetzung für die Entstehung des modernen naturwissenschaftlichen Denkens im allgemeinen und des neuen astronomischen Weltbildes im besonderen. Eine solche kritische Atmosphäre fand Copernicus während seiner Studienjahre sowohl in Kraków als auch in Italien vor.

Wenn man die Periode des Copernicus im Hinblick auf die Entwicklung des naturwissenschaftlichen Denkens charakterisieren will, so muß man darauf hinweisen, daß die Revolution im astronomischen Weltbild zwar die wesentlichste, aber nicht die einzige wichtige Veränderung im Bereich der Naturwissenschaften mit erheblichen Konsequenzen für die Weltanschauung war. Die Weltumseglung des Magalhães (1519–21) hatte die Kugelgestalt der Erde endgültig bewiesen. Da die Annahmen der Griechen über die Kugelform der Erde im Mittelalter faktisch vergessen worden waren, war die Auswirkung dieser Entdeckung auf das Naturbild des Menschen erheblich. Die geistige Umbruchssituation jener Zeit wird weiter deutlich an dem Wirken eines Universalgenies wie Leonardo da Vinci und in der Philosophie von Cusanus, der mit zu den Wegbereitern eines neuen Weltbildes gehört, vor allem durch seine Vorstellung von einer unendlichen Welt. Sie zeigt sich im Bereich der Naturwissenschaften deutlich an den Leistungen von Paracelsus, der die Iatrochemie begründete und die Überlegenheit der Erfahrung über alle Autoritäten verkündete, weiter von Vesalius, der die wissenschaftliche Anatomie begründete, von Servetius, dem Entdecker des Lungenkreislaufs, und von Agricola, der die Grundlagen der Metall- und Hüttenkunde sowie des Bergbaus schuf. Gleichzeitig wurden auf dem Gebiet der Mathematik, angeregt durch die mannigfaltigen Bedürfnisse in Produktion und Handel und durch die Rezeption des Euklid wesentliche Fortschritte erzielt, u. a. von Cardano und Tartaglia, die eine universell anwendbare algebraische Methode entwickelten.

Diese Umwälzungen und Neuerungen waren in der vorhergehenden Periode der gesellschaftlichen Entwicklung nicht möglich, sie waren das Ergebnis der Bedürfnisse der entstehenden und erstarkenden Klasse des Bürgertums.

Die revolutionären philosophischen und naturwissenschaftlichen Ideen waren der konkrete Ausdruck der Wissenschaftsauffassung einer Klasse, die neue Verhältnisse in der Gesellschaft und eine ihren Zwecken dienende Wissenschaft brauchte. Bernal schreibt dazu: „... gegen die seit vielen Jahrhunderten als wahr hingenommenen Vorstellungen konnten nur zu einer Zeit Einwände erhoben werden, in der die gesamte Grundlage der Gesellschaft in Frage gestellt war.“[4]

Eine der wesentlichen Konsequenzen der Beseitigung des scholastisch-geozentrischen Weltbildes war ein neues Verhältnis des Menschen zur Natur. Galt in jenem die Natur als etwas auf den irdischen, vergänglichen Bereich Beschränktes und daher als minderwertig, so trat sie nun als objektiver, wertfreier Forschungsgegenstand in den Blickpunkt des Menschen. Der Mensch begann, sich als Teil der Natur zu begreifen. Der Humanismus, mit seinem Glauben an die Kraft der menschlichen Persönlichkeit, förderte das Selbstverständnis des Menschen als eines aktiven Teils der Natur. Es ist kein Zufall, daß diese neue Auffassung vom Verhältnis Mensch und Natur gerade in dieser Periode entsteht: Sie ist ein notwendiger Reflex im Überbau zu den Bedürfnissen der sich ausbreitenden kapitalistischen Produktion. Diese verlangten nicht nur die wissenschaftliche Erkenntnis der Natur und ihrer Gesetze, sondern auch und vor allem die Anwendung und Nutzung dieser Erkenntnisse für die Entwicklung der Produktivkräfte und der technischen Produktionsverfahren. Damit im Zusammenhang stand ein grundsätzlicher, revolutionärer Wandel in der Auffassung vom Wesen und von den Aufgaben der Naturwissenschaft und darüber hinaus der Wissenschaft überhaupt. Hatte die Wissenschaft bisher als „Magd der Theologie" gegolten, so wurde sie in den Händen des Bürgertums zum Instrument der Naturerkenntnis und der Auseinandersetzung mit den religiösen Dogmen. Schließlich brauchte das Bürgertum mit dem Fortschreiten der kapitalistischen Entwicklung „zur Entwicklung seiner industriellen Produktion eine Wissenschaft, die die Eigenschaften der Naturkörper und die Betätigungsweisen der Naturkräfte untersuchte"[5].

Das unmittelbare gesellschaftliche Bedürfnis nach einer Verbesserung der astronomischen Tafeln für die Umläufe der Planeten (und damit für die Vorausberechnung ihrer Position), für den Mond und für den scheinbaren Umlauf der Sonne um die Erde (Länge des Tages und des Jahres) ergab sich aus dem Kalenderproblem – die Differenz zwischen Beobachtung (tatsächlicher Position) und Vorausberechnung betrug damals bereits ca. 10 Tage – und aus den Erfordernissen der Ortsbestimmung auf See, von deren Genauigkeit mit beginnender Hochsee- und Überseeschiffahrt (Entdeckung Amerikas, Weltumseglung) meist das Wohl und Wehe der Schiffe abhing.

Das epochemachende Verdienst von Nicolaus Copernicus besteht nun, im Unterschied zu den quantitativen Verbesserungen der astronomischen Tafeln durch Peurbach und Regiomontan, in der klaren und unerschütterlichen, in die Tat umgesetzten Überzeugung, daß das geozentrische (geostatische) System prinzipiell fehlerhaft ist und durch ein qualitativ neues astronomisches Weltbild, das heliozentrische (heliostatische), ersetzt werden muß.

Wenn wir von der methodologischen These ausgehen, daß die Bedürfnisse der Gesellschaft, vor allem die materiellen Bedürfnisse – und hier im ökonomischen Bereich wiederum die Entwicklung der Produktivkräfte – in letzter Instanz der bestimmende und stimulierende Faktor auch für die Entwicklung der Wissenschaft sind, so heißt das nicht, daß Produktion und Wissenschaft unvermittelt in Beziehung zueinander stehen müssen. Erstens hat jede Wissenschaft auf Grund ihrer systematischen, logischen Struktur eine relative Eigenentwicklung (zumindest der Möglichkeit nach); zweitens, und dies ist das Wichtigere, läßt sich rasch eine Vermittlung erkennen, derart, daß der Aufschwung der gesellschaftlichen Produktion bessere Bedingungen für die gesellschaftliche Arbeitsteilung bietet und dadurch mehr Menschen für die Beschäftigung mit den Wissenschaften freizusetzen vermag, weiter einen gewissen Reichtum erzeugt, der die Entfaltung der Kultur fördert. Dies zeigt sich in jener Periode sehr deutlich in Baukunst und bildender Kunst, in Literatur und Musik und nicht zuletzt im Aufschwung der Wissenschaften, der Förderung der Universitäten usw.

Von nicht zu überschätzender Bedeutung für den Aufschwung der Wissenschaften ist die Erfindung des Buchdrucks. Die Überwindung der mühseligen und eingeengten und überdies kostspieligen Informationsvermittlung durch Abschreiben mit der Hand mußte selbstverständlich die Verbreitung von Wissen revolutionieren.

Wenn bei der Darstellung der Renaissancezeit und damit in unserem Zusammenhang der gesellschaftlichen Bedingungen für das Wirken von Copernicus vor allem auf das Progressive und Neue in den gesellschaftlichen Verhältnissen hingewiesen wird, so darf dies jedoch nicht darüber hinwegtäuschen, daß die in dieser Epoche erzielten Fortschritte nicht einfach ein Ergebnis einer Blütezeit des menschlichen Denkens in ruhiger, evolutionärer Entfaltung waren – wie dies in geisteswissenschaftlicher Sicht oft dargestellt wird –, sondern das Ergebnis eines umfassenden ideologischen und politischen Klassenkampfes infolge der sich verschärfenden Widersprüche zwischen dem erstarkenden Bürgertum und der alten klerikal-feudalistischen Gesellschaft. Es war nicht nur die Epoche der großen Renaissance-Persönlichkeiten, des Humanismus und der großen geographischen Entdeckungen, sondern auch die Epoche der Inquisition und des tiefen Aberglaubens, die ihren extremsten Ausdruck in den Ketzerverbrennungen fand.

Die progressiven Männer der Epoche stießen stets von neuem und aus vielfältigen Gründen mit dem reaktionären Überbau der Feudalordnung und seinen Institutionen zusammen.

Eine Besonderheit dieser Epoche liegt darin, daß die ihr sukzessive etwa seit dem 12. Jh. vorangegangene evolutionäre Veränderung der Produktion, der verstärkte Übergang von der Naturalwirtschaft zur Warenwirtschaft auf Grund der Mehrerzeugnisse der kleinen Warenproduzenten, und vor allem die entstehenden kapitalistischen Produktionsverhältnisse zu Veränderungen im Bereich des Überbaus, in Kunst und Wissenschaft, in der Philosophie und mit Einschränkung sogar in der Theologie führten.

Die Ursachen dafür liegen offensichtlich darin, daß der Überbau der Feudalgesellschaft so total überlebt war, ein solches Hemmnis für das Streben der neuen bürgerlichen Schichten, und selbstverständlich auch progressiver Persönlichkeiten des Adels, nach individueller Freiheit, nach gesellschaftlichem Fortschritt überhaupt, geworden war, daß die relative Selbständigkeit in der Entwicklung von Überbauelementen allein schon durch ihre Kontraposition gegen den bestehenden, dogmatischen Überbau so stark inspiriert wurde, um in eine geistige Revolution zu münden: in die Zerschlagung des feudal-christlich sanktionierten geozentrischen Weltbildes und damit des in diesem Bereich wichtigsten Pfeilers der mittelalterlichen Weltanschauung überhaupt durch die kosmologischen Vorstellungen des Nicolaus Copernicus.

Eine weitere Besonderheit liegt darin, daß die grundlegenden alten naturwissenschaftlichen Vorstellungen jener Epoche, besonders in der Physik und in der Astronomie, unmittelbar zum Überbau gehörten oder doch aufs engste mit ihm verflochten waren. Dabei ist jedoch zu beachten, daß es nicht die naturwissenschaftlichen Erkenntnisse als solche waren, sondern daß ihre unmittelbare philosophische Relevanz sie zu Elementen des Überbaus machte.

Es zeigt sich, daß die Lehre des Copernicus von zwei Seiten her inspiriert wurde, von zwei Seiten, die zwar eng miteinander zusammenhängen, die jedoch differenziert behandelt werden müssen, um das Wesen der copernicanischen Lehre adäquat erfassen zu können: von der mehr astronomisch-technischen, mathematischen Seite und von der weltanschaulich-philosophischen, wozu vor allem auch die kosmologischen Vorstellungen gehören. Die differenzierte Beurteilung dieser beiden Aspekte der Lehre des Copernicus wird im folgenden noch eine wesentliche Rolle spielen.

Die ideengeschichtliche Betrachtungsweise hat keine Antwort auf die Frage, warum denn gerade zur Zeit des Copernicus das Interesse an astronomischen Problemen so aktuell war, daß eine geniale Persönlichkeit – und dies ist kein Einzelfall – lange vor allen anderen zu einer epochemachenden Lösung gelangte. In ideengeschichtlicher Betrachtungsweise war das geozentrische System spätestens zur Zeit des spanischen Königs Alfons X. (13. Jh.) bereits als so mangelhaft erkannt worden, daß dieser den bekannten ketzerischen Auspruch tat (der ihn den Thron kostete) daß er, wäre er der liebe Gott, den Kosmos einfacher konstruiert hätte.

Die Ausarbeitung der Lehre, wonach der Kosmos tatsächlich einfacher strukturiert ist als nach dem geozentrischen System, war erst in einer späteren Epoche möglich, als die gesellschaftlichen Bedingungen dafür wesentlich günstiger waren. Trotz dieser notwendigen gesellschaftlichen Voraussetzung ist sie jedoch auf Jahrzehnte hinaus nicht auch das notwendige Ergebnis des geistigen Entwicklungsstandes dieser Epoche, sondern zunächst das vorausgreifende, zukunftsweisende Werk einer genialen Persönlichkeit, der des Nicolaus Copernicus.

Wenn in diesem Zusammenhang die Frage nach dem Wesen der großen schöpferischen Persönlichkeit auftaucht, so ist Nicolaus Copernicus ein interessantes Beispiel für die Behandlung und Beleuchtung dieses Problems. Allgemein und grundsätzlich gilt: Zu jeder hervorragenden oder gar epochemachenden Leistung – wie dies bei Copernicus der Fall ist – gehört das Zusammentreffen einer Vielzahl von Faktoren, die die komplexen Bedingungen für eine solche Leistung möglichst optimal erfüllen. Bei einer Klassifizierung dieser Faktoren in erster Sicht ist eine Einteilung in drei Gruppen naheliegend:

1. Die allgemeinen gesellschaftlichen (wirtschaftlichen, politischen, ideologischen und kulturellen) Bedingungen; sie müssen der dringlichen Stellung des Problems und seiner möglichen Lösung günstig sein. Das Problem muß herangereift sein, was sich in einem gesellschaftlichen Bedürfnis nach seiner Lösung ausdrückt. Die Bedingungen der materiellen Produktion nehmen hierbei in letzter Instanz den wichtigsten, aber nicht den alleinigen Platz ein.
2. Die besonderen gesellschaftlichen Bedingungen, die von unmittelbarem Einfluß auf die Geisteshaltung und das Schaffen einer schöpferischen Persönlichkeit sind und die schöpferischen Kräfte mobilisieren. Dazu gehören z. B. alle erzieherischen Einflüsse, die Bildungsmöglichkeiten, das geistige Klima an den betreffenden Universitäten, Anregungen durch Gleichgesinnte etc.
3. Die individuellen Besonderheiten der schöpferischen Persönlichkeit: Neigungen und Interessen, außergewöhnliche Fähigkeiten, geistige Freiheit und kritisches Denken, Beharrlichkeit und Liebe zu der oft mühevollen und langwierigen Verfolgung eines Zieles usw.

Die individuellen Besonderheiten der Persönlichkeit des Nicolaus Copernicus im Hinblick auf sein Werk können hier nur angedeutet werden. Man muß sie mehr aus seiner schöpferischen Tätigkeit erschließen, als daß es darüber authentisches Quellenmaterial gäbe.

Die individuellen Besonderheiten bedürfen außer eines Gegenstandes, an dem sie sich realisieren, eines gesellschaftlichen Rahmens, in dem sie sich entfalten können. Deshalb sind für uns die besonderen gesellschaftlichen Bedingungen, unter denen Copernicus wirkte und unter denen er seine entsprechende Ausbildung und seine Anregungen erhielt, von großem Interesse.

Es sind dies erstens die Bedingungen seines Heimatlandes, und hier vor allem die an der Universität Kraków, und zweitens die Bedingungen während seiner Studienjahre in Italien.

2. Die Verhältnisse in Polen als Bedingungen für die Entstehung und Ausarbeitung heliozentrischer Ideen durch Nicolaus Copernicus

Der Sieg der Heere der polnisch-litauischen Union über den deutschen Ritterorden im Jahre 1410 und besonders der Friedensvertrag von Toruń 1466, in dem der Orden die westpreußisch-pommerschen Küstengebiete an Polen zurückgeben mußte, hatten günstige Voraussetzungen für die ökonomische und damit auch für die wissenschaftliche und kulturelle Entwicklung des litauisch-polnischen Königreichs geschaffen. In diesen Gebieten lagen auch die Städte Toruń, Malbork und Gedańsk sowie die späteren Wirkungsstätten von Copernicus: Olsztyn, Lidzbark und Frombork. Ostpreußen war zwar unter der Herrschaft des Ordens verblieben, mußte aber den polnischen König als Lehnsherren anerkennen. Das litauisch-polnische Königreich war damals einer der größten und mächtigsten Staaten in Europa. Seine Einwohnerzahl, etwa 5 Mill., übertraf z. B. die des damaligen England erheblich.

In Polen entwickelten sich im 15. und 16. Jh. einige weltoffene Handels- und Kulturzentren.[6] Die Städte, in denen Copernicus aufwuchs, seine ersten geistigen Eindrücke empfing und diese weiter bereicherte, seine Geburtsstadt Toruń und vor allem die Stadt seiner ersten Universitätsstudien, Kraków, waren entwickelte Zentren sowohl des wirtschaftlichen als auch des geistigen und kulturellen Lebens. Toruń war als Hansestadt weltoffen und fortschrittlich; Kraków, die damalige Hauptstadt des Königreichs Polen, besaß mit der 1364 gegründeten Universität eine der ältesten Universitäten Europas. Die nach dem Hussiten-Aufstand verstärkt einsetzende Verfolgung fortschrittlicher Persönlichkeiten hatte viele Professoren aus Prag vertrieben. Ein Teil von ihnen hatte sich nach Kraków gewandt und der dortigen Universität wissenschaftlich und ideologisch neuen Auftrieb gegeben.

Nicolaus Copernicus wurde zum Wintersemester 1491/92 an der Krakówer Universität immatrikuliert und ist wahrscheinlich (der genaue Zeitpunkt kann nicht festgestellt werden) bis 1495 dort gewesen. Hier traf er auf ein geistiges Klima, das seiner Persönlichkeitsentwicklung in jeder für sein Werk wesentlichen Beziehung außerordentlich günstig war. Sowohl in mathematisch-astronomischer Hinsicht als auch im Hinblick auf seine von scholastischen Dogmen freie Geisteshaltung (wie noch zu zeigen sein wird), empfing er hier offenbar entscheidende Eindrücke. Da sich Einzelheiten über Vorlesungsbesuch, Teilnahme an humanistischen Kreisen außerhalb der Universität usw. nicht exakt durch Dokumente etc. nachweisen lassen, sind wir hier auf Wahrscheinlichkeitsüberlegungen angewiesen. Als Ausgangspostulat mag hier der Satz gelten, daß es gerade bei Copernicus angesichts seiner Leistung, die auf entsprechenden Voraussetzungen beruht, sehr unwahrscheinlich wäre, daß er sowohl in astronomischer als auch in philosophischer Beziehung die vorhandene, gegenüber dem Alten kritische und dem Neuen aufgeschlossene Atmosphäre nicht genutzt hätte. Der Schluß von der Wirkung (seine Lehre) auf entsprechende Voraussetzungen und Ursachen (progressive einzelwissenschaftliche und philosophische Einflüsse) ist hier durchaus geboten. Zu dieser Zeit gehörte die Universität Kraków in der astronomischen Ausbildung zu den führenden Universitäten in Europa. Diese Schlußfolgerung ergibt sich durch einen Überblick über die gehaltenen Vorlesungen.[7] Vor allem das Erbe Regiomontans und Peurbachs, die die hervorragendsten Vertreter der deutschen Astronomenschule (besonders in Wien) in der Zeit unmittelbar vor Copernicus waren, wurde hier intensiv gepflegt. Die bei diesen beiden Astronomen zum Teil am ptolemäischen System geäußerte Kritik wurde besonders bei dem derzeit berühmten Wojciech aus Brudzew (auch als Albertus von Brudzew bekannt) in seinem Kommentar zu Peurbachs „Theoricae Novae Planetarum" (1482) fortgesetzt. Nach seiner Auffassung seien nämlich die Äquanten, Excenter und Epizykeln des geozentrischen Systems lediglich gedankliche, mathematische Fiktionen der Astronomen, nicht physikalische Realitäten.

In Kraków erhielt Copernicus nicht nur wichtige Kenntnisse in Mathematik, besonders in Trigonometrie, und in Astronomie, sondern er wurde auch auf Diskrepanzen und Mängel in der geozentrischen Theorie aufmerksam gemacht, letzteres sowohl von einzelwissenschaftlicher, astronomischer als auch von philosophischer Seite her.

Die philosophischen und humanistischen Einflüsse an der Universität Kraków (wie auch später in Italien) wirkten sich fördernd sowohl auf die allgemeine freie Geisteshaltung von Copernicus als auch auf seine kritische Einstellung zum geozentrischen System im besonderen aus. Letztere resulierte im wesentlichen aus den Einflüssen der Schriften der Pariser Buridanischen Schule, die an der Krakówer Universität gut bekannt waren. Ihre Vermutungen über eine Bewegung der Erde wurden an der Universität Kraków vorgetragen.[8] Brudzew hatte ferner auf die Relativität der (mechanischen) Bewegung hingewiesen, und das Buch von Marsilio Ficino, De Sole et Lumine, in dem im Sinne des Neuplatonismus die göttliche und zentrale Stellung der Sonne betont wurde, war in Kraków bekannt. Es ist zu vermuten, daß Copernicus davon Kenntnis hatte.[9]

Für die Entwicklung einer undogmatischen und kritischen Denkweise ist der Umstand von Bedeutung, daß an der Krakówer Universität nicht nur konservativ-scholastische, sondern auch progressive philosophische Strömungen vorhanden waren: Neben dem platonisierenden Aristotelismus der Albertisten, dem reaktionär-orthodoxen Aristotelismus der Thomisten, dem heterodoxen Aristotelismus der Averroisten, dem vor allem augustinisch geprägten Scotismus, dem sich auf aristotelische Naturphilosophie gründenden und thomistisch ausgerichteten Aegidianismus gab es die durch ihren ausgeprägten Nominalismus gekennzeichneten und im gewissen Grade zum Empirismus tendierenden Schulen des Versorismus und besonders des Buridanismus.[10] Besonders der Buridanismus hatte an der Entstehung einer kritischen Atmosphäre einen großen Anteil.

Der polnische Humanismus, als eine Quelle progressiven Bewußtseins, hatte zu dieser Zeit seinen Höhepunkt erreicht. Von bestimmendem Einfluß an der Krakówer Universität waren vor allem Callimachus (eigentlich Buonaccorsi, ein gebürtiger Italiener) und Conrad Celtes, ein Schüler von Brudzewski. Durch sie wurde Kraków zu einem Zentrum des europäischen Humanismus. Sie beeinflußten maßgeblich das geistige Klima in Polen. Ihre Schüler wurden die aufgeklärten und progressiven Lehrer von Copernicus, deren Einfluß ganz in der Richtung lag, den Mut zu einer von scholastischen Dogmen freien Geisteshaltung und damit zu wissenschaftlichen und ideologischen Neuerungen zu erwecken und zu fördern.

Callimachus, ein Vertreter des italienischen Neuplatonismus, hatte in Kraków die humanistische wissenschaftliche Gesellschaft „Sodalitas Litteraria" gegründet, die im Jahre 1490 von Conrad Celtes als „Sodalitas Vistulana" reorganisiert wurde.[11]

Trotz der dem Neuen aufgeschlossenen Atmosphäre an der Krakówer Universität mußten die offiziellen Lehren natürlich den gewohnten Dogmen entsprechen. Was darüber hinausging, wurde vor allem in dieser Gesellschaft propagiert und diskutiert. Die Beteiligung von Copernicus daran läßt sich nicht unmittelbar nachweisen, wohl aber die aktive Tätigkeit einiger mit ihm befreundeter Universitätslehrer.[12] Es wäre nun geradezu widersinnig anzunehmen, Copernicus hätte ausgerechnet von den ihm gebotenen progressiven Ideen gerade das nicht genutzt, was später implizit als Grundlage oder als explizit vertretene Gedanken in seinem Werk zur Wirkung gelangt. Dies gilt später auch für die entsprechenden Einflüsse in Italien.

Callimachus war mit dem Onkel von Nicolaus Copernicus, dem Bischof Lucas Watzenrode, bekannt. Zweifellos hat auch der junge Copernicus dessen Bekanntschaft gemacht, und vermutlich wurde er durch ihn auf den Sonnenkult der Neuplatoniker hingewiesen, an den sich Anklänge in Kapitel X von Buch I seines Hauptwerkes finden. Wenn wir uns bemühen, die Bedingungen und Ursprünge der geistigen Freiheit von Nicolaus Copernicus aufzuspüren, so ist eine Vermutung naheliegend: Bekanntlich wurde er nach dem Tode seines Vaters unter der Obhut von Lucas Watzenrode erzogen. Dieser wird nun als eine durchaus freie, humanistische Persönlichkeit geschildert. Da er offenbar alles getan hat, um seinem Neffen eine gute Ausbildung und darüber hinaus durch die Beschaffung einer der vielbegehrten Pfründen in Form einer Domherrnstelle auch eine gesicherte materielle Existenz und gesellschaftliche Stellung zu schaffen, hat zwischen ihnen sicherlich ein gutes persönliches Einvernehmen bestanden. Es ist demnach sehr wahrscheinlich, daß hier die Basis geschaffen wurde für die geistige Grundhaltung von Nicolaus Copernicus, die dann glücklicherweise bereits in Kraków und anschließend in Italien auf so überaus günstige Bedingungen für ihre Weiterentwicklung und volle Entfaltung traf. Damit wird die in der bürgerlichen Literatur über Copernicus, besonders in der neueren, nicht selten zu findende Auffassung, daß die Lehre des Copernicus quasi wie ein deus ex machina in seinem Kopfe entstanden sei, und die sogar in einem sonst recht gründlichen Werk über diese Epoche vertreten wird, unhaltbar: „Überblickt man seine Erziehung, so findet man nichts, was ihn auf eine revolutionäre Rolle bei der ihm bekanntermaßen notwendigen Reform der Astronomie vorbereitet hätte.“[13]

Wenn wir nun versuchen wollen, daraus eine definitive Schlußfolgerung zu ziehen, so ergibt sich folgendes Bild: Das geistige Klima an der Krakówer Universität war ein denkbar günstiger Ausgangspunkt für Copernicus' späteren Umsturz des mittelalterlichen Weltbildes. Die Tatsache, daß dokumentarische Belege für die unmittelbare Teilnahme des Copernicus an den entsprechenden Vorlesungen, Disputen etc. fehlen – Copernicus war selbstverständlich damals ein Student unter allen anderen –, darf nicht überbewertet werden. Vor allem ist dabei gar nicht so sehr entscheidend, ob er bereits in Kraków tatsächlich den entschlossenen Übergang zum heliozentrischen System vollzogen hat. Wichtig ist vielmehr, daß er hier zweifellos die Problematik und die Schwierigkeiten des geozentrischen Systems zur Kenntnis nahm und sich mit großer Wahrscheinlichkeit mit ihnen kritisch beschäftigt hat. Somit waren seine Studienjahre in Kraków eine conditio sine qua non für seine bahnbrechende Leistung, zumindestens in dem Sinne, daß er hier entscheidende Impulse für die Richtung seiner späteren wissenschaftlichen Tätigkeit erhielt und darüber hinaus sicherlich mit der Idee einer möglichen anderen Struktur des Kosmos in Gestalt der heliozentrischen Spekulationen der griechischen Naturphilosophen, vermittelt durch Anhänger des Neuplatonismus, bekannt wurde.

In diesem Sinne ist offenbar eine diesbezügliche Stelle in einem Brief von Albertus Caprinus aus Kraków an den Bischof Samuel Maciejowski vom 27. Nov. 1542 zu verstehen: „Nicolaus Copernicus, Domherr von Ermland ... erhielt die Anfangsgründe seiner bewunderungswürdigen mathematischen Werke, derjenigen, die er geschrieben hat, und derjenigen, die er in noch größerer Anzahl veröffentlichen wird, von dieser unserer Universität, was er nicht nur nicht in Abrede stellt ... sondern im Gegenteil einräumt, daß er alles, was er erreicht habe, unserer Akademie verdanke.“[14]

Diese Ausführungen erhalten besonders Gewicht dadurch, daß sie noch zu Lebzeiten von Copernicus und also auch vor Veröffentlichung seines Hauptwerkes gemacht wurden.

3. Die philosophischen und astronomischen Einflüsse auf Copernicus während seiner Studienjahre in Italien

Die Bedingungen des sich entfaltenden Frühkapitalismus in Italien, dem derzeitig ökonomisch am weitesten entwickelten Land Europas, mit ihren Auswirkungen im Bereich des Überbaus, der Künste und der Wissenschaften, waren überaus günstig, dafür, die bei Copernicus in Kraków entstandenen Keime seiner Lehre weiter zu entwickeln.

Nicolaus Copernicus hielt sich zu Studienzwecken von 1496–1503 in Italien auf, mit einer Unterbrechung im Jahre 1501, als er kurzzeitig in Frombork weilte.

Er studierte Rechtswissenschaft und Astronomie in Bologna, Medizin in Padua und war 1500–1501 in Rom, wo er auch mathematische und astronomische Vorträge hielt, und promovierte 1503 in Ferrara zum Doktor des Kanonischen Rechts.

Bemerkenswert ist, daß er nach Bologna zwei grundlegende astronomische Schriften mitnahm, die er in Kraków erworben hatte: Regiomontans „Tabulae Directionum" und die Alfonsinischen Planetentafeln.[15]

In Italien erwarb er sich eine gründliche Kenntnis des Griechischen, um die Schriften der griechischen Philosophen und Gelehrten im Urtext lesen zu können. Die ersten Hinweise auf heliozentrisches Denken in der Antike fand er in Ciceros „Akademicarum quaestionum libri duo" und in Plutarchs „De placitis philosophorum". Im Jahre 1496 erschienen Regiomontans „Epytoma in Almagestum" im Druck, in dem einige kritische Bemerkungen über bestimmte Teile des Almagest standen, die Copernicus' Zweifel am geozentrischen System verstärkten.

Die Autorität des Aristoteles war seit dem Auftreten der Neuplatoniker in Italien nicht mehr unbestritten. Der italienische Renaissance-Neuplatonismus (1440 war die Platonische Akademie in Florenz gegründet worden), der als eine Ideologie des aufstrebenden Bürgertums in Italien den scholastischen Aristotelismus bekämpfte und die Würde des Individuums betonte, ist neben von Plotin herkommenden traditionellen neuplatonischen und mystischen Elementen durch einige Züge gekennzeichnet, die der Entstehung der neueren Naturwissenschaft förderlich waren. Da ist vor allem seine Wertschätzung der Mathematik, die die pythagoräische Überzeugung von der grundlegenden mathematischen Struktur des Kosmos einschloß. Die Suche nach gesetzmäßigen, quantitativ formulierbaren Beziehungen in der Natur wurde dadurch gefördert. Weiter ist seine Forderung nach Einfachheit und Harmonie der Welt wichtig. Deshalb war für den Neuplatoniker der Renaissancezeit das astronomische System am annehmbarsten, das das einfachste und harmonischste mathematische System zur Beschreibung der astronomischen Fakten (Beobachtungen) geben konnte. Im Prinzip war das geozentrische System, wie sich später zeigte, einer unbegrenzten Präzisierung fähig (im Sinne der Fourier-Reihe), aber diese „Fortschritte" konnten nur um den Preis einer immer größeren Komplizierung des Systems durch Hereinnahme immer weiterer Epizykeln und der damit verbundenen immer größer werdenden Umständlichkeit der Berechnung erzielt werden, von Kriterien also, die echtem Fortschritt entgegenstanden. Unter diesen Bedingungen gelangte die einseitige, die Zahl als das ontologische Wesen des Seienden annehmende pythagoräische Auffassung zu progressiver Wirkung: die zunehmende Kompliziertheit und deutlicher werdende Uneinheitlichkeit der Beschreibung der Bewegung der Planeten widersprach der von ihr geforderten einfachen und harmonisch-einheitlichen Beschreibung der Gestirnumläufe, während ihr Prinzip der Einfachheit und Harmonie methodologisch den heliozentrischen Standpunkt stützte.

Die Anhänger des Neuplatonismus in Italien beschäftigten sich aus diesem Grunde eifrig mit solchen kosmologischen Spekulationen antiker Philosophen und Schriftsteller, die der Lehre des Aristoteles entgegenstanden, und sie räumten diesen Vorstellungen in ihren kosmologischen Disputen einen wichtigen Platz ein.

Bald nach seiner Ankunft in Bologna machte Copernicus die Bekanntschaft von Domenico Maria di Novara, einem überzeugten Vertreter neuplatonischer und neupythagoräischer Anschauungen, der dort Astrologie las, dem geozentrischen System und auch der aristotelischen Physik gegenüber kritisch eingestellt war und sehr an Beobachtungen interessiert war. Maria di Novara wurde durch zwei Ergebnisse seiner Beobachtungen in seinen Zweifeln an der Richtigkeit des geozentrischen Systems bestärkt: durch die (allerdings nicht zutreffende) Annahme der Zunahme der Polhöhen für bestimmte Orte und die Entdeckung der Abnahme der Schiefe der Ekliptik, bezogen auf die Angaben aus der Antike.

Novara soll ein Mann von ungewöhnlicher Begabung und – was für den später mit ihm befreundeten Copernicus noch wichtiger war – von großer geistiger Unabhängigkeit gewesen sein. In der Beurteilung seiner Anregungen auf Copernicus stimmen wir F. Schmeidler zu, der dazu schreibt: „Man darf wohl vermuten, daß bei Copernicus in der Zeit der Zusammenarbeit mit Novara die erste Anregung zu einer Prüfung der prinzipiellen Richtigkeit der ptolemäischen Astronomie entstanden ist. . ."[16]

Allgemein kann man sagen, daß Copernicus sowohl in Kraków als auch in Italien reiche Gelegenheit fand, mit fortschrittlichen Gelehrten Umgang zu pflegen. Daß er diese Gelegenheit nutzte wie kein anderer, ist ein Merkmal seiner schöpferischen Persönlichkeit.

Nach Kenntnis des Verfassers gibt es bisher noch keine umfassende Untersuchung des philosophischen Einflusses von akademischen Lehrern auf Copernicus. Über seinen Aufenthalt an der Universität Kraków sind derartige Untersuchungen noch am ehesten möglich.[17] Nach den im 19. Jh. vorgenommen Archivstudien von Karl Malagola gibt es für seinen Aufenthalt in Bologna nur spärliche Nachrichten.[18] Für Padua ist zu vermuten (nicht nachgewiesen), daß Copernicus u. a. mit Pietro Pomponazzi, einem Vertreter des progressiven Alexandrinismus bekannt wurde, der von 1488–1509 einen Lehrstuhl für (aristotelische) Naturphilosophie innehatte. Er habe dort eine Philosophie inauguriert, die von den Fesseln des Glaubens befreit war, den Weg zur Untersuchung der Natur öffnete und das erste Beispiel religiöser Kritik gab, die sich nicht auf das offenbarte Wort stützte.[19] Obwohl seine Schriften erst nach dem Aufenthalt von Copernicus in Padua, ab 1515 erschienen, so gilt es als sicher, daß er seine Vorlesungen im gleichen Geiste gehalten hat.

Weiter ist Nicolaus Leonico Tomes zu erwähnen, der dadurch eine neue Ära des philosophischen Unterrichts eröffnet habe, daß er die Geister „von den albernen Methoden und den Fesseln der Scholastik" befreit habe.[20] Auch Fracastoro, der ein Gegner des Systems der Epizykeln war und 1535 in Venedig eine Schrift über ein System von 77 homozentrischen Kreisen veröffentlichte, lehrte dort von 1501–1508.[21] Da ein genauer Nachweis, welche philosophischer Vorlesungen Copernicus in Padua besucht hat, zumindestens bisher, nicht möglich war, wollen wir uns auf diese Namen beschränken. Es ging uns lediglich darum zu zeigen, daß dort zu jener Zeit Persönlichkeiten lehrten, deren Einfluß der Entwicklung der geistigen Freiheit des Copernicus förderlich sein konnte. Trotz des Fehlens dokumentarischer Beweise wäre es sehr unwahrscheinlich und unverständlich anzunehmen, Copernicus habe davon keine Notiz genommen, fand er doch darin eine Bestätigung und Förderung seiner für seine wissenschaftliche Tätigkeit unbedingt erforderlichen unabhängigen Geisteshaltung, deren Grundlagen in Kraków, wenn nicht früher, gelegt worden sind.

Unsere Annahme wird auch dadurch gestützt, daß zu jener Zeit die Studierenden der Medizin, zu den Copernicus gehörte, generell philosophische Vorlesungen besuchten.

Von progressivem Einfluß war auch die sog. Nominalistenakademie zu Bologna (1494–1498). Ihr Begründer, Marco da Benevento (ein Schüler von Novara), war höchstwahrscheinlich mit Copernicus bekannt.[22]

Während Copernicus in Kraków mit der Problematik und den Mängeln des geozentrischen Systems bekannt wurde, was seine Zweifel an der Richtigkeit desselben hervorrief und bestärkte, so haben wir guten Grund zu der Annahme, daß er den entscheidenden und entschlossenen Übergang zur heliozentrischen Position in Italien vollzogen hat.

Wenn viele Autoren der Meinung sind, der entscheidende Übergang des Copernicus zur heliozentrischen Position liege im Dunkeln, so schließen wir uns in dieser Frage A. Birkenmajer an, der die Mondbeobachtungen des Copernicus hierfür für entscheidend hält[23], und erhärten dessen Annahme noch mit folgender Begründung: Wenn Copernicus – was zweifellos zutrifft – das heliozentrische (heliostatische) System als echte (einzige) Alternative zum geozentrischen (geostatischen) System angesehen hat, dann mußte für ihn ein prinzipieller, unkorrigierbarer, wesentlicher und systemimmanenter Fehler in diesem geozentrischen System zur Falsifikation des gesamten Systems signifikant sein. Die Frage darf also nicht so gestellt werden, wann Copernicus von der Richtigkeit der heliozentrischen Idee positiv so überzeugt war, daß er seine Lebensarbeit ihrer Ausarbeitung widmete, sondern durch welche Erkenntnis er grundsätzlich mit dem geozentrischen System brach.

Unter den durch Beobachtung nachweisbaren Fehlern des geozentrischen Systems gab es nun tatsächlich einen sehr auffallenden und für die Theorie sehr signifikanten: Nach der ptolemäischen Theorie müßte die scheinbare Größe des Mondes je nach seiner Stellung mindestens im Verhältnis 1:2 (häufig wird 1:4 angegeben) schwanken.

Wenn wir uns vergegenwärtigen, daß Copernicus in methodologischer Hinsicht der Empirie, der Beobachtungen innerhalb des Gesamtprozesses der Erkenntnis im Unterschied zur herrschenden deduktiv-scholastischen Methode den gebührenden Platz einräumte, und wenn man weiterhin das auch emotional beeindruckende Wesen der eigenen Beobachtung (die in diesem Sinne nichts anderes ist als die unmittelbar sinnliche Teilnahme am Gegenstand der Forschung) anerkennt, so können wir von hier ausgehend mit einiger Wahrscheinlichkeit eine wissenschaftliche Vermutung über den Zeitpunkt machen, zu dem Copernicus' Zweifel an der Richtigkeit des geozentrischen Systems in die Überzeugung von der Richtigkeit der heliozentrischen Idee und in den festen Entschluß zur Ausarbeitung des heliozentrischen Systems umschlagen: Wahrscheinlich waren es die im Jahre 1500 von Copernicus durchgeführten Mondbeobachtungen, von denen die ersten beiden weniger bedeutend waren, da er sie in seinem Gesamtwerk nicht erwähnt, die dritte und letzte vom 6. Nov. 1500 aber mit großer Sorgfalt ausgeführt wurde.[24] Es ist auch denkbar, daß bereits die am 9. 3. 1497 gemeinsam mit Novara gemachte Beobachtung der Bedeckung des Aldebaran durch den Mond (vgl. Buch IV, Kap. 27) von wesentlicher Bedeutung für den Übergang zum heliozentrischen Grundgedanken war.

Somit dürfte es sehr wahrscheinlich sein, daß Copernicus den konsequenten Entschluß zur umfassenden Ausarbeitung des heliozentrischen Systems spätestens zur Zeit seines Aufenthalts in Italien gefaßt hat, zumal nach neueren Forschungen die erste schriftliche Ausarbeitung seiner Lehre, der „Commentariolus", vielleicht schon 1502 vorgelegen hat.[25]

Es ist jedoch nicht ausgeschlossen, daß der Übergang des Copernicus auf den heliozentrischen Standpunkt schon früher, vielleicht schon in Kraków, erfolgte: Die im „Commentariolus" angegebenen Werte sind nämlich noch die aus den Alfonsinischen Tafeln und nicht die verbesserten aus Regiomontans „Epitoma" (1496). Die Frage, ab wann Copernicus letztere benutzte, bedarf noch der Untersuchung.

4. Die Säkularisierung der Naturforschung

Um die philosophisch-weltanschauliche Bedeutung der Revolution des Copernicus, dieser geradezu „ungeheuerlichen Ketzerei", dieser Konfrontation mit Tradition, Theologie, Kirche und Bibel, mit dem mittelalterlich-feudalen hierarchischen Weltbild, mit Dogmen und Sinnenschein in der Wissenschaft, mit dem „gesunden Menschenverstand", mit der Autorität des Aristoteles, kurz mit der gesamten mittelalterlichen Weltanschauung, in all ihren Konsequenzen, vor allem für die Begründung der modernen Naturwissenschaft, recht ermessen zu können, ist es zweckmäßig, etwas detaillierter auszuführen – in Abwandlung eines Ausspruchs von Engels – *wie* tief die damalige Naturforschung in der Theologie steckte.

Das mittelalterlich-scholastische Naturbild beschränkte sich nicht auf einen allgemeinen, der Bibel entsprechenden Rahmen. Eine der Aufgaben der scholastischen Theologie und Philosophie war gerade die detaillierte Darlegung des Naturbildes innerhalb dieses Rahmens, so daß hier für eine – spätere – wissenschaftliche Beantwortung vieler Detailfragen nicht einfach „weiße Flecken", Leerstellen, im Weltbild offengeblieben waren. Diese Stellen waren vielmehr von theologisch-scholastischen Meinungen und Vorstellungen präokkupiert.

Der Grundzug des religiösen Natur- und Weltbildes, dessen astronomische Elemente ihre umfassendste Darstellung im geozentrischen, aristotelisch-ptolemäischen System gefunden hatten, war die sinnlich-konkrete, phantastisch-spekulative, ihrem Wesen nach anthropomorphe und hierarchische Vorstellung vom Weltganzen, vom Weltall „in Gottes Hand". Alle Strukturen und Prozesse, sowohl in der Natur als auch in der Gesellschaft, wurden bis in die Einzelheiten als vom Willen des allmächtigen Gottes bestimmt angesehen. Dies galt in gleicher Weise für den Aufbau des Kosmos und den Umlauf der Gestirne, für das Witterungsgeschehen, für Gesundheit und Krankheit usw. Die sinnlich-konkrete Vorstellung vom ptolemäischen System wollte den Erscheinungen im astronomischen Bereich unter strenger Beachtung des kirchlichen Dogmas gerecht werden: Die einzelnen Sphären des Weltalls werden von hierarchisch geordneten Engelscharen (Cherubinen, Seraphinen usw.) bewegt.[26] Die

Erde, als vom Throne Gottes am weitesten entfernter Weltmittelpunkt, ist wegen ihrer besonderen Unvollkommenheit auch besonders erlösungsbedürftig. Durch die fundamentale Erkenntnis des Copernicus: „In der Mitte aber von allen steht die Sonne" war eine genau so fundamentale Voraussetzung des christlichen Glaubens beseitigt worden: „Für die katholische, aber auch für die eben aus der Taufe gehobene protestantische Religion besteht der Sinn des ganzen Universums in drei geschichtlichen Fixpunkten, und zwar der Erschaffung der Erde und des Menschen, des Auftretens Christi und dem schließlichen Ende der materiellen Welt im Jüngsten Gericht. Es ist ganz selbstverständlich, daß in dieser Konzeption die Erde die entscheidende Rolle spielt. Die neue Lehre des Copernicus zeigte mit einem Schlag die völlige Unhaltbarkeit dieses Standpunkts."[27]

Ein englischer Wissenschaftshistoriker des 19. Jh. schildert die weltanschauliche Wirkung der copernicanischen Lehre wie folgt: „‚Das geräumige Firmament in der Höhe' –, ‚die kristallenen Sphären' – der Allmächtige thronend auf dem ‚Runde der Himmel' und mit eigener Hand oder mit Engeln und ihren Helfer Sonne, Mond und Planeten zum Besten der Erde in Bewegung haltend, die ‚Fenster des Himmels' öffnend und schließend und ‚die Wasser über dem Firmament' zur Erde niedersehend, ‚seinen Bogen in die Wolken setzend', ‚Zeichen und Wunder' verhängend, ‚Kometen schleudernd' und ‚Blitze entsendend', um die Bösen zu schrecken, und in seinem Zorn ‚die Erde schüttelnd' – alles das war verschwunden."[28]

Diese Ausführungen zeigen zugleich, daß das astronomische Weltbild eine zentrale Stellung innerhalb des Naturbildes zur Zeit von Copernicus und damit in der Weltanschauung einnahm. Wer dieses Bild grundlegend veränderte, der griff zugleich revolutionierend in die Weltanschauung ein. Die zentrale Stellung des astronomischen Weltbildes in der damaligen Weltanschauung ergab sich vor allem daraus, daß der Gegenstand der Astronomie vornehmlich der der irdischen Vergänglichkeit entrückte Bereich jenseits der Mondsphäre war, daß Aussagen über den Himmel, und hier besonders die kosmologischen, zugleich und unmittelbar Aussagen über den Wohnsitz Gottes, über den Aufenthalt der Engel und der Seelen der Verstorbenen waren. Damit betrafen sie unvermeidlich die Theologie und die scholastische Philosophie und mit ihnen die Kirche als deren Institution, also die Träger der mittelalterlichen Weltanschauung, und wer eine von der herrschenden Ideologie abweichende Meinung vertrat, der forderte zugleich die gesamte Ideologie und die Institutionen der herrschenden Klasse heraus. „Hat denn Copernicus nicht gesehen", schreibt Hermann Kesten, „daß er den lieben Gott ins Nichts der Unendlichkeit hinausschob? Giordano Bruno hat es gesehen und ausgesprochen und ward dafür verbrannt."[29] Selbstverständlich war sich Copernicus, der verständlicherweise nicht nur mit den progressiven Strömungen seiner Zeit, sondern auch mit ihren konservativen und reaktionären Auffassungen, d. h. mit den offiziellen Lehrmeinungen, und als Kleriker mit den Dogmen der herrschenden kirchlichen Ideologie vertraut war, über die Ungeheuerlichkeit und die Herausforderung seines Unterfangens im klaren. Er hatte deshalb – abgesehen von den Unzulänglichkeiten mancher seiner Berechnungen, derer er sich wohl bewußt war – allen Grund, die Herausgabe seines unsterblichen Werkes bis in sein hohes Alter hinauszuzögern.

Es war deshalb ein glücklicher Zufall, daß Papst Paul III., dem Copernicus sein Werk widmete, ein der Wissenschaft aufgeschlossener Mann unter den ohnehin mehr an ihrer Machtstellung als an der Lehre des Christentums interessierten Renaissance-Päpsten war.[30]

Copernicus hatte bereits 1514 eine Aufforderung vom päpstlichen Stuhl zur Mitwirkung an der Kalenderreform erhalten. Er lehnte ab, weil er damals – in der Zwischenzeit von der Abfassung des „Commentariolus" bis zur Ausarbeitung von „De revolutionibus" – noch längst nicht mit seinen Ergebnissen zufrieden war.[31]

Das Interesse der katholischen Kirche an der Verbesserung der astronomischen Berechnungnen ergab sich vor allem aus der Notwendigkeit der Kalenderreform. Im Mittelalter war die Regulation des Kalenders und damit der Grundlagen der Zeitmessung überhaupt, eine Aufgabe der Kirche. Die damals gültige Zeitrechnung, der Julianische Kalender, war 325 auf dem Konzil von Nicäa neu festgelegt worden. Diese Maßnahme hatte vor allem den Zweck, daß die Christenheit überall die religiösen Feiertage, die Fasten usw. genau einhalten konnte. Besonders wichtig war dabei eines der sog. beweglichen kirchlichen Feste, nämlich das Osterfest, das das Konzil auf den ersten Sonntag nach dem ersten Frühlingsvollmond festgesetzt hatte, um ein Zusammentreffen mit dem entsprechenden jüdischen Feiertag zu vermeiden. Da die Dauer des Julianischen Jahres mit 365 1/4 Tagen bestimmt worden war, war es 11 min. und 14 sec. zu lang. Das ergab bis zur Zeit von Copernicus die bereits erwähnte Diskrepanz von etwa 10 Tagen. An der Beseitigung dieser Unstimmigkeit war die katholische Kirche stark interessiert.

Die Beziehung der Zeitmessung zur außerkirchlichen Praxis und vor allem zur gesellschaftlichen Produktion der frühkapitalistischen Periode ergab sich besonders über den Warenaustausch und die maßgeblich durch Aussicht auf „orientalische Schätze" und kolonisatorische Aneignung von Land und Ausbeutung der Einwohner inspirierten geographischen Entdeckungen auf dem Seewege.

Das Interesse an bessereren astronomischen Berechnungen, also am rein technisch-astronomischen Aspekt, erklärt auch die Tatsache, daß die katholische Kirche die Lehre des Copernicus etwa ein halbes Jahrhundert so gut wie unangetastet ließ. Die weltanschauliche, revolutionäre Bedeutung seines Hauptwerkes war in dem anonymen Vorwort des Herausgebers der ersten Ausgabe, Osianders, entgegen den Absichten von Copernicus völlig in den Hintergrund gedrängt worden, so daß es der päpstlichen Zensur unverdächtig erscheinen sollte. Osiander hatte darin die Lehre des Copernicus als bloßes Rechenschema, als Hypothese bezeichnet. Durch die Anonymität dieses Vorwortes entstand natürlich der Eindruck, es bringe die Auffassung von Copernicus selbst zum Ausdruck. Es ist das Verdienst Keplers, diese Fälschung entlarvt zu haben. Im Sinne von Osiander aufgefaßt, änderte das Werk von Copernicus natürlich nichts an der mittelalterlichen Weltanschauung und kam den Intentionen der Kirche entgegen. Erst als der zweite Aspekt, der der Struktur des Weltalls mit all seinen philosophisch-weltanschaulichen Konsequenzen, vor allem dem Widerspruch zu den kirchlichen Dogmen und der Grundlegung einer säkularisierten Naturforschung immer mehr Einfluß als eine der Grundlagen des neuen Lebensgefühls der Renaissance gewann, wurde auch der katholische Klerus rasch auf die Bedrohung seiner Ideologie aufmerksam, reagierte „mit Feuer und Schwert“ und setzte das Hauptwerk von Copernicus 1616 auf den Index der verbotenen Bücher. Diese offen wissenschaftsfeindliche Haltung wurde erst etwa zweihundert Jahre später korrigiert. Im Jahre 1822 legte der römische Gymnasialprofessor und Astronom Settele dem päpstlichen Zensor ein Buch vor, in dem die copernicanische Lehre als Tatsache hingestellt wurde. In diesem Zusammenhang hob die Indexkongregation das dogmatische und engstirnige Verbot quasi stillschweigend auf.[32]

Die Befreiung der Naturwissenschaft, des wissenschaftlichen Denkens überhaupt, aus dogmatischer Bevormundung war eine unumgängliche Voraussetzung für die Weiterentwicklung der Naturforschung und damit für die Entstehung der modernen, experimentierenden Naturwissenschaft. Da die Beschäftigung mit den Naturdingen selbst, besonders den biologischen, im Mittelalter als Ketzerei galt und die Autorität der Bibel und die des Aristoteles als Ausdruck für die endgültige, absolute Wahrheit angesehen wurden, mußte diese dogmatische und wissenschaftsfeindliche Schranke beseitigt werden.

Dazu war eine Freiheit des Denkens ohnegleichen erforderlich. Unter den persönlichen Eigenschaften des Copernicus ist dies die hervorstechendste, im Verein mit mutiger Beharrlichkeit und kluger Zurückhaltung. Rheticus, der Copernicus, seinen „Herrn Lehrmeister“, von längerem Aufenthalt in Frombork persönlich genau kannte, stellt nicht zufällig seinem „Ersten Bericht“ ein Wort des Alkinous voran: „Wer die Wissenschaft betreiben will, muß in seinem Geiste frei sein.“ Kepler hebt in seinem Vorwort zu den Rudolfinischen Tafeln die freie Geisteshaltung des Copernicus in ihrer Bedeutung für dessen Werk hervor.

Gerade im Hinblick auf die überwiegend als abstrakt-logische Denkmöglichkeit bereits vor Copernicus geäußerten heliozentrischen Ideen, denen offenbar eine mehr oder weniger deutliche Vorstellung von der kinematisch-phänomenologischen Äquivalenz der Beschreibung der Bewegung auf Grund der Relativität der mechanischen Bewegung zugrunde lag, taucht die Frage auf, welches die Ursachen dafür sind, daß die wissenschaftliche, mathematische Durchführung und Begründung der heliozentrischen Annahme so lange auf sich warten ließ.

Im Hinblick auf eine ähnliche Umbruchssituation, auf die Wende von der klassischen zur modernen Physik, hat Max Planck darauf hingewiesen, daß es im Grunde genommen viel schwerer sei, sich von den altgewohnten Traditionen und Vorstellungen in der Wissenschaft zu lösen als einen neuen Weg einzuschlagen.

Nun liegt natürlich ein gewaltiger Unterschied darin, ob man zu Beginn des 20. Jh., als Erbe des Humanismus, der Aufklärung, der Religions- und Bibelkritik etc. mit einem Wort: als Erbe des gesamten progressiven Gedankenguts der gesellschaftlichen Entwicklung, zu einer Aufgabe traditioneller Auffassungen bereit war oder als Zeitgenosse des auslaufenden Mittelalters. Unter diesem Aspekt gewinnt die Ausnahmestellung, die Copernicus in der Geschichte der Wissenschaften einnimmt, noch an Deutlichkeit.

Im Hinblick auf seine geistige Unabhängigkeit ist auch das Verhältnis des Copernicus zur Astrologie charakterisierend. Die Astrologie war zu jener Zeit geradezu eine gewöhnliche Alltagsbeschäftigung auch der Astronomen. Sie war durchaus integrierter Bestandteil der Weltanschauung und auch ein – pseudowissenschaftliches – Element der Wissenschaft jener Zeit.

Copernicus ist frei von den mystischen, ja oft okkulten Vorstellungen auch vieler großer Geister jener Epoche. Wir wollen hier nur am Rande auf die Gedanken von der Weltseele bei Kepler und bei Paracelsus hinweisen (bei Kepler in gemäßigter Form – vgl. O. Günther, in diesem Band S. 133 –, als Planetenseelen, bei Paracelsus als Vulkanus). So ist er (innerhalb seines religiösen Glaubens, und auch dies fast im modernen Sinne) das Musterbeispiel eines nüchternen, ganz der Sache hingegebenen Forschers im Sinne der modernen Wissenschaft. Persönliche Veranlagung und der Einfluß progressiver, kritischer humanistischer Denker und der persönliche Kontakt mit manchen von ihnen in Polen und in Italien mögen die Ursache dafür sein.

Die offenbar vollständige Gleichgültigkeit des Copernicus gegenüber der Astrologie (obwohl er sie in ihren Grundzügen sicherlich hinreichend kannte, wie eine zeitgenössische Empfehlung zeigt) ist im Hinblick darauf, daß Copernicus auch Arzt war, um so erstaunlicher.

Es ist eine wenig bekannte Tatsache, daß viele Astronomen zu dieser Zeit Ärzte waren. Die medizinische Kunst wurde nämlich damals generell unter Berücksichtigung der Astrologie ausgeübt, und diese wiederum bedurfte der Astronomie.

Wenn wir hier von dem undogmatischen und antischolastischen Geist des Copernicus sprechen, der nach unserer Auffassung die wesentlichste persönliche Voraussetzung für die Entfaltung seiner schöpferischen Fähigkeiten war, so kann seine vorurteilsfreie und von den üblichen, geradezu obligatorischen Dummheiten seiner Zeit freie Geisteshaltung kaum besser dokumentiert werden als durch diesen Hinweis. Stand doch noch zweihundertfünfzig Jahre später der als „aufgeklärter Monarch" geltende, skeptische Friedrich II. von Preußen „in seinen medizinischen Anschauungen ganz im Banne der orientalischen Gestirnsreligion, und auch dafür liefern seine Briefe an Fredersdorf den bündigen Beweis".[33]

Seit Copernicus ist der Astrologie auch von der Seite ihrer falschen weltanschaulichen Voraussetzungen her der Boden entzogen worden: Die als Deduktionsgrundlage dienende These von der Mittelpunktstellung der Erde und der Existenz der Welt um des Menschen willen war zunichte gemacht. Die Sonne war nun kein Planet mehr, der sich mit den anderen Planeten um die Erde bewegte, sondern ein Fixstern, und die Erde selbst bewegte sich um die Sonne.

Die sich daraus ergebenden Konsequenzen gegen die Astrologie hat Copernicus offenbar vollständig gezogen, allerdings stillschweigend. Sicherlich wollte er das „Geschrei der Böotier" nicht noch mehr herausfordern. Überdies hätte er durch eine offene Ablehnung der Astrologie das Erscheinen seines Werkes unmöglich gemacht, war doch selbst der aufgeklärte Papst Paul III., dem es in diplomatischer Klugheit gewidmet war, ein Anhänger der Astrologie.

Die geistige Freiheit des Copernicus, seine Ablehnung aller mystischen und dogmatischen, die Erforschung der Naturgegenstände und ihrer Gesetzmäßigkeiten hemmenden Auffassungen, die er in seinem Werk praktiziert hat, gehört zu den wesentlichsten subjektiven Voraussetzungen für sein Schaffen, das den Weg frei gemacht hat für die Entstehung der modernen Naturwissenschaft.

5. Die Grundlegung der neueren Naturforschung

Die bahnbrechende Leistung des Copernicus für die naturwissenschaftliche Erkenntnis besteht in philosophischer Sicht erstens darin, daß er die dogmatischen Hemmnisse für eine echte Erforschung der Natur beseitigt hat. Zweitens hat er zugleich die Unhaltbarkeit der aristotelischen Physik in entscheidenden Punkten gezeigt und im positiven Sinne allgemein erkenntnistheoretische und methodologische Ansätze geschaffen, die notwendige Voraussetzung und zugleich Wesenszüge der neueren Naturwissenschaft sind. Das alte Naturbild war im wesentlichen nicht durch wissenschaftliche Erkenntnisse geprägt, sondern durch religiöse Dogmen. Copernicus befreite die Naturforschung von den irrationalistischen und mystischen Zügen der mittelalterlichen Naturbetrachtung durch die klare Hinwendung zur Erklärung der Natur aus sich selbst, d. h. zu einer materialistisch geprägten Naturforschung.

Die von ihm in seinem Werk im Bereich der Astronomie angewandten erkenntnistheoretischen und methodologischen Ansätze hatten wesentliche, fundamentale Konsequenzen für die Physik und darüber hinaus für die Methodologie der naturwissenschaftlichen Erkenntnis überhaupt. Nur durch die Anwendung dieser Grundsätze, über die in seinem Werk lediglich hin und wieder explizite Ausführungen zu finden und die im wesentlichen implizit sind, war es ihm möglich, seine wissenschaftliche Annahme von der Mittelpunktstellung der Sonne und damit von der wahren Struktur des Sonnensystems zu einer umwälzenden objektiv wahren Erkenntnis auszuarbeiten und zu begründen.

Wenn wir Copernicus und nicht – wie es häufig geschieht – Galilei an den Anfang der neueren Naturwissenschaft stellen, so tun wir dies vor allem im Hinblick auf die verhältnismäßig breiten methodologischen Ansätze im Sinne der modernen Naturforschung und die Emanzipierung derselben von der mittelalterlich-scholastischen Denkhaltung. Demgegenüber ist die Leistung des Galilei, die Einführung der experimentellen Methode, bei all ihrer grundlegenden und zukunftsträchtigen Bedeutung, bereits ein speziellerer Beitrag, der den durch Copernicus erzielten Fortschritt und Durchbruch voraussetzt: Der sinnvolle Einsatz des Experiments, verstanden als wichtiges Moment der Praxis, wäre ohne die allgemeine Revolutionierung der Naturerkenntnis durch Copernicus gar nicht möglich gewesen.

Im Forschungsbereich der Astronomie blieb für Copernicus das Kriterium der Praxis auf Beobachtung beschränkt. Ausgerüstet mit copernicanischen Grundsätzen hat Galilei diese angewandt und erweitert durch die Einführung des Experiments als Mittel des wissenschaftlichen Beweises, als Praxiskriterium. Einstein und Infeld schreiben dazu: „Das Mittel der wissenschaftlichen Beweisführung wurde von Galilei erfunden und zum erstenmal gebraucht. Es ist eine der bedeutendsten Errungenschaften, die unsere Geistesgeschichte aufzuweisen hat, und bezeichnet recht eigentlich die Geburtsstunde der Physik. Galilei zeigte, daß man sich auf intuitive Schlüsse, die auf unmittelbarer Beobachtung beruhen, nicht immer verlassen kann, da sie manchmal auf die falsche Spur führen."[34]

Die häufig zu findende Überbewertung Galileis gegenüber Copernicus hat zwei Ursachen: Erstens die unzureichende wissenschaftsgeschichtliche Kenntnis der Leistung des Copernicus in allgemeinerer (über den Bereich der Astronomie hinausgehender) Sicht und zweitens die von einer positivistischen Denkhaltung herkommende Überbewertung des Experiments im Sinne einer Verabsolutierung des empirischen Faktors des Experiments auf Kosten des theoretischen. Das Experiment ist zwar eine notwendige, aber nicht die einzige wesentliche Komponente der modernen Naturwissenschaft. Es ist nicht in dem Sinne vorrangig gegenüber der Theorie, daß es die erste (sinnliche) Stufe im naturwissenschaftlichen Erkenntnisprozeß darstellt. Im Sinne der These von Locke: „Nichts ist im Verstande, was nicht zuvor in den Sinnen war" ist die Beobachtung das Primäre. Das Experiment setzt vielmehr schon eine wissenschaftliche Vermutung oder meist schon eine Hypothese, oft sogar eine Theorie, also rationale Momente der Erkenntnis voraus. Da in der heutigen, z. B. der physikalischen Forschung das Experiment gegenüber der Beobachtung bei weitem überwiegt, ist eine solche Fehleinschätzung zwar psychologisch verständlich, was aber nichts an ihrem Wesen als erkenntnistheoretischer Fehler ändert. Die Auffassung, daß dem Experiment allein Erfahrungstatsachen zugrundeliegen, ist eine Einseitigkeit im Sinne des positivistischen Empirismus und wird bereits den Anschauungen von Galilei nicht gerecht. Wer den Beginn der modernen Naturwissenschaft allein im Beginn der experimentellen Methode sieht, läßt sich eine solche Verabsolutierung des Experiments zuschulden kommen.

Das Ziel der Forschung ist die Theorie (zum Zwecke der Erklärung und vor allem der Anwendung), nicht die Beobachtung oder das Experiment für sich genommen. Diese sind aber andererseits unumgängliche Voraussetzungen der Theorie. Nur so verstanden kann man vom „Vorrang der Beobachtung vor Hypothese und Theorie"[35] sprechen. Wer die Empirie verabsolutiert, der verwechselt Ziel und Voraussetzung der wissenschaftlichen Erkenntnis. Der dialektisch aufgefaßte Begriff der Theorie schließt notwendigerweise seinen Gegensatz, die Erfordernisse der Empirie, mit ein, anderenfalls handelt es sich nicht um eine Theorie, sonderen um eine Hypothese oder um eine wissenschaftliche Vermutung.

Das Verhältnis von Experiment und Theorie ist nur ein spezieller, nicht der allein bestimmende Aspekt des erkenntnistheoretisch und methodologisch umfassenderen Gesichtspunktes des Verhältnisses von Empirischem und Rationalem in der Erkenntnis. Deshalb ist die allgemeine erkenntnistheoretische Fragestellung nicht die nach dem Verhältnis von Experiment und Theorie, sonderen die nach dem Verhältnis von Empirischem und Rationalem. Das Empirische tritt uns bei Copernicus nicht in der Form des Experiments entgegen – was im Hinblick auf seinen astronomischen Forschungsgegenstand auch unmöglich war – sondern in der Form von Beobachtungen, die hier als voll repräsentativ für das Empirische anzusehen sind, so daß nicht erst das Experiment als Kriterium für modernes, erkenntnistheoretisch im Prinzip richtiges naturwissenschaftliches Denken zu werten ist.

Zur vollständigen Charakterisierung der modernen Naturforschung ist die Existenz und die Anwendung der experimentellen Methode als einer ihrer Wesenszüge jedoch unumgänglich. Das Experiment ist ein wichtiges, häufig das entscheidende Moment der wissenschaftlichen Praxis.

Welche Aspekte der Lehre des Copernicus und ihrer Konsequenzen gehören nun zu den Grundlagen der neueren Naturforschung? Das allgemeine, wissenschaftsgeschichtlich grundlegende Ergebnis ist zunächst die Tatsache, daß mit dem Ausbruch aus dem dogmatischen aristotelisch-scholastischen Naturbild die Naturforschung nicht nur von der Theologie befreit, sondern daß – in mehr einzelwissenschaftlicher Relevanz – die gesamte aristotelische Physik einschließlich der entsprechenden Methodologie und damit die Notwendigkeit einer neuen Naturerklärung deutlich wurde.

Mehr im Detail ist als erstes wichtiges Ergebnis der Lehre von Copernicus die Beseitigung des aristotelischen Dualismus zwischen dem irdischen Bereich, in dem alles vergänglich und unvollkommen, und zwischen der vollkommenen und unvergänglichen Region des Himmels zu nennen, die in ihrem Wesen völlig andersartig sei als die Erde, was sich schon darin zeige, daß alle Himmelskörper aus einem besonderen Element, dem Äther oder der quinta essentia, beständen. Die Auffassung von Copernicus, daß Erde und Himmel eine Einheit darstellen und gemeinsamen, einheitlichen Gesetzen unterliegen, war eine unausbleibliche Konsequenz der Einordnung der Erde in den Bereich der übrigen Planeten. Dadurch wurde der Begriff der Natur (bei Aristoteles ist die Natur die Gesamtheit der Dinge, die ein materielles Substrat besitzen und sich in ewiger Bewegung und Veränderung befinden)[36] durch Copernicus auf den gesamten Kosmos ausgedehnt. Im Prinzip fielen damit die Erkenntnisschranken bei der Erforschung der Himmelskörper und es wurde die spätere, so erfolgreiche Extrapolation auf der Erde festgestellter Gesetzmäßigkeiten auf die Himmelskörper möglich. Die Entdeckung z. B. des Gravitationsgesetzes wäre ohne diese Erkenntnis nicht möglich gewesen. So wurde Copernicus zum direkten Wegbereiter der Mechanik als Wissenschaft, einer für Himmel und Erde in gleicher Weise gültigen Wissenschaft.

Die von Lasswitz vertretene Auffassung, daß die Erschütterung der Grundsäulen des aristotelischen Systems, die er richtig im Unterschied zwischen der irdischen und der himmlischen Welt sieht, das Verdienst von Gilbert sei[37], ist demnach nicht haltbar. Von Bedeutung ist hierbei, daß die Lehre des Aristoteles von den fünf Elementen, von ihrem „natürlichen Ort" und entsprechend die auf sie wirkenden Kräfte und ihre Bewegungen, deduktiv aus der Annahme dieses Unterschiedes, bzw. aus der Mittelpunktstellung der Erde abgeleitet woren waren. Mit der Erschütterung der aristotelischen Prämissen wurden auch die entsprechenden Folgesätze unhaltbar. Die Diskussion um die Bewegung der Erde mußte unweigerlich die Kritik an der Elementenlehre des Aristoteles nach sich ziehen, da die Lehre von den „natürlichen Örtern" der Elemente nur mit dem geozentrischen System vereinbar war.

Die Elementenlehre des aristotelischen Weltbildes wurde durch das heliozentrische System seiner Grundlagen beraubt. Das Hinstreben der „schweren" Elemente, Erde und Wasser, nach dem Weltmittelpunkt, also dem Mittelpunkt der Erde, wie es der Physik des Aristoteles entsprach, ließ sich nun nicht mehr vertreten, da ja der Erdmittelpunkt eben nicht mehr als Mittelpunkt der Welt galt. Copernicus selber hat diesen Gedanken nicht ausgeführt; aber konsequenterweise wurde von hier aus das kritische Überdenken der Elementenlehre des Aristoteles notwendig.

Wenn nun nach Copernicus der Erdmittelpunkt nicht mehr der Mittelpunkt der Welt war, so mußte notwendigerweise auch eine andere als die aristotelische Erklärung für den freien Fall gegeben werden. Wohl als einer der ersten hat Alexander von Humboldt besonders auf die Auffassung des Copernicus von der Schwere aufmerksam gemacht: „Auch die Idee von der allgemeinen Schwere oder Anziehung (appetentia quaedem naturalis partibus indita) gegen den Welt = Mittelpunkt (centrum mundi), die Sonne, aus der Schwerkraft in kugelförmigen Körpern geschlossen, scheint dem großen Manne vorgeschwebt zu haben ..."[38] A. Birkenmajer[39] und vor ihm Menzzer haben gezeigt, daß Copernicus keine Idee von der allgemeinen Massenanziehung hatte und hierin kein direkter Vorläufer von Newton gewesen ist.

Nach der Auffassung von Copernicus ziehen sich die schweren Körper nicht gegenseitig an, sondern sie streben von sich aus aktiv zueinander.[40] Offenbar steht dahinter die spätmittelalterliche Lehre von der „inclinatio ad simile"[41], die eine Zwischenstufe zwischen der aristotelischen Auffassung von der „natürlichen" Bewegung der „schweren" Körper (Erde und Wasser) zum Weltmittelpunkt hin und Newtons allgemeiner Gravitation ist. Gegenüber der Ausprägung dieses Gedankens in der Scholastik (Beschränkung auf irdische Körper) bedeutet die Fassung des Copernicus einen Fortschritt, da er ihn auf die Himmelskörper ausdehnt. Es ist naheliegend anzunehmen, daß sich Galilei von der zwangsläufigen Konsequenz der Lehre des Copernicus zur Erforschung der Fallgesetze anregen ließ. In weiterer Verfolgung dieser Konsequenz liegt dann schließlich die Begründung der allgemeinen Massenanziehung durch Newton. So erweist sich die Fruchtbarkeit der Grundannahme des Copernicus als gewaltig: als der methodologische Ausgangspunkt des Weltbildes der klassischen Physik.

Der bisweilen gegen Copernicus erhobene Einwand, er habe im Hinblick auf die Erdbewegung der physikalischen Auffassung des Aristoteles keine stichhaltigen Argumente (vom heliozentrischen Standpunkt aus) entgegengesetzt,[42] ist nicht zutreffend. Copernicus hat in Buch I von „De revolutionibus" zu allen gegen eine Bewegung der Erde gerichteten Argumenten Stellung genommen und – zwar spekulativ, aber im Prinzip richtig – den geozentrischen physikalischen Annahmen die entsprechenden heliozentrischen Begründungen für die vom Standpunkt seiner Lehre zu erwartenden physikalischen Erscheinungen entgegengesetzt.

Ein weiterer großer Fortschritt, der für die moderne Naturwissenschaft von wesentlicher Bedeutung ist, war die faktische Vorwegnahme der Entscheidung über das Verhältnis von Empirie und Theorie in der von Copernicus befolgten Praxis der Forschung, einer Problematik also, die erst zweihundert Jahre später im Brennpunkt der philosophischen Auseinandersetzungen stand und die Kant zur Ausarbeitung seiner „Kritik der reinen Vernunft" veranlaßte. Die Erfolge sowohl der rationalistischen Methode (in der Mathematik) als auch der empirischen (in den Naturwissenschaften) hatte zu metaphysischen Verabsolutierungen des Rationalismus auf der einen Seite und des Empirismus auf der anderen geführt. Hier setzt Kant an, indem er die Voraussetzungen und Möglichkeiten beider Richtungen zu untersuchen unternimmt. In dem speziellen Bereich der astronomischen Erkenntnis zeigte sich dieses Problem objektiv schon damals sozusagen in Reinkultur, ohne komplizierenden und verwirrenden Faktoren, die die allgemeine philosophische Behandlung dieser Frage im Hinblick auf den Erkenntnisprozeß überhaupt so erschwerte.

Copernicus hat nicht nur die entschiedene Wendung zur Empirie vorweggenommen, im Gegensatz zu der herrschenden scholastischen deduktiven Methode, der Deduktion aus dogmatisierten Sätzen der aristotelischen Physik, sondern er hat in seiner von ihm selbst angewandten Forschungsmethode die Empirie zugleich, und zwar ohne in den entgegengesetzten Fehler ihrer Überbetonung zu verfallen, in ein prinzipiell richtiges Verhältnis zur Theorie gesetzt. Die vor Copernicus gemachten astronomischen Beobachtungen hatten, obwohl sie bei manchen (z. B. bei Regiomontan) Zweifel am geozentrischen System hervorriefen, im wesentlichen das Ziel, dasselbe zu verbessern und sie letztlich diesem vorgegebenen System anzupassen. Für Copernicus hingegen bestand die Aufgabe darin, ein neues theoretisches System aufgrund von Beobachtungen aufzustellen und zu begründen, die er – im Gegensatz zur scholastischen Auffassung von der Naturerkenntnis – als Ausgangspunkt, als wissenschaftliche Tatsache betrachtete. Zusätzlich zu den von den alten Astronomen (vor allem Ptolemäus) übernommenen Beobachtungsdaten hat er etwa sechzig eigene Beobachtungen gemacht.

Die astronomischen Beobachtungen vor Copernicus dienten lediglich der kinematischen Beschreibung der Gestirnbewegungen, sie folgten dem antiken Grundsatz „die Erscheinungen zu retten". Obwohl nun Copernicus keine Dynamik der Himmelskörper entwirft und auch – außer der Auseinandersetzung mit den seiner heliozentrischen Theorie entgegenstehenden physikalischen Argumenten des Aristoteles – im strengeren Sinne keine Physik des Kosmos geben will und auch nicht geben kann (bloße Spekulationen vermeidet er absichtlich), so geht er doch prinzipiell über eine der Relativierung des Bezugssystems in gewisser Weise immer offenstehende bloße Kinematik in der Weise hinaus, daß er seine Theorie als Erkenntnis der objektiven Wahrheit über die Struktur und die Bewegung des Kosmos darstellt, und zwar als einer zu vervollständigenden, relativen Wahrheit, deren physikalische Begründung er der weiteren Entwicklung der Naturforschung überläßt.

Auf diese Weise stellt er die Einheit zwischen der mathematischen und der physikalischen Astronomie her. Der alte Zwiespalt zwischen der mathematischen Astronomie und der physikalischen Astronomie, der vor Copernicus durch philosophische und theologische Dogmen entschieden worden war, sich aber natürlich auf diese Weise nicht aus der Welt schaffen ließ und der sich z. B. im Mittelalter im Widerspruch äußerte zwischen der Auffassung des Aristoteles, daß die natürliche Kreisbewegung nur um den unbeweglichen Weltmittelpunkt stattfinden könne, die also nur mit konzentrischen Sphären verträglich war, und den späteren Exzentern und Epizykeln, die von Hipparch und Ptolemäus dem aristotelischen geozentrischen Weltmodell hinzugefügt wurden[43]. Für Copernicus war die kinematische Beschreibung der Gestirnbewegungen eine Beschreibung der objektiven physikalischen Sachverhalte derselben, und diese konnten nicht durch Spekulationen, sondern nur durch empirische Beobachtungen gefunden werden, die sich zu einer widerspruchsfreien Erklärung innerhalb einer Theorie vereinigen ließen.

Die Lehre des Copernicus ließ nicht nur den Platz offen für die physikalische Erklärung des Kosmos, sondern sie verlangte und stimulierte eine solche Erklärung, die vor allem die Erforschung der mechanischen Bewegung der Körper und ihrer hierfür wesentlichen Eigenschaften voraussetzte. Der Platz, den Copernicus der Empirie eingeräumt hatte, mußte den Gedanken der experimentierenden Wissenschaft fördern.

Die Überwindung der Kluft von mathematischer und physikalischer Astronomie, wie sie Copernicus vornimmt, indem er die Mathematik nicht als bloße phänomenologische Beschreibung der Erscheinungen, sondern als Widerspiegelung der objektiv realen Struktur des Kosmos und der Gestirnbewegungen, als quantitativen Ausdruck des physikalischen Wesens desselben auffaßt, führt zu einem weiteren, für die Entstehung und Entwicklung der modernen Naturwissenschaft sehr wichtigen Wesenszug seiner Forschung, nämlich dazu, daß er Ansatzpunkte für eine Mathematisierung der Naturerkenntnis gibt, hat doch sein Werk das Ziel, die mathematischen Konsequenzen der heliozentrischen Annahme zu untersuchen und sie mit den Beobachtungen zu vergleichen.

Obwohl bereits Denker vor Copernicus den quantitativen Aspekt der Naturforschung hervorgehoben haben, so vor allem Cusanus, kann man sagen, daß die Mathematisierung der neueren Naturwissenschaft genaugenommen praktisch mit Copernicus beginnt.

Das prinzipiell Neue in der Verwendung der Mathematik durch Copernicus gegenüber den astronomischen Berechnungen auf Grund der Tafeln des geozentrischen Systems ist ihre genannte neue erkenntnistheoretische und methodologische Funktion.

Bei und seit Copernicus gehört die Mathematik zum unumgänglichen Rüstzeug der Naturforschung, zunächst allerdings noch – entsprechend der Entwicklung der naturwissenschaftlichen Erkenntnis – auf die Mechanik (einschließlich der Himmelsmechanik) beschränkt.

Nach der Darlegung der für die gesamte neuere Naturwissenschaft grundlegenden Wesenzüge der Lehre des Copernicus wollen wir uns jetzt mit dem spezielleren Beitrag beschäftigen, den Copernicus selbst zum Fortschritt der astronomischen Erkenntnis geleistet hat.

Die richtige Einordnung der Leistung des Copernicus in die Entwicklungslinie der modernen Naturerkenntnis muß beide Aspekte berücksichtigen. Bis in die jüngste Zeit hinein wird der von Copernicus geleistete Beitrag von machen bürgerlichen Wissenschaftlern in wesentlichen Punkten unterbewertet, und zwar – was überwiegt – sowohl im Hinblick auf die Revolutionierung des naturwissenschaftlichen Weltbildes insgesamt in Richtung auf eine von Mystizimus und bloßen Spekulationen befreite, materialistische Naturforschung als auch in bezug auf seinen Beitrag speziell zur astronomischen Erkenntnis.

Zum zuletztgenannten Gesichtspunkt bringt Blumenberg die Problemlage deutlich zum Ausdruck, wenn er schreibt: „Über den ‚Ertrag‘ der kopernikanischen Reform für die Astronomie sind sehr verschiedene Urteile gefällt worden.“[44] Dies resultiert vor allem aus der Tatsache, daß die in „De revolutionibus“ enthaltenen Tafeln im ganzen gesehen nur einen geringen Fortschritt gegenüber den alten geozentrischen Tafeln (den verbesserten Alfonsinischen) darstellten, so daß viele Forscher zu der Auffassung neigen, der entscheidende Fortschritt sei nicht durch Copernicus, sondern durch Kepler erzielt worden. Diese Auffassung ist einseitig: Es ist zwar richtig, daß die Genauigkeit der Positionsberechnung der Gestirne auf Grund der Keplerbahnen gegenüber der Berechnung des Copernicus nach Kreisbahnen und Epizykeln wesentlich größer war – denn jene ist die Widerspiegelung des objektiv wahren Sachverhalts –, aber allein schon im Bereich des Technisch-Astronomischen setzt die Leistung Keplers erstens das heliozentrische System des Copernicus als notwendige und unumgängliche Grundlage voraus, und zweitens den allgemeinen ontologischen, erkenntnistheoretischen und methodologischen Ausbruch des Copernicus aus der aristotelisch-scholastischen Philosophie und damit dessen Säkularisierungn und Grundlegung der neueren Naturforschung. Während Copernicus im Rahmen seines stark deistisch-nomotheistisch bestimmten Gottesglauben keinerlei weiterer außer- oder übernatürlicher Kräfte und Ursachen bedarf, bleibt Kepler in animistischen, mystischen Vorstellungen befangen, wie sie etwa in seinem Werk „Mysterium cosmographium" zum Ausdruck kommen. Er wäre also niemals in der Lage gewesen, den für allen weiteren wissenschaftlichen Fortschritt unumgänglichen philosophischen Durchbruch des Copernicus zu vollziehen.

Die Überbetonung oder gar Verabsolutierung des Gesichtspunktes der technisch-astronomischen Berechnungen macht jede gerechte Beurteilung des durch den unmittelbaren Beitrag von Copernicus selbst erzielten Fortschritts, wobei es selbstverständlich sein muß, den prozeßhaften Charakter aller Erkenntnis zu beachten, schlechthin unmöglich. Eine differenzierte und zugleich umfassendere Beurteilung ist hier unumgänglich.

Die Unterscheidung, die Blumenberg vornimmt, erlaubt keine definitive Beurteilung des durch Copernicus erzielten Fortschritts: Er stellt der Vereinfachung der astronomischen Kalkulation das Kriterium der Einfachheit (hinsichtlich der Struktur des Kosmos) gegenüber. Da die von Copernicus im „Commentariolus" in Aussicht gestellte Einfachheit von ihm selbst nur zu einem Teil erreicht wurde (Blumenberg: von der in Aussicht gestellten Ökonomie „war nicht viel übriggeblieben"), wird von hier ausgehend häufig eine falsche Gesamtbeurteilung vorgenommen: „Schon früh ist darauf hingewiesen worden, daß man den theoretischen Vorteil des kopernikanischen Systems gegenüber dem ptolemäischen nicht überschätzen dürfe."[45]

Diese Beurteilung ist nicht nur in Beziehung auf die Lehre des Copernicus fehl am Platze, sondern sie ignoriert allgemeine Wesenszüge der Entwicklung des theoretischen Denkens, der Theorienbildung überhaupt. Jede theoretische Konzeption ist zunächst – von seltenen Ausnahmen abgesehen – nicht nur ergänzungsfähig, sondern ergänzungsbedürftig. Die Geschichte der Naturwissenschaften zeigt, daß alle bedeutenden naturwissenschaftlichen Theorien einen Entwicklungsprozeß durchmachen (so wurde z. B. die Newtonsche Mechanik mathematisch erst im 19. Jh. vollendet). Ihr prinzipieller Wert darf nicht daran gemessen werden, ob sie bereits von vornherein genauere Daten etc. zu liefern vermögen, sondern daran, ob sie bisher ungeklärte qualitative Erscheinungen erklären und voraussagen können, die durch Beobachtung, bzw. im materiellen Experiment bestätigt werden, wozu die alte Konzeption nicht geeignet war oder sogar im Widerspruch dazu stand. Letzten Endes geht es dabei um eine immer adäquatere Widerspiegelung der objektiven Realität wie sie Lenin charakterisierte. Nach Lenin ist die Erkenntnis ein „unendlicher Prozeß der Vertiefung der Erkenntnis des Dinges, der Erscheinungen, Prozesse usw. durch den Menschen, von den Erscheinungen zum Wesen und vom weniger tiefen zum tieferen Wesen."[46]

Um hier zu einem adäquaten Urteil zu gelangen, ist es zweckmäßig, entsprechend dem dialektischen erkenntistheoretischen Prinzip von der Einheit in der Unterschiedenheit, nach der Möglichkeit bzw. Notwendigkeit einer Klassifizierung und Unterteilung der astronomischen Elemente der Lehre des Copernicus nach wesentlichen Gesichtspunkten zu suchen. Es ergibt sich, daß sie sich zwangslos in zwei Hauptaspekte einteilen lassen: 1. in den mehr philosophisch-weltanschaulich relevanten kosmologischen Aspekt und 2. in den technisch-astronomischen, mathematischen Aspekt, der überwiegend von einzelwissenschaftlicher Bedeutung ist. Eine materialistische philosophische Betrachtungsweise, entgegen der phänomenologischen, zeigt auf den ersten Blick, daß bei Copernicus eine den objektiven Sachverhalt richtig widerspiegelnde Kosmologie die Voraussetzung für eine Präzisierung und Vereinfachung der astronomischen Berechnungen war. Dieser de facto materialistische Ausgangspunkt lag den Intentionen und dem methodologischen Vorgehen des Copernicus bewußt von vornherein zugrunde. Die bevorzugte oder gar ausschließliche Beachtung des zweiten Aspekts wird dem Wesen des von Copernicus in der Astronomie erzielten Fortschritts in keiner Weise gerecht.

Als eine in manchen Details berechtigte, insgesamt aber verfehlte Reaktion auf das etwas naive und wenig sachkundige Übersehen der nach dem Erscheinen von „De revolutionibus" noch zu beseitigenden Schwierigkeiten innerhalb des copernicanischen Systems ist der Artikel von de Sollar Price: „Contra-Copernicus: Eine kritische Neueinschätzung der mathematischen Planetentheorie von Ptolemäus, Copernicus und Kepler"[47] zu bewerten. Die beiden genannten, letztlich eine Einheit bildenden Hauptaspekte der Lehre des Copernicus möchte er in extremer Weise getrennt wissen: „Vielleicht ist es historisch ziemlich unglücklich, daß der gleiche Copernicus, der diesen eindrucksvollen kosmologischen Schritt tat, auch mehrere Veränderungen in der mathematischen Theorie der Planetenbewegung vornahm, ganz getrennt von der Kosmologie und unabhängig von ihr" (S. 198). Price zieht am Ende seines Artikels folgende Schlußfolgerung: „Deshalb behaupte ich, daß, obwohl Copernicus eine glückliche philosophische Vermutung aufstellte, ohne jede Beobachtung, um seine Ideen zu beweisen oder zu widerlegen, und obwohl die von seinem Wechsel im kosmologischen Bild geforderte Elementarmathematik Kompetenz zeigt, sein Werk als mathematischer Astronom keine Inspiration besitzt" (S. 216). Nur am Rande und ohne weiteren Kommentar wollen wir vermerken, daß Price die Revolutionisierung des astronomischen Weltbildes als „philosophische Vermutung ohne jede Beobachtung" betrachtet. Der Kern seiner Schlußfolgerung liegt vielmehr darin, daß er Copernicus den Vorwurf macht, seine neue kosmologische Grundannahme mit dem alten mathematischen Apparat dargelegt zu haben. Es ist schwer zu verstehen, warum Price den Wert des Werkes von Copernicus nicht daran mißt, was er damit geleistet, sondern daran, was er damit nicht geleistet hat, was als Aufgabe für die Weiterentwicklung seiner Lehre verblieb. Der Wert der Lehre des Copernicus, seiner Revolutionisierung der Naturerkenntnis überhaupt, liegt vor allem in ihrer gewaltigen Fruchtbarkeit für die gesamte folgende Naturforschung, bis in unsere moderne Naturwissenschaft, und in ihrer grundlegenden Bedeutung für die wissenschaftliche Weltanschauung.

a) Im Hinblick auf die *Kosmologie* hat Copernicus den richtigen Zentralkörper des Sonnensystems bestimmt und die Reihenfolge der Planeten und den Platz des Mondes richtig dargestellt. Ferner hat er als erster erstaunlich genaue Angaben über die relativen Abstände der Planeten von der Sonne gemacht, ausgehend von dem Gedanken des Aristoteles, daß die Größe der Bahnen an der Dauer der Umlaufzeit gemessen wird. Da er den als Einheitsabstand genommenen Abstand der Erde von der Sonne erheblich zu klein (etwa 1/20) angenommen hat, müssen die von ihm angegebenen Proportionen mit dem entsprechenden Faktor multipliziert werden. Die scheinbaren Schleifenbewegungen der Planeten, ihre Stillstände und Rückläufigkeit, die im geozentrischen System ein förmliches Ärgernis waren, fanden durch die heliozentrische Theorie eine einfache Erklärung. Auch das Ziel, die Bewegung der Himmelskörper aus einem Prinzip, einem einheitlichen System sowohl für die inneren als auch die äußeren Planeten und auch für die Bewegung des Mondes und der Sonne, zu erklären, war erreicht worden. Die Erkenntnis der wahren Struktur des Sonnensystems war die Grundlage für den weiteren astronomischen Fortschritt.

Der wesentlichste Mangel der Theorie des Copernicus war sein Festhalten an der Lehre von der (gleichförmigen) Kreisbewegung, ein Postulat, das der platonischen und aristotelischen Philosophie entsprach, nach der der Kreis die vollkommenste geometrische Figur und die Kreisbewegung die „natürliche Bewegung" der Sterne sei. (Die Abweichung der meisten Planeten von der Kreisbahn, d. h. die Differenz zwischen größter und kleinster Entfernung von der Sonne, ist relativ gering, was die Erkenntnis der elliptischen Bahnform sehr erschwerte.)

Diese Auffassung des Copernicus von der Kreisbahn als der vollkommensten und daher den Himmelskörpern notwendig zukommender Bewegung, ja mehr noch: die „Rettung" der wirklichen Kreisbewegung gegenüber der mehrfachen Verletzung dieses platonischen und aristotelischen Prinzips im geozentrischen System, darf jedoch nicht in der Weise verabsolutiert werden wie dies z. B. Rombach tut: „Jede Darstellung des kopernikanischen Systems muß davon ausgehen, daß es Copernicus in erster Linie nicht um die Aufstellung eines adäquaten Weltbildes geht, sondern um die Rettung der gleichförmigen Kreise, die die absolute Grundlage der Astronomie sind und bleiben."[48]

Diese Auffassung entstellt die maßgeblichen Beweggründe des Copernicus völlig, wie ein weiterer Vergleich mit der bereits zitierten Stelle aus seiner Widmung an den Papst Paul III. zeigt, ganz zu schweigen von den gesellschaftlichen Ursachen für die Aufstellung seines Systems.

Häufig wird die Beibehaltung der Kreisbahn als geradezu unkritisch übernommenes, konservatives Element in der Lehre des Copernicus bewertet, als unüberwundener Rest dogmatischen oder doch von Dogmen beeinflußten philosophischen Denkens.

Diese Auffassung ist in ihrer Einseitigkeit falsch. Angesichts der gesamten Geisteshaltung des Copernicus wäre dieser Bruch völlig unverständlich. Copernicus hat die Kreisbahnen nicht aus dogmatischen Gründen übernommen, sondern weil sie ihm noch als die durchaus wahrscheinlichste Form der Gestirnumläufe galt. Wer so rückhaltlos mit den scholastisch-theologischen Dogmen gebrochen hat, wie Copernicus, warum sollte der nicht auch das Dogma von der Kreisbahn verwerfen können, sofern – und das ist das Entscheidende – eine andere Bahnform sich als wahrscheinlicher anbot? Wenn man weiß, wie schwer und wie mühselig Kepler um eine neue Bahnform, die Ellipse, gerungen hat, so kann man Copernicus einen solchen Vorwurf nicht machen. Wenn auch die dynamische Erklärung der Gestirnbewegung bei Copernicus offen bleibt, so steht die physikalische Problematik bei ihm doch stets als noch zu lösendes Problem im Hintergrund. Auch waren zur Zeit von Copernicus die mathematischen Methoden nicht vorhanden, um eine elliptische Bahnform (bei Copernicus steht eine elliptische Skizze als durchgestrichene Randbemerkung im Autographen) rechnerisch darstellen zu können. Wie sollte man sich damals physikalisch-mathematisch das Zustandekommen von elliptischen Bahnen erklären? Wenn die Annahme von Epizykeln im Grunde genommen schon im geozentrischen System als Ärgernis empfunden worden war, weil sie strenggenommen gegen das Postulat von der gleichförmigen Kreisbewegung verstieß, so mußte damals auch eine elliptische Bahn als kaum annehmbar erscheinen.

Kepler ist nicht durch eine kühne Hypothese und deren anschließenden Beweis dazu gelangt, sondern durch unendlich mühselige induktive Forschung. Es liegt im Wesen der Geisteshaltung des Copernicus, so zu verfahren, wie es Newton später formulierte: „Hypothesen (d. h. reine Spekulationen – H. M.) ersinne ich nicht." Dies zeigt sich z. B. daran, daß er das Problem von Endlichkeit und Unendlichkeit der Welt „dem Streit der Naturphilosophen"[49] überläßt, und diese unspekulative Haltung ist offenbar der Grund dafür, daß er die Kreisbahn beibehält.

Weitere Mängel der Fassung der heliozentrischen Lehre, so wie sie in „De revolutionibus" vorliegt, ergeben sich nicht nur aus der falschen Annahme von Kreisbahnen, sondern sie sind eine Folge der großen Schwierigkeiten, die Unregelmäßigkeiten der Gestirnbahnen zu erklären. Die Revolutionierung des astronomischen Weltbildes durch Copernicus hat zunächst keineswegs alle Schwierigkeiten wie durch Zauberhand gelöst. Zu ihnen gehören: Die Sonne stand nicht im Mittelpunkt der Planetenbahnen, schon bei der Erdbahn stand sie um drei Sonnendurchmesser davon entfernt, der Mittelpunkt der Saturnbahn z. B. lag sogar außerhalb der Venusbahn. Copernicus hatte sich vergeblich bemüht, die Nürnberger Merkurbeobachtungen seiner Theorie anzupassen, die Merkurbahn hatte bei ihm geradlinige Bahnelemente, obwohl er die geradlinige Bewegung eines Himmelskörpers mit einer Krankheit verglichen hatte.[50] Diese und andere Mängel waren Copernicus wohlbekannt. Sie waren in erheblichem Maße mit ein Grund, mit der Herausgabe seines Werkes zu zögern, da er fürchten mußte, auch relativ sachliche und unvoreingenommene Astronomen nicht überzeugen zu können.

b) Im Hinblick auf den *technisch-astronomischen, mathematischen Aspekt* gibt es in der Literatur wiederum sehr unterschiedliche Urteile über den durch Copernicus erzielten Fortschritt. Die Ursache für die Uneinheitlichkeit der Beurteilung liegt vor allem in der Tatsache, daß trotz der sehr umfangreichen Copernicus-Literatur (eine polnische Bibliographie[51] weist 3750 Titel nach) ein exakter und umfassender Vergleich zwischen den am meisten vervollkommneten geozentrischen Tafeln und den von Copernicus in „De revolutionibus" gegebenen Werten noch fehlt.

Es ist fast als Kuriosum anzumerken, daß in der einschlägigen Literatur generell keine exakten Angaben über die tatsächliche Anzahl der zur Zeit von Copernicus in den astronomischen Berechnungen des geozentrischen Systems verwendeten Epizykeln zu finden ist und daß daher eine hinreichend vollständige Beurteilung des durch Copernicus im Hinblick auf rechnerische Vereinfachung erzielten Fortschritts auch nicht möglich ist. (Dem Autor ist bei relativ umfassender Literatursichtung nicht eine einzige exakte Darstellung zu Gesicht gekommen.) Die häufig angegebene Zahl siebenundsiebzig ist nicht relevant, da sie sich offensichtlich auf das homozentrische System von Fracastoro (1535) bezieht, das in der Praxis kaum verwendet wurde und gerade zu dem Zweck geschaffen worden ist, die Epizykeln zu beseitigen und sie durch ein System von homozentrischen Kreisen zu ersetzen. Wir wollen hier nur auf die nicht gelöste Problematik hinweisen. (Im Rahmen dieses Beitrags können dazu die notwendigen, relativ zeitaufwendigen Detailforschungen nicht angestellt werden.)

Wie sich diese wissenschaftsgeschichtliche Vernachlässigung auswirkt, zeigt sich sehr deutlich in einem Artikel von J. R. Ravetz, in dem ein Abschnitt unter der Überschrift „Eine wohlbekannte, aber nicht existierende Tradition" speziell der Frage der Epizykeln gewidmet ist. Der Autor verneint schlechthin, daß den geozentrischen Originalmodellen überhaupt Epizykeln hinzugefügt worden seien, mehr noch, an der Wende zum sechzehnten Jahrhundert gar nicht hinzugefügt werden konnten: „Die Wissenschaft der Astronomie war einfach nicht stark genug, dies zu leisten, weder organisatorisch noch technisch."[52] Obwohl wir dieser Behauptung grundsätzlich skeptisch gegenüberstehen, wirft sie doch ein bezeichnendes Licht auf die Problemlage und ist mit ein Grund, das Problem der Anzahl der Epizykeln exakt zu untersuchen.

Das technisch-astronomische Grundproblem für Copernicus bestand darin, die Annahme der Rotation der Erde um die eigene Achse, des Umlaufs der Erde um die Sonne und eine irrtümlich angenommene dritte Erdbewegung (die Deklination) auf ihre mathematischen Konsequenzen zu untersuchen und diese mit dem vorhandenen Beobachtungsmaterial und darüber hinaus den von ihm zu diesem Zweck unternommenen eigenen Beobachtungen zu vergleichen, damit die heliozentrische Theorie zu untermauern und mit dieser zu einer den Bedürfnissen und den Anforderungen gerecht werdenden, möglichst genauen und einfachen Vorausberechnung der Gestirnörter zu gelangen.

Der Erreichung dieses Zieles standen vor allem zwei Hindernisse im Wege: die genannten strukturell-kosmologischen Mängel der Theorie und die ohne wesentlich bessere Beobachtungsgeräte (Fernrohr etc.) nicht nennenswert zu steigernde Beobachtungsgenauigkeit.

Da die Verbesserung der Positionsberechnung der Gestirne – ganz im Einklang mit den gesellschaftlichen, ökonomischen Bedürfnissen – im Vordergrund des Interesses stand, wurde der Wert der copernicanischen Theorie zunächst nahezu ausschließlich an diesem Kriterium gemessen, auch das Interesse der katholischen Kirche kam daher (bereits 1533 wurde sie dem Papst vorgetragen).

Über den Wert der von Copernicus in „De revolutionibus" gegebenen Tafeln können wir aus den bereits angegebenen Gründen hier keine exakten Aussagen machen. Sicherlich ist das Urteil von A. Armitage nicht unbegründet, wenn er schreibt: „Der Ersatz der geozentrischen Hypothese durch die heliozentrische vereinfachte die Konstruktion von solchen Tafeln; andererseits brachte sie den praktischen Astronomen wenig direkte und sofortige Vorteile."[53] Zu einseitig und deshalb leicht irreführend sind Urteile wie das von Blumenberg, wenn er im Hinblick auf die Vorhersage astronomischer Phänomene ausführt: „... so ist der kopernikanischen Theorie überhaupt kein unmittelbarer Gewinn zuzuschreiben ..."[54] Noch schärfer formuliert dies von einem empiristischen und positivistisch beschränktem Standpunkt ein anderer Autor, auf den sich Blumenberg beruft: „Die Theorie der Sternkunde selbst war durch Kopernikus um keinen Schritt über Ptolemäus hinauszukommen. Denn das große Problem der Astronomie: für jeden Zeitaugenblick den Ort eines Himmelskörpers mit derselben Genauigkeit zu berechnen, mit der man ihn beobachten kann, wurde durch ihn nicht gelöst."[55] Mitte der sechziger Jahre hat Owen Gingerich[56] mit Hilfe von Computerberechnungen untersucht, „wie die Copernicanischen Planetenbahnen weniger genau sind als das ptolemäische System" (S. 229). Seine Tafel 1 (Vergleich der heliozentrischen Positionen mit der idealen Exzentrizität des Mars) zeigt, daß „das Copernicanische Schema hinsichtlich des Winkels etwas und hinsichtlich des Radiusvektors viel schlechter ist" (S. 235) als das ptolemäische. Tafel 2 (Vergleich der heliozentrischen Positionen mit den damaligen – d. h. den von Ptolemäus und von Copernicus verwendeten, H. M. – Marsparametern) zeigt, daß die Fehler der „Copernicanischen Parameter jedoch nur etwa sechzig Prozent der bei Ptolemäus oder in den Alfonsinischen Tafeln betragen" (S. 235). Die Tafel 2a (Exzentrizität der Marsbahn) bringt folgende Daten:

Moderner Wert
0·0933
Ptolemäus, Alfonsinische Tafeln
0·1
Copernicus
0·0973

Die oben zitierte, von Gingerich in dem seinem Artikel vorangestellten Resümee gebrachte Formulierung muß deshalb als ungenau vermerkt werden, da sie zunächst den Eindruck erweckt, daß die von Copernicus angegebenen Werte generell schlechter seien als die im ptolemäischen System.

Der abstrakt genommene prinzipielle Unterschied in technisch-mathematischer Beziehung zwischen dem alten, geozentrischen oder geostatischen System und dem neuen heliozentrischen oder heliostatischen liegt vor Kepler nicht generell in der Genauigkeit der auszuführenden Rechnungen, sondern in deren Vereinfachung. Die Genauigkeit konnte durch Hinzufügen immer neuer Epizykeln beliebig gesteigert werden, da jede periodische Bewegung, wie sich später durch die Entdeckung Fouriers der nach ihm benannten Reihen zeigte, durch Berücksichtigung immer mehr Glieder der Fourier-Reihe (die hier den Epizykeln entgegensprechen), sich mit beliebig angenäherter Genauigkeit berechnen läßt.

Abgesehen von diesen abstrakten theoretischen Vergleichen zeigte sich in der konkreten astronomischen Praxis sehr bald die Überlegenheit auch der Genauigkeit der aufgrund der copernicanischen Theorie aufgestellten Tafeln. „De revolutionibus" enthielt die Werte der heliozentrischen Tafeln sozusagen in erster Näherung. Die verbesserte Fassung von Reinhold (der übrigens nur den technisch-astronomischen Aspekt anerkannte und im übrigen kein Anhänger des Copernicus war), die sog. Prutenischen (Preußischen) Tafeln (1551) bewährten sich in der Praxis eindeutig besser als die modernste Fassung der Alfonsinischen Tafeln: Die auf ihrer Grundlage 1582 durchgeführte Kalenderreform (Gregorianischer Kalender) ist die Basis für unsere heutige Zeitrechnung. Pontus de Tyard fand bei der Berechnung einer Konjunktion von Saturn und Jupiter, daß die Vorhersage der Alfonsinischen Tafeln um einen Monat differierte, die der Prutenischen Tafeln aber nur um einige Tage.[57]

Tatsache ist somit, daß nach dem Erscheinen der Prutenischen Tafeln auch die technisch-astronomische Leistungsfähigkeit, wenn nicht Überlegenheit (was im Detail differenziert zu untersuchen ist) des copernicanischen Systems nicht mehr zu übersehen war. Um eine weitere Genauigkeit der Prutenischen Tafeln zu demonstrieren, bedurfte es neuer, präziserer Beobachtungsdaten. Diese wurden von Tycho Brahe geliefert.

Die von Brahe begonnenen Rudolfinischen Tafeln wurden von Kepler zu Ende geführt (1627). Den Wunsch Brahes, die Tafeln nach seinem (tychonischen) System und nicht nach dem copernicanischen aufzustellen, konnte Kepler nicht erfüllen: von der objektiven Wahrheit desselben war er inzwischen überzeugt. Im Verein mit den elliptischen Bahnen Keplers war auch die technisch-astronomische Überlegenheit des heliozentrischen Systems zur Gewißheit geworden.

Zur endgültigen Bestätigung des objektiven Wahrheitsgehalts der Lehre des Copernicus bedurfte es jedoch physikalischer Beweise. Diese Beweise waren zu erbringen durch astronomische Beobachtungen und physikalische Experimente, die eindeutig für eine Bewegung der Erde sprachen. Copernicus selbst konnte angesichts des Entwicklungsstandes der astronomischen Beobachtungs- und Meßgeräte (das Fernrohr war noch nicht erfunden) keine physikalischen Beweise für seine Theorie, für Fakten erbringen, die durch die Bewegungen der Erde und nur durch diese erklärt werden konnten. Trotzdem war er imstande, allen Hinweisen der Anhänger der geozentrischen Theorie auf physikalische Erscheinungen, die angeblich eine Bewegung der Erde in den Bereich des Unmöglichen, wenn nicht Lächerlichen verweisen sollten, stichhaltige Gegenargumente entgegenzuhalten (Buch I, Kapitel VIII). Vorwürfe von der Art „wenn die Anticopernicaner fragten, warum in der heliozentrischen Theorie die Gegenstände nicht von der Erde fortgeschleudert werden, so hatten die Copernicaner keine Antwort"[58], sind unbegründet. Allerdings stützte sich Copernicus dabei auf konservative, aristotelische Argumente vom „naturgemäßen" Charakter der Kreisbewegung, der den Zusammenhalt der Erde und der irdischen Gegenstände gewährleiste.

In der Copernicus-Literatur wird häufig ausgeführt, daß der erste physikalische Beweis zugunsten der copernicanischen Lehre der Nachweis der Aberration des Lichts durch Bradley (1727) gewesen sei. Dies bedarf der Ergänzung.

Den physikalischen Beweisen im strengen Sinne gingen mehrere astronomische Beobachtungen voraus, die im Widerspruch zur aristotelischen Physik und Kosmologie standen und damit indirekt eine Bestätigung des copernicanischen Systems waren.

Es ist erkenntnistheoretisch wichtig, diese Beobachtungen richtig einzuschätzen, da sie teils gar nicht oder nur unvollständig erwähnt, teils schon als Beweise für die copernicanische Lehre angesehen werden. Wir wollen diese Beobachtungen in chronologischer Reihenfolge anführen (ohne Anspruch auf Vollständigkeit): 1. Schon 1548, also nur fünf Jahre nach dem Erscheinen von „De revolutionibus", hatte der italienische Astronom Fracastoro in Padua, ausgehend von mehreren Kometenbeobachtungen, die Verallgemeinerung vertreten, daß alle Kometenschweife von der Sonne weg gerichtet seien und daß daraus die Schlußfolgerung von der dominierenden Stellung der Sonne und nicht der Erde gezogen werden müsse. Die Tatsache, daß die beobachteten Kometenschweife von der Sonne weg gerichtet waren und daß die Kometen die Sphärenschalen durchdrangen, ließ sich grundsätzlich nicht mit den bis dahin herrschenden physikalischen und kosmologischen Lehren des Aristoteles vereinbaren; die These des Fracastoro war ein empirisch begründetes Argument gegen die physikalische Auffassung des Aristoteles vom Weltall. Von da ab war der Kampf zwischen den Vertretern der aristotelisch-scholastischen Naturauffassung und den Bahnbrechern der neuen Naturforschung keine bloße Frage der theoretischen Meinungen oder Überzeugungen mehr, sondern wer noch dogmatisch am aristotelischen physikalischen und astronomischen Weltall festhielt, mußte sich bewußt gegen Tatsachen stellen. Dies hatte natürlich Konsequenzen für den gesamten scholastischen Aristotelismus, da dessen vermeintliche Geschlossenheit dadurch durchbrochen worden war. 2. Die Nova vom Jahre 1572 zeigte, daß am Fixsternhimmel nicht alles in ewiger Unveränderlichkeit verharrt; 3. Die Entdeckung der Jupitermonde (1610), der Sonnenflecken (1611) und der Venusphasen (1612), letztere ließen sich allerdings auch mit dem System Tycho Brahes erklären; 4. Die Erkenntnis der „erdähnlichen" Beschaffenheit des Mondes; 5. Für die von Copernicus postulierte riesige Entfernung der Fixsterne sprach die Beobachtungstatsache, daß diese auch im Teleskop punktförmig blieben; 6. Mach wies darauf hin, daß Galilei bei seiner Fluttheorie ganz unreflektiert von der Annahme des Copernicus von der ruhenden Fixsternsphäre als Bezugssystem ausgehe, während Newton die These von der absoluten Ruhe der Fixsterne zum Problem mache, wodurch er zur Postulierung des absoluten Raumes geführt werde.[59]

Die oft vertretene These, daß der Nachweis der Fixsternparallaxe durch Bessel im Jahre 1838 der endgültige Beweis (quasi das experimentum crucis) der copernicanischen Lehre sei, sollte nach unserer Auffassung nicht verabsolutiert werden. Die im Grunde genommen ungerechtfertigte Überbetonung der Fixsternparallaxe als des endgültigen Beweises der copernicanischen Lehre hat historische Gründe und ist sachlich in dieser Signifikanz nicht begründet. Da sie mit den damaligen Mitteln grundsätzlich nicht beobachtbar war, war es für die Gegner der Lehre des Copernicus leicht, auf ihren Nachweis als des wirklich entscheidenden Kriteriums zu bestehen. Die Verabsolutierung dieses Beweises ist erstens im Hinblick auf die anderen physikalischen Beweise (vgl. den Beitrag von K.-H. Hintze in diesem Band) unzulässig. Zweitens ist hier der Ort, darauf hinzuweisen, daß die völlige Vernachlässigung der Theorie als Beweismittel eine empiristisch-positivistische Einseitigkeit und damit Beschränktheit ist.

Die Übereinstimmung mit einer allgemeineren, übergeordneten Theorie, wie es in diesem Falle die Newtonsche Mechanik war, ist als Beweis signifikant. Im Gegensatz zum geozentrischen Weltbild ließ sich das heliozentrische widerspruchsfrei und vollständig in das physikalische System Newtons und darüber hinaus in philosophischer Beziehung in das Gedankengebäude des mechanischen Materialismus einfügen.

Kommen wir nun zu der Frage, wie sich Altes und Neues in der Lehre des Copernicus zueinander verhalten. Die Ausarbeitung einer neuen Grundposition, der heliozentrischen oder heliostatischen, mit den Mitteln des alten mathematischen Apparates (Kreisbewegung, Exzenter, Epizykeln) darf nicht als Überwiegen des Alten in der Lehre des Copernicus fehlinterpretiert werden, da diese selbstverständlich nicht ihr Wesen ausmachen. Auch hier finden wir wieder, daß die mangelhafte oder gänzlich fehlende Unterscheidung der beiden genannten Hauptaspekte die Ursache bzw. der Anlaß für manche Fehleinschätzungen ist, Fehleinschätzungen, die bisweilen so grob sind, daß man dahinter geradezu orthodox-klerikale Ressentiments gegen eine Lehre vermuten könnten, die zuerst heftig bekämpft, nun aber als gar nicht so erheblich neu und umwälzend betrachtet wird.

Eine solche falsche, am Wesen der Leistung des Copernicus vorbeigehende Beurteilung des Verhältnisses von Altem und Neuem in dessen Lehre ist sehr verbreitet. Sie wird durch Urteile von der Art zum Ausdruck gebracht: „Seine (Copernicus' – H. M.) Theorie war nur eine modifizierte Form des ptolemäischen Systems ... Er schließt eine alte Epoche viel deutlicher ab als daß er eine neue eröffnet.“[60] „Viel mehr als das Neue fällt in seinem Werk das Alte auf ...“[61] Auch in dem sonst gründlichen Werk von Th. S. Kuhn über Copernicus findet sich eine solche Fehleinschätzung: „Es ist eine ungewöhnlich inkongruente Theorie ... und in allen ihren Teilen, außer eben in ihren inkongruentesten, eine relativ unoriginale... Die copernicanische Revolution, wie wir sie kennen, ist kaum in 'De revolutionibus' zu finden ...“[62] Solche Urteile kommen zustande durch die Überbetonung des technisch-astronomischen Aspekts, was z. B. bei Kuhn – beeinflußt durch Butterfield – bewußt als Grundlage der Beurteilung der Gesamtleistung des Copernicus genommen wird, wenn er schreibt, daß dieser zu der hellenistischen Tradition der mathematischen Tradition gehöre, die „das mathematische Problem der Planeten auf Kosten der Kosmologie betonte.“[63] So wichtig die Unterscheidung dieser beiden Aspekte im Hinblick darauf ist, daß sehr häufig Allgemeinurteile über die Lehre des Copernicus ausgesprochen werden, bei denen die semantische Analyse zeigt, daß dabei lediglich einer der beiden Aspekte gemeint ist, so wichtig ist andererseits die dialektische Einheit dieser beiden Aspekte: Die mathematische Behandlung des

Problems ist einerseits nicht möglich ohne die Basis der neuen kosmologischen Konzeption des Copernicus und sie dient andererseits dazu, die kosmologische Grundannahme des Copernicus auf ihre Konsequenzen zu prüfen und letztlich zu einem widerspruchsfreien System auszuarbeiten, das eine Widerspiegelung der objektiven Sachverhalte ist. Beide genannten Aspekte durchdringen einander, bilden eine dialektische Einheit. Die einseitige Überbetonung des mathematischen Aspekts führt in bedenkliche Nähe der Osianderschen Stellungnahme, gegen deren Vorhaben sich Copernicus 1542 schärfstens zur Wehr gesetzt hat.

In dieser Beziehung und sofern dieser Gesichtspunkt eine Rolle spielt, ist die Konzeption des im übrigen gründlichen und gedankenreichen Werkes von Kuhn verfehlt. Darüber hinaus neigt Kuhn zu einer angesichts seiner Materialkenntnis geradezu unverständlichen Fehlinterpretation der Ausgangsposition von Copernicus: „In Copernicus' Werk ist die revolutionäre Konzeption der Erdbewegung ursprünglich ein anomales Nebenprodukt des Versuchs eines befähigten und der Sache ergebenen Astronomen, die bei der Berechnung der Planetenposition angewandten Techniken zu reformieren."[64] War sich Copernicus doch von Anfang an völlig darüber im klaren, daß eben die Verbesserung der Positionsberechnungen auf Grund des alten kosmologischen Systems, ohne eine weiter zunehmende Komplizierung des Systems und der entsprechenden Berechnungen, prinzipiell nicht möglich war und jener radikalen und revolutionären Umwälzung bedurfte, die die Sonne als ruhenden Zentralkörper und folglich die Erde als bewegt betrachten mußte. Auch hier, in bezug auf die von Copernicus vorgefundene Problemsituation, ist eine solche Trennung von Mathematischem und Kosmologischem metaphysisch.

Die Überbetonung des Alten bei Copernicus kommt dadurch zustande, daß die von Copernicus benutzten Elemente der alten Astronomie nur quantitativ gewertet, nicht aber in ihrem qualitativ neuen Systemzusammenhang gesehen werden. Wenn Copernicus Epizykeln, Exzentrizitäten etc. verwendet, so ist er infolge seines Festhaltens an den Kreisbahnen dazu gezwungen.

Im Lichte dialektischer Überlegungen über Systemzusammenhänge ist die Behauptung unhaltbar, das Alte überwiege in der Lehre des Copernicus. Die zahlreichen Elemente des Alten erhalten, in den Rahmen des Neuen gestellt, als Elemente eines neuen Systems ein völlig anderes Beziehungsgefüge. Dies gilt vor allem für Elemente, die der Negation fähig sind.

Daneben gibt es aber auch solche Elemente des Alten bei Copernicus, für die das nicht zutrifft, die falsch und unbrauchbar sind. Sie sind aus diesem Grunde nicht mit Notwendigkeit Bestandteile seines Systems, sondern – vom Standpunkt der logischen Geschlossenheit desselben gesehen – zufällige, durch den historischen Entwicklungsgang der Erkenntnis bedingte Nebenerscheinungen. Dies gilt vor allem natürlich für die Kreisbahn; aber selbst diese muß hier im Systemzusammenhang mit der neuen Kosmologie gesehen werden, in der sie eine erste, annähernde Funktion erfüllt. Anders ausgedrückt: mit dem alleinigen Übergang (innerhalb des geozentrischen Systems) zur elliptischen Bahn hätten sich kosmologisch nur unwesentliche – abgesehen von der Abweichung vom aristotelischen Dogma der Kreisbahn – Änderungen für die Astronomie und technisch-mathematisch auch nur begrenzte Vorteile ergeben. Das bestimmende Neue war der Übergang zu einem neuen Bezugssystem. Eben dieser Übergang macht das Wesen der copernicanischen Theorie aus und nicht die Einbeziehung von Elementen aus dem geozentrischen Weltbild.

Copernicus hat eine – auch methodologisch – durchaus richtige Einstellung zum Alten, im Sinne der dialektischen Negation. Für die alten Astronomen, insbesondere für Ptolemäus, empfindet er Achtung und Bewunderung. Er stützt sich auf ihre Beobachtungen, die er durch eigene ergänzt. Rheticus teilt im Hinblick auf kritische Verarbeitung der alten astronomischen Erkenntnisse mit, daß es bei Copernicus „nichts Dringlicheres und Wichtigeres gibt als in die Fußstapfen des Ptolemäus zu treten"; dabei „schreitet er von jenen ersten Beobachtungen bis zu seinen eigenen fort und wägt genau ab, in welcher Richtung Übereinstimmung zwischen ihnen allen bestehen könnte. Ferner beurteilt er die Schlüsse, die er ... gezogen hat, nach Ptolemäus und den Hypothesen der Alten, und nachdem er sie mit größter Sorgfalt gründlich geprüft und gefunden hat, daß diese Hypothesen unter dem Zwang des astronomischen Naturgesetzes verworfen werden müssen, stellt er, gewiß nicht ohne göttliche Eingebung und ohne Geheiß der Himmlischen, neue Hypothesen auf."[65]

Kritische Verarbeitung des historisch Überlieferten ist demnach ein Wesenszug der Arbeitsweise des Copernicus, und dies geschieht eben zum Zwecke der Einordnung brauchbarer Elemente des Alten in sein neues, heliozentrisches System.

Die revolutionäre Tat des Copernicus gehört insofern zu den Sonderfällen in der Geschichte der Wissenschaften, als er bekanntlich nicht der originale Urheber eines genialen Gedankens, des Heliozentrismus, ist. Entscheidend war in seiner wissenschaftsgeschichtlichen Epoche, in der die Kritik am geozentrischen System durchaus keine Seltenheit war, die entschlossene mathematische und auf Beobachtungen gestützte mühevolle und langwierige Ausarbeitung der Konsequenzen der heliozentrischen Grundannahme, also die Durchführung und Anwendung dieses alten Gedankens.

Mit der konsequenten Beachtung dieser Tatsache löst sich die vieldiskutierte Frage, wer denn möglicherweise – außer in der Antike – noch zu den Vorläufern des Copernicus gezählt werden müsse, zum Beispiel auch Regiomontan, der in einem Brief geäußert hat: „... es ist nötig, die Bewegung der Sterne ein wenig wegen der Bewegung der Erde zu ändern."[66] Diese eventuellen „Vorläufer" sind selbst dann nur bedingt als Vorläufer von Copernicus zu betrachten, wenn sie nachweislich den Gedanken eines heliozentrischen Sonnen- oder Weltsystems in Erwägung gezogen haben. Vorläufer im eigentlichen Sinne wären sie nur dann, wenn sie über die spekulativen heliozentrischen Vermutungen der antiken Philosophie hinaus etwas zum heliozentrischen System im Sinne eines echten Erkenntnisfortschritts getan hätten, und sei es lediglich in Form von Gegenargumenten gegen die physikalischen Argumente der Anhänger des Geozentrismus gegen die Bewegung der Erde. Da dies bei keinem der Genannten zutrifft, so sind sie strenggenommen lediglich Informationsträger antiken Wissens, Informationsübermittler, und nur in diesem Sinne als „Vorläufer" zu bezeichnen.

So gesehen gehört Copernicus zu den wenigen Genies in der Naturforschung, deren Leistung sich nicht weitgehend oder doch zum Teil auf Elemente entsprechender einzelner Erkenntnisse von Vorgängern zurückführen läßt, so daß ihm bei genauerem Hinsehen „nur" das Verdienst einer Synthese zu einem neuen Ganzen zuzuschreiben wäre. Damit ist auch der von Duhem so genannte „französische Vorläufer des Copernicus", Nicolaus von Oresme, (und evtl. weitere) historisch und systematisch richtig einzuordnen. Nicolaus von Oresme würde dann eine Ausnahme – im Sinne einer Mittelstellung zwischen der bloßen hypothetischen Annahme und der Ausführung des heliozentrischen Gedankens – darstellen, wenn die Behauptung Duhems, Oresme habe in seinem Kommentar zu „De caelo et mundo" in vier Kapiteln „die Lehre von der täglichen Bewegung der Erde und von der Ruhe des Himmels und die Gründe, die dafür sprechen, mit einer Klarheit und Sicherheit vorgetragen, die von Kopernikus selbst nicht erreicht wurde"[67], sich als richtig erweist. Da der erwähnte Kommentar bisher nicht gedruckt ist[68], und Duhem nicht immer als zuverlässig anzusehen ist, bedarf dieses Problem noch der Klärung. Im günstigsten Fall, d. h. in dem Falle, daß Copernicus Kenntnis bzw. wiederholte Kenntnis von der Existenz einer prinzipiell anderen Auffassung von der Struktur und der Bewegung der Gestirne erhielt, kann man eher von Anregern im Sinne von historischer Informationsübermittlung sprechen, was im Prinzip durch jeden damaligen Wissenskundigen hätte geschehen können, der zufällig auf die entsprechenden Textstellen der antiken Autoren gestoßen wäre. Ziehen wir das Resümee hierzu: Angesichts der dargelegten Aspekte besteht kein Zweifel, daß die völlig selbständige und originäre mathematische und philosophische Ausarbeitung der antiken heliozentrischen Spekulationen zu einem wissenschaftlichen, revolutionären und bahnbrechenden System ausschließlich das eigene Werk des Copernicus ist und er unter diesem präzisen, detaillierten Gesichtspunkt gesehen keine Vorläufer in eigentlichem Sinne unter seinen Zeitgenossen und in den letzten Jahrhunderten davor hat. Man muß noch ergänzen, daß seine Darstellung des heliozentrischen Systems selbständig und originär, aber nicht vollständig und nicht fehlerfrei war. Hier setzte die weiterführende astronomische Detailarbeit vor allem – gestützt auf die Beobachtungsergebnisse Tycho Brahes – von Johannes Kepler ein.

In philosophisch-weltanschaulicher Beziehung hat die Weiterentwicklung vor allem entscheidende Ideen und Impulse von Giordano Bruno empfangen.

6. Die Bedeutung der Lehre des Copernicus für die materialistische Philosophie und für einen wissenschaftlich begründeten Atheismus

Die Lehre von Nicolaus Copernicus ist objektiv von wesentlicher und grundlegender Bedeutung sowohl für den Materialismus der Neuzeit, d. h. für den auch einzelwissenschaftlich begründeten mechanischen Materialismus, und damit für den modernen Materialismus überhaupt, als auch für einen wissenschaftlich begründeten Atheismus, im Unterschied zur bloßen Ketzerei und zum spontanen Unglauben.

Wesentliche allgemeine, hierfür relevante Gesichtspunkte sind bereits in den Abschnitten über die Säkularisierung der Naturforschung und über die Grundlegung der neueren Naturwissenschaft dargelegt worden. Darüber hinaus gibt es eine Reihe von detaillierteren Aspekten, die im Werk von Copernicus implizit enthalten sind, bzw. von ihm methodologisch praktiziert wurden und die in den genannten Zusammenhängen eine Rolle spielen.

Copernicus leistete einen wesentlichen Beitrag zur Lehre von der materiellen Einheit der Welt, wie sie der dialektische Materialismus auffaßt. Dieser Beitrag erschöpft sich nicht in der Überwindung der aristotelischen Kluft zwischen Himmel und Erde. Darüber hinaus praktizierte er insofern einen naturwissenschaftlichen Materialismus, als er weitgehend, allerdings eingeschränkt durch seinen Glauben an Gott als den Schöpfer und Gesetzgeber der Welt, den Grundsatz der Erklärung der Natur aus sich selbst anwendete. Angesichts der bis dahin herrschenden theologisch-scholastischen Naturerklärung war dies ein Schritt von gar nicht zu überschätzender Bedeutung. Seine Abkehr von dieser beschränkte sich nicht auf die zu seiner Zeit herrschenden Auffassungen, die auch auf idealistischer Grundlage – wie die Entwicklungsgeschichte des idealistischen Denkens bis in die Gegenwart zeigt – verfeinert und korrigiert werden konnten, sondern er überwindet grundsätzlich alle mystischen und irrationalistischen Erklärungsversuche in der Naturforschung.

Die Emanzipation der Naturwissenschaft von der Theologie geht über die unmittelbaren Folgen der Begründung der heliozentrischen Lehre und der unvermeidlich damit zusammenhängenden Auseinandersetzung mit den theologischen Dogmen hinaus, die das geozentrische Weltbild nicht nur in die mittelalterlich-scholastische Weltanschauung integriert, sondern es zu einem ihrer tragenden Pfeiler gemacht hatten. Wäre das nicht so, so hätte Copernicus, wenn er im übrigen ein Anhänger der theologischen Weltanschauung geblieben wäre, die weltanschaulichen Aspekte seiner Lehre – was historisch durchaus verständlich gewesen wäre – subjektiv in vielen Zügen mit der alten Weltanschauung versöhnen können, z. B. hätte er die Himmelssphären nach wie vor durch eine Hierarchie von Engelscharen bewegen lassen können usw.

Die Tatsache, daß er sich nicht auf die unmittelbaren und unvermeidlichen weltanschaulichen und methodologischen Konsequenzen beschränkte, die mit dem Übergang zum heliozentrischen Weltbild zusammenhingen, sondern daß er darüber hinaus, ausgehend von der von ihm erkannten Falschheit eines wesentlichen Elements der theologischen Naturerklärung auf die der letzteren überhaupt schloß und eine umfassende und tiefgreifende Enttheologisierung der Naturforschung überhaupt einleitete, diese Tatsache bedarf der gesonderten Beachtung und Anerkennung.

Zu der von den antiken Materialisten spekulativ vertretenen Auffassung von der materiellen Einheit der Welt hat Copernicus, was mit der Feststellung von Engels übereinstimmt, daß diese bewiesen sei „durch eine lange und langwierige Entwicklung der Philosophie und Naturwissenschaft“[69], das erste Glied in der Reihe der einzelwissenschaftlichen Beweise geliefert. In der Vielzahl dieser Beweise war der von Copernicus der entscheidende, weil er gezeigt hat, daß es nicht zwei Welten gibt. Copernicus hat gezeigt, daß die als von der Natur grundsätzlich wesensverschieden postulierte und ihr als Reich des Vollkommenen und Unvergänglichen entgegengesetzte Region des Himmels nicht existiert, sondern daß es ein einheitliches, natürliches Weltall gibt. Seine Lehre beschränkte sich zwar noch im wesentlichen auf die kinematische Einheit, schloß aber zugleich den Gedanken von einheitlichen, für das gesamte Weltall gültigen Gesetzen ein und war damit in dieser Hinsicht die direkte Vorstufe für die Erkenntnis auch der dynamischen Einheit der Welt durch Newton. Diese Reihe der Beweise wird fortgesetzt vor allem durch die Entdeckungen von Wöhler (Harnstoffsynthese), Meyer u. a. (Erhaltung und Umwandlung der Energie), Darwin (Abstammungslehre), Kirchhoff und Bunsen (Spektralanalyse). Sie fand ihren Höhepunkt als philosophische Verallgemeinerung in der Ausarbeitung des dialektischen und historischen Materialismus als Theorie und Methode zur Erkenntnis und Anwendung der allgemeinsten Entwicklungs- und Bewegungsgesetze in der Natur, der Gesellschaft und im menschlichen Denken durch Marx, Engels und Lenin.

An die Stelle der geistigen Wesenheiten, die – wie gezeigt – im mittelalterlichen geozentrischen Weltbild als Träger und Ursache der Bewegung im Weltall angenommen worden waren, tritt bei Copernicus das Naturgesetz (certa lege, canonica motuum ratio – Buch I, Kap. IV und X). Rheticus spricht im Zusammenhang mit der Schilderung der Arbeitsmethode des Copernicus direkt vom „astronomischen Naturgesetz".[70] Als interessant wollen wir hier noch vermerken, daß Copernicus den Begriff „Weltmaschine" (machina mundi) verwendet (Widmung an Paul III.), wobei sprachgeschichtlich zu untersuchen wäre, ob dieser Terminus damals bereits öfter verwendet wurde oder ob er eine originäre Neuprägung von Copernicus im Sinne einer mechanistischen Naturauffassung ist.

Das geozentrische Weltbild hatte eo ipso anthropozentrischen und damit teleologischen Charakter. Copernicus läßt sich im wesentlichen nicht von teleologischen Prinzipien leiten, sondern vom Gedanken der Naturgesetzlichkeit und damit impliziert vom kausalen Denken, oder präziser: sein Werk bedarf keiner Zweckvorstellungen, es ist nicht mit Teleologie, sondern mit Naturkausalität vereinbar.

Die vorausgesetzte Ordnung der Welt wird nun allerdings bei ihm nicht aus der Natur selbst erklärt, sondern sie ist gegeben „von dem größten und nach genauesten Gesetzen (optimo et regularissimo) zu Werke gehenden Meister". Dies ist eine Vorwegnahme deistischer Anschauungen, was im Vergleich zur bisherigen uneingeschränkten theistischen Auffassung von der Natur ein großer Fortschritt ist.

Die heliozentrische Grundannahme war vor Copernicus eine spekulative Annahme, bestenfalls eine wissenschaftliche Vermutung (z. B. bei Cusanus). Bei Copernicus wird sie zur wissenschaftlichen Hypothese, als Ausgangspunkt zur Ausarbeitung und Begründung einer neuen Theorie. Damit war Copernicus der erste, der von der Hypothese im Sinne der modernen Naturwissenschaft Gebrauch machte.

Wir finden bei Copernicus eine Anzahl von beachtlichen Ansätzen zu einer materialistisch orientierten Methodologie der Naturforschung, die zum Teil spontane dialektische Züge besitzen. Außer den dialektischen Ansätzen von Zusammenhang, Symmetrie, Ordnung, Gesetzmäßigkeit und Einfachheit der Natur gibt es in Detailfragen bei Copernicus unmetaphysische und sozusagen in erster Näherung dialektische Auffassungen.

In erkenntnistheoretischer Beziehung ist es zunächst seine Überzeugung von der Erkennbarkeit der Welt, die spontan-dialektische Züge trägt. Wenn Ptolemäus, der sehr wohl um die Unsicherheiten und Widersprüche seines Systems wußte, die enormen Schwierigkeiten der Erkenntnis der Gestirnbewegungen an einer Stelle des „Almagest“ damit erklären und die Mängel seines Systems damit entschuldigen wollte, daß die Bewegungen der Himmelssphären letztlich das Vermögen des menschlichen Verstandes übersteigen und nur Gott erkennbar seien, so ist für die langwierige und mühevolle Arbeit des Copernicus ein uneingeschränkter Erkenntnisoptimismus als Voraussetzung erkennbar. Seine Lobpreisung der Astronomie, mit der Buch I von „De revolutionibus“ beginnt, ist davon durchdrungen.

Im unmittelbaren Zusammenhang damit steht seine weltanschauliche Überzeugung vom objektiven Charakter der Welt. Die Suche nach der „Gestalt der Welt“ und nach der „tatsächlichen Symmetrie ihrer Teile“ (Widmung an Papst Paul III.) bezeichnet er als die Hauptsache für die astronomische Forschung.

Seine grundlegende Annahme, daß die Erde nicht in absoluter Unbeweglichkeit im Mittelpunkt der Welt verharre, sondern in Bewegung sei, hängt erkenntnistheoretisch unmittelbar und in erster Linie mit der Trennung von Wesen und Erscheinung, mit der Erkenntnis der möglichen Täuschung durch den Sinnenschein zusammen. Die copernicanische These von der bewegten Erde schien manchen Gelehrten auch noch in späterer Zeit angesichts der sinnlichen Erfahrung so absurd, daß man von ihr als vom „copernicanischen Paradoxon“ sprach.

Der Gedanke von der Relativität der Bewegung ist zwar keine originäre Entdeckung von Copernicus (er findet sich bereits in der „Optik“ des Euklid)[71], tritt aber bei Copernicus nicht nur erstmalig innerhalb der physikalisch-astronomischen Erkenntnis in Funktion, sondern ist darüber hinaus (zumindest systematisch gesehen) eine notwendige Voraussetzung und ein methodologisches Prinzip der heliozentrischen Theorie und zweitens in seinen Konsequenzen in der historischen Entwicklung der physikalischen Erkenntnis überhaupt. Copernicus bleibt hier nicht stehen bei der phänomenologischen kinematischen Relativität der Bewegung, d. h. bei der Gleichberechtigung dieser beiden Möglichkeiten, die scheinbare Bewegung zu erklären, was ein Zugeständnis an den Agnostizismus wäre und sein heliozentrisches System wirklich nur zu einem bequemeren Rechenschema, d. h. zur Hypothese im Sinne des Osianderschen Vorwortes machen würde, sondern er entscheidet sich uneingeschränkt für die Auswahl eines Bezugssystems, das nach seiner Auffassung Ausdruck des objektiv realen Sachverhalts ist.

Außer der Erkenntnis von der Relativität der Bewegung gehören zu den spezielleren, unmittelbar in seinem Werk angewandten methodologischen Prinzipien vor allem der Grundsatz, „die Erscheinungen zu retten“, d. h. Übereinstimmung zwischen den Beobachtungen und der Theorie zu fordern und besonders die bereits genannte Erklärung der Gestirnumläufe aus einem einheitlichen Prinzip. Rheticus schreibt in dem Kapitel „Die hauptsächlichsten Gründe, warum man die Hypothesen der alten Astronomen aufgeben muß“:

„Am meisten hat sechstens und letztens den H. Doctor, meinen Lehrer, die Überlegung bewogen, daß er den Grund aller Unsicherheit in der Astronomie darin sah, daß die Meister dieser Wissenschaft (was ich mit Erlaubnis des göttlichen Ptolemäus, des Vaters der Astronomie, sagen möchte) ihre Theorien und Berechnungen zur Verbesserung der Bewegung der himmlischen Körper *zu wenig streng nach jenem Grundsatz gerichtet haben, welcher einschärft, daß die Anordnung und die Bewegunen der himmlischen Kreisbahnen auf einem ganz ohne Einschränkung geltenden System beruhen müssen* ...“[72]

Die Forderung nach Zusammenhang und Einheit, die sich hier in der Suche nach einem einheitlichen System äußert, ist eine wesentlich dialektische Forderung. Damit ist der – nach Rheticus – entscheidende Impuls für die Ausarbeitung der copernicanischen Lehre ein spontan dialektischer. Er entspricht der dialektischen These vom allgemeinen Zusammenhang, von gesetzmäßiger Ordnung und von der Einheit der Welt.

Strenggenommen war das alte, geozentrische System gar kein System, da es sich mit jedem Planeten gesondert befaßte. Mario Bunge führt den Systemcharakter der copernicanischen Lehre an erster Stelle gegen die konventionalistische Auffassung von der Äquivalenz beider astronomischer Weltbilder ins Feld.[73] Auf die angeblich aus der allgemeinen Relativitätstheorie folgende Äquivalenz beider Lehren können wir hier nicht näher eingehen. Wir verweisen auf eine grundlegende Darstellung des sowjetischen Physikers V. A. Fok.[74]

Ein weiterer methodologischer Grundsatz, auf den sich Copernicus stützt, ist das Prinzip der Einfachheit, das unmittelbar mit seiner Zielstellung zusammenhängt, die Ordnung, Symmetrie und Harmonie des Kosmos zu erkennen. Die Anfänge dieses Prinzips gehen auf Platon und Pythagoras zurück. Copernicus gibt in Kapitel X von Buch I eine allgemeine Begründung seines Systems (gegenüber dem geozentrischen) unter Berufung auf dieses Prinzip: „Ich halte das für leichter begreiflich, als wenn der Geist durch eine fast unendliche Menge von Kreisen zersplittert wird, was die zu tun gezwungen waren, die die Erde in der Mitte der Welt festgehalten haben. Man muß vielmehr dem Scharfsinn der Natur folgen, die ... sich sehr in acht nahm, etwas Überflüssiges oder Unnützes hervorzubringen.“

Auch der bisher geltende Wahrheitsbegriff, bestimmt als Übereinstimmung der menschlichen Aussagen mit den theologischen Dogmen bzw. mit der Offenbarung, d. h. dem Wort der Bibel, wurde durch Copernicus faktisch in der Weise radikal verändert, daß er die Übereinstimmung der menschlichen Erkenntnis mit den objektiven Sachverhalten als Ziel der Wissenschaft betrachtete. Neben dieser Anerkennung der objektiven Wahrheit sah er ihren historisch bedingten, prozeßhaften Charakter, d. h. das Fortschreiten von der ungenaueren Erkenntnis „mit der Zeit ... zu einer vollkommenen Wissenschaft“ (Vorrede zu Buch I). Die Beobachtung, als eine Form der wissenschaftlichen Praxis, war ihm letztlich das entscheidende Wahrheitskriterium, obwohl er – was psychologisch verständlich ist – bisweilen Beobachtungsergebnisse seiner Theorie anzupassen versuchte, vor allem wohl deshalb, weil er um die mögliche Fehlerhaftigkeit der mit den damaligen einfachen Beobachtungsinstrumenten erzielten Daten wußte.[75]

Copernicus hat auch wesentliche Voraussetzungen dafür geschaffen, daß die atomistischen Lehren von Demokrit und Epikur wiederbelebt wurden, deren materialistischer Grundsatz darin besteht, auf der Basis des vorhandenen Wissens die Welt aus sich selbst zu erklären. Einmal war die Vereinbarkeit seiner auf Gesetzmäßigkeit und Kausalität in der Natur beruhende Lehre mit der Atomistik deutlich sichtbar, zum anderen beruht die so erfolgreiche Untersuchung der mechanischen Bewegung durch Galilei auf copernicanischen Grundsätzen. Die Galileische Bewegungslehre war unmittelbar Ausgang und Stimulus für die Wiedergeburt der Atomistik. Es ist sicher kein Zufall, daß der als Erneurer der Atomistik geltende Gassendi auch einer der ersten ist, die sich eingehend mit dem Werk und der Persönlichkeit des Nicolaus Copernicus beschäftigten. Gassendi ist der erste Copernicus-Biograph.[76]

Eine unmittelbare Folgerung aus dem copernicanischen System war die Aufhebung der engen Grenzen des Weltalls. Ptolemäus hatte den Abstand der Erde von der Fixsternsphäre mit 20 000 Erdhalbmessern angegeben. Besonders im Hinblick darauf, daß (mit den damaligen Mitteln) eine Fixsternparallaxe nicht beobachtbar war, trug Copernicus keinerlei Bedenken, die Grenzen der physikalischen Welt so weit hinauszuschieben, daß hier faktisch das Unendliche mit ins Spiel kam.

Die generell in der Copernicus-Literatur zu findende Darstellung, daß der heliozentrische Kosmos des Copernicus endlich und begrenzt sei, trifft zwar zu, da sein Weltall mit der Fixsternspäre endet und durch diese abgeschlossen ist, sie bedarf jedoch der Ergänzung und Präzisierung.

Copernicus hat sich nicht für die Auffassung von der Endlichkeit der Welt ausgesprochen. Es ist bezeichnend für seine Denkart und zugleich für seine Zeitsituation, daß er dieses Problem in letzter Instanz offenläßt: „Ob nun also die Welt endlich oder unendlich ist, wollen wir dem Streit der Naturphilosophen überlassen ..."[77]

Dazu sind folgende Gesichtspunkte wichtig: Erstens hatte er allen Grund, seiner „ketzerischen" Lehre von der Zentralstellung der Sonne nicht noch eine zweite große Ketzerei, die der spekulativen Annahme eines unendlichen Weltalls, hinzuzufügen, die mathematisch unbeweisbar war, wobei ihm auch „geistreiche und gelehrte Mathematiker"[78], auf deren Verständnis für seine Lehre er sicher rechnete, durchaus nicht hätten beipflichten müssen und wodurch er seine Lehre unnötigerweise anfechtbar gemacht hätte. Seine Gegner hätten dabei nur allzu leicht im Sinne von „pars pro toto" argumentieren können. Zweitens legte Copernicus im Zusammenhang damit größten Wert auf optimale Beweisbarkeit bzw. Plausibilität (bei der Argumentation gegen die aristotelische Physik und Astronomie) seiner Thesen. Für ihn war dieses Problem damals nicht entscheidbar.

Tycho Brahe lehnte das copernicanische System nicht zuletzt auch deshalb ab, weil ihm bereits die große Erweiterung des Weltalls bei Copernicus gegenüber Ptolemäus (etwa um das 2000-fache) aus religiösen Gründen bedenklich schien.

Copernicus hat faktisch die Lehre von den Sphären akzeptiert, wobei er jedoch das Problem außer Betracht läßt, ob sie imaginär oder real seien.[79] Er verwendet dafür die Termini „sphaera", „orbis" und sogar „circulus"; bisweilen betrachtet er sie als dreidimensionale Körper, häufiger jedoch als zweidimensionale Kreise. Die weit verbreitete Auffassung, daß Copernicus die alte Vorstellung von den Himmelssphären in völlig konservativer Weise unverändert übernommen habe, ist deshalb nicht zutreffend.

Die Leistung des Copernicus darf ganz und gar nicht so verstanden werden, als hätte es nur des Entschlusses zur mathematischen Bewältigung einer schwierigen astronomischen Aufgabe bedurft, die im Prinzip jeder Mathematiker hätte leisten können.

Wenn allein schon die damals fast aussichtslos erscheinende Konfrontation mit dem „gesunden Menschenverstand“, d. h. mit den Auffassungen des Sinnenscheins, und mit der dogmatisierten aristotelischen Physik ein Alleingang gegen das allgemeine Bewußtsein der Epoche war – und Copernicus war sich dessen wohl bewußt, auch er fürchtete das Geschrei der Böotier –, so war, zumal für einen Angehörigen des hohen Klerus, die offene Stellungnahme gegen das astronomische Weltbild der Bibel eine unerhörte Herausforderung. „Ketzerei, interpretiert als Abweichung von den festgesetzten Lehren, gewöhnlich in Detailfragen, war ein abscheuliches Verbrechen ... die Bibel wurde als den Buchstaben nach für wahr angesehen. Folglich, wo Textstellen astronomischer oder kosmologischer Art gefunden wurden, nahm man sie für richtige, wahre Aussagen.“[80]

Von diesem Standpunkt, dem Standpunkt des orthodoxen Christentums – und hierin war der Protestantismus orthodoxer als der Katholizismus, weil er die von ihm erschütterte Autorität des Papstes durch die Autorität der Bibel ersetzte – war die Copernicanische Lehre natürlich eine solche Ketzerei. Bereits bevor das Hauptwerk von Copernicus erschien, hatten Luther und Melanchthon sich unter Berufung auf die Bibel scharf gegen seine Lehre gewandt.[81]

Es ist bisher in der Philosophiegeschichtsschreibung kaum explizit beachtet worden, daß Copernicus der erste war, der den alten mittelalterlichen Streit zwischen Glauben und Wissen, welcher in der Periode der Patristik und der Scholastik im Mittelpunkt des Interesses stand, grundlegend und definitiv entschieden hat, und zwar durch die unwiderlegliche Entdeckung einer objektiven Wahrheit, die im Widerspuch zur Bibel stand.

Copernicus hat damit faktisch mit der Konsequenz seiner Lehre die Theologie zu einer neuen Exegese gezwungen. Er hat dadurch ein wesentliches Moment der Aufklärung, die Frage nach der historischen Wahrheit der Bibel und ihrer wörtlichen Auslegung, vorweggenommen. Damit ist Copernicus objektiv ein bedeutendes Glied in der Reihe der materialistischen Kritiker der Bibel als einer Quelle des Wissens durch Offenbarung.

Der Kirche in Dingen der Natur „den Fehdehandschuh“ (Engels) hinzuwerfen, bedeutete nicht nur die Befreiung der Naturwissenschaft von der Theologie, sondern angesichts der von der letzteren vorgenommenen engen Verbindung oder besser Einbeziehung auch der Naturwissenschaft als Magd in die Theologie einen folgenschweren Eingriff in das bisherige Wesen der Theologie selbst. Es bedeutete darüber hinaus, in Opposition zu den herrschenden Klassenkräften zu treten und ihre als ewig propagierte Ordnung als historisch vergänglich hinzustellen.

Diese Linie wurde folgerichtig weiterentwickelt von Kant, der als Naturwissenschaftler und Philosoph über die im wesentlichen statisch aufgefaßte materielle Einheit der Welt hinausging und die Anschauung von der Entwicklung im Kosmos darlegte.

Die damals progressivste Entscheidung des Verhältnisses von Glauben und Wissen innerhalb der katholischen Theologie kam in der Lehre von der „doppelten Wahrheit“ zum Ausdruck. Für Copernicus nun gibt es keine doppelte Wahrheit mehr. Nach seinen eigenen Worten habe Gott der Natur Gesetzmäßigkeit und Ordnung, Harmonie und Einfachheit verliehen. Damit nimmt Copernicus wesentliche Züge des Deismus vorweg. Mehr noch: seine Auffassung vom Verhältnis Natur und Religion trägt wesentliche Züge des Nomotheismus, jener progressivsten Auffassung dieses Verhältnisses innerhalb der Religion, die Gott mit der Naturgesetzlichkeit identifiziert.

Der Deismus und besonders der Nomotheismus sind erhebliche Abweichungen von der vor allem von der katholischen Kirche (mit der es Copernicus maßgeblich zu tun hatte) geforderten Vorstellungen von Gott als eines persönlichen Wesens. „Jedes Abweichen von diesem ... (persönlichen – H. M.) Gottesbild bedeutet Versagen ... Noch weiter irren jene ab, die in Gott nur ein abstraktes Weltgesetz ... oder den Inbegriff aller Gesetze (Nomotheismus) ... sehen.“[82]

Dabei ist es hier weitgehend belanglos, inwieweit Copernicus in seiner persönlichen und vor allem offiziellen Sphäre der konventionellen Gottesvorstellung huldigte. Für die Entwicklung der Wissenschaft ist vielmehr die Tatsache wesentlich, daß in seinem Werk, auf das es hier maßgeblich ankommt, Gott – außer in seiner Rolle als Schöpfer und Gesetzgeber der Welt – keinerlei Lückenbüßerfunktion für wissenschaftlich noch ungeklärte Sachverhalte zugedacht ist, so daß sich hier die Ähnlichkeit mit der Einstellung von Laplace anbietet, der auf die ihm von Napoleon gestellte Frage, wo denn in seiner kosmogonischen Theorie Platz für Gott sei, die bekannte Antwort gab: „Diese Hypothese habe ich nicht nötig, Sire.“ Gleich diesem gibt es bei Copernicus keine theologischen Argumente, die in wissenschaftlicher Hinsicht etwas begründen oder erklären sollen. „Wir können es uns heute nur noch schwer vorstellen“, schreibt A. Kauffeldt, „welch einen Bruch mit dem Althergebrachten dieses Vorgehen von Kopernikus bedeutet hat. Wir sind es gewohnt und finden es selbstverständlich, daß man die Natur durch ein Experiment oder durch Beobachtungen befragt ... Unter dem beherrschenden Einfluß der Theologie galt die These, daß die Wahrheit bereits offenbart sei ... Die Wahrheit zu suchen bedeutete, den Sinn des offenbarten Wortes zu erfassen. Sie in der Natur, der Schöpfung Gottes, suchen zu wollen, galt als Vermessenheit ...“[83]

Um als Zeitgenosse des 20. Jh. den tiefgehenden Eingriff des Copernicus in die Weltanschauung angemessen und der damaligen tatsächlichen historischen Situation entsprechend begreifen zu können und nicht nur – vom heutigen Standpunkt des gewohnten wissenschaftlichen Weltbildes – nüchtern als eine neue Etappe in der Entwicklung der menschlichen Erkenntnis zu betrachten, ist es notwendig, über die derzeitigen wissenschaftlichen Meinungen hinaus das Lebens- und Existenzgefühl des Menschen jener Zeit wenigstens in einigen Zügen zu skizzieren.

Der Glaube an Himmel und Hölle, an ewige Seligkeit oder ewige Verdammnis war offensichtlich eine wesentliche existentielle Komponente im Lebensgefühl des mittelalterlichen Menschen. Es gab nicht nur die Illusion der Sicherheit und der Geborgenheit in Gottes Hand, nicht nur „eine Welt der Unschuld, Dichtkunst und Frömmigkeit ... die Überzeugung eines poetisch-religiösen Glaubens“, die durch die Anerkennung der Lehre des Copernicus aufging, „in Dunst und Rauch“ (Goethe)[84], sondern auch die – von sehr bildhaften und sehr detaillierten Vorstellungen ausgehende – tiefverwurzelte Furcht vor den entsetzlichen Qualen des ewigen Fegefeuers und der Hölle. Angesichts dieser Furcht vor dem Zorn Gottes mußten für den religiösen Menschen jener Zeit die weltanschaulichen Konsequenzen der copernicanischen Lehre geradezu blasphemisch erscheinen.

Wenn Goethe an gleicher Stelle schreibt, daß „unter allen Entdeckungen und Überzeugungen ... nichts eine größere Wirkung auf den menschlichen Geist hervorgebracht" habe als die Lehre des Copernicus und damit die geschilderten unmittelbaren Folgen des Verzichts auf die Mittelpunktstellung der Erde im Weltall vor allem auf das menschliche Daseinsgefühl meinte, so kann man dem hinzufügen, daß die immanenten erkenntnistheoretischen und methodologischen Voraussetzungen und Grundsätze der Lehre des Copernicus in ihrer zukunftsträchtigen Wirkung auf den menschlichen Geist eine vielleicht noch größere Wirkung hervorgebracht haben. Die nahezu unübersehbaren Konsequenzen reichen in viele Aspekte der modernen Wissenschaft – nicht nur der Naturwissenschaft – hinein, bzw. stellen ihre ersten Anfänge dar.

Zugleich unbewußte Voraussetzung und Konsequenz der Geisteshaltung des Copernicus war eine gänzlich neue Auffassung von der *Geschichtlichkeit der menschlichen Gesellschaft*. H. Blumenberg hat darauf hingewiesen, daß das sog. Mittelalter sich keineswegs als eine „mittlere" Epoche begriffen habe.[85] Die Überzeugung von der Eschatologie war allgemein. Selbst ein Cusanus hatte, analog zum Leben Jesu, eine „Passionszeit" der menschlichen Geschichte bis 1734 kalkuliert, mit nachfolgender Apokalypse. Das Mittelalter verstand sich ganz und gar nicht als die Vorstufe einer „Neuzeit"; es verstand sich als die höchste Epoche vor dem Ende der Welt.

Die Geisteshaltung des Copernicus wäre nun völlig unbegreiflich aus einer solchen Einstellung heraus. Copernicus hat sich als einen Beginner verstanden, im Sinne der exakten Grundlegung einer ausbaufähigen und der Weiterentwicklung bedürftigen neuen Wissenschaftsauffassung.

Das Bewußtsein, am Beginn einer neuen Epoche der Wissenschaft zu stehen, das ein Grundzug der Geisteshaltung des Copernicus war, ist nur erklärbar aus dem Beginn einer neuen Epoche des gesellschaftlichen Seins, der Epoche des Übergangs zur kapitalistischen Produktionsweise.

So hat Copernicus, für den die Natur (im Sinne der damaligen metaphysischen Gesamtauffassung von der Natur) noch etwas Erschaffenes und Unveränderliches war, in einem von seinem unmittelbaren Schaffen abgelegenen Gebiet, dem der Geschichte der menschlichen Gesellschaft, spontan den Gedanken des historischen Fortschritts vorweggenommen.

Das prinzipiell neue Verhältnis des Menschen zur Welt, als einer Konsequenz des Werkes von Copernicus, ist am umfassendsten damit zu charakterisieren, daß die Macht des menschlichen Intellekts (gegenüber der mittelalterlichen Ohnmacht des Menschengeistes) in ihren Anfängen sichtbar wurde, d. h. der Mensch wurde sich seiner Fähigkeit bewußt, die Welt in ihrer objektiven Beschaffenheit zu erkennen und zu verändern.

Die materialistische Betrachtungsweise der Natur hat auch dazu geführt, daß die prinzipielle Wahrheit der Thesen der Theologie zum erstenmal zum Gegenstand von Diskussionen gemacht wurden und an den entstehenden Maßstäben der wissenschaft-

lichen Forschung gemessen wurden. Die wissenschaftliche Praxis wurde von da ab zu einem Prüfstein für die Sätze der Theologie.
Das von der Theologie dogmatisierte Verhältnis des Menschen zu Gott wurde von nun an zu einem der intensiven Untersuchung bedürftigen Problem. Der Mensch hatte sich im Zuge der neuen Weltauffassung mit einer neuen, einheitlichen, materiellen Welt auseinanderzusetzen, an deren Gestaltung er maßgeblich verantwortlich und aktiv teilhat und in der er nicht dem Walten höherer Mächte bedingungslos preisgegeben ist.

Angesichts der gewaltigen revolutionierenden und epochemachenden Konsequenzen der Lehre des Nicolaus Copernicus nicht nur für die Naturwissenschaft, sondern darüber hinaus für die gesamte Weltanschauung, ergibt sich die Schlußfolgerung, daß wir hier die von der Seite der Naturwissenschaft herkommende wohl am tiefsten greifende und folgenschwerste Wende im menschlichen Bewußtsein vor uns haben, die die Grundlage für allen weiteren Fortschritt der Erkenntnis bis hin zur Wissenschaft von heute ist.

Anmerkungen

1 Siehe Hugh Kearney, und es entstand ein neues Weltbild, München 1971, 98.
2 Nicolaus Copernicus, Über die Kreisbewegungen der Weltkörper, Erstes Buch, hrsg. und eingeleitet von G. Klaus, Berlin 1959, 9.
3 Vgl. Marx-Engels Werke Bd. 20, 456–457, und J. D. Bernal, Die Wissenschaft in der Geschichte, Berlin 1961, 238–249, 344.
4 J. D. Bernal, Die Wissenschaft in der Geschichte, 262.
5 Marx-Engels Werke Bd. 19, Berlin 1962, 533.
6 Siehe W. F. Semjonow, Geschichte des Mittelalters, Berlin 1952, 245, 397.
7 Siehe L. A. Birkenmajer, Stromata Copernicana, Kraków 1924, 78.
8 Siehe M. Markowski, Burydanizm w polsce w okresie przedcopernicanskim, Studia Copernicana, Bd. 2, Wroclaw 1971, 251.
9 Siehe E. Rybka, The Influence of the Cracow Intellectual Climate at the end of the Fifreenth Century upon the Origin of the Heliocentric System, Vistas in Astronomy 9, 1967, 165.
10 M. Markowski, Burydanizm w polsce (wie Anm. 8), 246.
11 E. Rybka, The Influence (wie Anm. 9), 166.
12 K. Lepszy (ed.), Dzieje Universytetu Jagiellońskiego w latach 1364–1764, Kraków 1964, 204.
13 M. Boas, Die Renaissance der Naturwissenschaften 1450–1630, Gütersloh 1965, 78.
14 Siehe L. Prowe, Nicolaus Coppernicus, Berlin 1883, Bd. 1, T. 1, 148.
15 Siehe E. Rybka, Four Hundred Years of the Copernican Heritage, Cracow 1964, 67.
16 F. Schmeidler, Nikolaus Kopernikus, Stuttgart 1970, 65.
17 Siehe M. Markowski, Burydanizm w polsce (wie Anm. 8), 244–257.
18 Vgl. Mitteilungen des Coppernicus-Vereins zu Thorn 2, 1880, 2.
19 Mitteilungen (wie Anm. 18) 3, 1881, 31.
20 Mitteilungen (wie Anm. 18) 3, 1881, 32 .
21 Mitteilungen (wie Anm. 18) 3, 1881, 33.
22 A. Birkenmajer, Marco da Benevento und die angebliche Nominalistenakademie zu Bologna (1494–1498), Studia Copernicana, Bd. 1, Wroclaw 1970, 612.

[23] Vgl. A. Birkenmajer, Comment Copernic a-t-il conçu et réalisé son oeuvre? Organon (Warzawa) 1, 1936, 11–134; zitiert nach J. R. Ravetz, Astronomy and Cosmology in the Achievement of Nicolaus Copernicus, Wrocław 1965, 66.

[24] Siehe E. Zinner, Entstehung und Ausbreitung der coppernicanischen Lehre, Sitzungsberichte der physikalisch-medizinischen Sozietät zu Erlangen, Erlangen 1943, 163.

[25] Siehe F. Schmeidler, Nikolaus Kopernikus (wie Anm. 16), Stuttgart 1970, 86.

[26] Siehe A. D. White, Geschichte der Fehde zwischen Wissenschaft und Theologie in der Christenheit, Bd. 1, Leipzig (1911), 109–111.

[27] G. Klaus, Einleitung zu: Nicolaus Copernicus, Über die Kreisbewegungen (wie Anm. 2), XLVII.

[28] A. D. White, Geschichte der Fehde (wie Anm. 26), 26.

[29] H. Kesten, Copernicus und seine Welt, Wien 1953, 15.

[30] Vgl. H. Beyle – Stendhal, Aus der Jugend Papst Paul III., Italienische Novellen und Chroniken, Berlin o. J., Propyläen-Verlag, 493–501 und Anm. 656–658.

[31] Siehe E. Zinner, Entstehung und Ausbreitung der coppernicanischen Lehre (wie Anm. 24), 172–173.

[32] Siehe L. Kühle, Nikolaus Kopernikus, Künder eines neuen Weltbildes, Berlin 1943, 158.

[33] F. v. Oppeln-Bronikowsky, Abenteurer am Preußischen Hofe 1700–1800, Berlin-Leipzig 1927, 93.

[34] A. Einstein – L. Infeld, Die Evolution der Physik, Hamburg 1968, 11.

[35] H. Kienle, Vom Wesen astronomischer Forschung, Berlin 1948, 191.

[36] Vgl. Geschichte der Philosophie, Bd. 1, Berlin 1960, 102.

[37] K. Lasswitz, Geschichte der Atomistik, Bd. 1, Hamburg-Leipzig 1890, 321.

[38] A. v. Humboldt, Kosmos, Entwurf einer physischen Weltbeschreibung, 2. Bd., Stuttgart-Augsburg 1847, 374–348.

[39] Nicolaus Copernicus, Über die Kreisbewegungen (wie Anm. 2), 137–138.

[40] Nicolaus Copernicus, Über die Kreisbewegungen (wie Anm. 2), 61.

[41] Siehe A. Maier, An der Grenze von Scholastik und Naturwissenschaft, Roma 1952, 173.

[42] Z. B. Theories of the Universe, ed. Milton K. Munitz, Glencoe 1957, 142.

[43] Vgl. E. J. Dijksterhuis, Die Mechanisierung des Weltbildes, Berlin 1956, 73, 236.

[44] H. Blumenberg, Kopernikus im Selbstverständnis der Neuzeit, Akademie der Wissenschaften und Literatur, Abhandlungen der geistes- und sozialwissenschaftlichen Klasse, Jg. 1964, Nr. 5, 341.

[45] H. Blumenberg, Kopernikus im Selbstverständnis der Neuzeit (wie Anm. 44), 341.

[46] W. I. Lenin, Werke, 38, Berlin 1964, 213.

[47] D. J. de S. Price, Contra-Copernicus: A critical re-estimation of the mathematical planetary theory of Ptolemy, Copernicus and Kepler, Critical Problems in the History of Science, ed. M. Clagett, Madison 1959, 197–218.

[48] H. Rombach, Substanz, System, Struktur, Bd. 1, Freiburg–München 1965, 248.

[49] Nicolaus Copernicus, Über die Kreisbewegungen (wie Anm. 2), 53.

[50] Vgl. E. Zinner, Entstehung und Ausbreitung der coppernicanischen Lehre (wie Anm. 24), 217–218.

[51] Bibliografia Kopernikowska 1509–1955, ed. H. Baranowski, Warszawa 1958.

[52] J. R. Ravetz, Traditional and Innovatory Elements in the Cosmology of Nicolaus Copernicus, Organon (Warszawa) 1965, 52.

[53] A. Armitage, Nicolaus Copernicus the Founder of modern Astronomy, New York–London 1957, 92.

[54] H. Blumenberg, Kopernikus im Selbstverständnis der Neuzeit (wie Anm. 44), 342.

[55] E. F. Apelt, Die Reformation der Sternkunde, Jena 1852, 154.

[56] O. Gingerich, Applications of High-speed Computers to the History of Astronomy, Vistas in Astronomy 9, 1967, 229–236.

[57] Tycho Brahe's Description of his Instruments and Scientific Work, Kopenhagen 1946, 107.

[58] Lambert and Brittan, An Introduction to the Philosophy of Science, New York 1970, 90.

[59] E. Mach, Die Mechanik in ihrer Entwicklung, Leipzig 1921, 223.

[60] H. Butterfield, The Origins of modern Science 1300–1800, London 1951, 23, 30.

[61] E. J. Dijksterhuis, Die Mechanisierung des Weltbildes (wie Anm. 43), 320.

[62] Th. S. Kuhn, The copernican Revolution, Cambridge 1957, 153, 154.

[63] Kuhn, The copernican Revolution (wie Anm. 62), 163.

[64] Kuhn, The copernican Revolution (wie Anm. 62), 136.

[65] G. J. Rheticus, Erster Bericht über die 6 Bücher des Kopernikus von den Kreisbewegungen der der Himmelsbahnen, München–Berlin 1943, 107, 82–83.

[66] Siehe F. Schmeidler, Nikolaus Kopernikus (wie Anm. 16), 38.

[67] P. Duhem, Études sur Léonard de Vinci, III, 350.

[68] F. Überwegs Grundriß der Geschichte der Philosophie, T. 2, Darmstadt 1958, 600.

[69] Marx–Engels Werke Bd. 20, Berlin 1962, 41.

[70] G. J. Rhetikus, Erster Bericht (wie Anm. 65), 82.

[71] Vgl. A. Birkenmajer, Anmerkungen zu: Nicolaus Copernicus Über die Kreisbewegungen (wie Anm. 2), 112, 118.

[72] G. J. Rhetikus, Erster Bericht (wie Anm. 65), 57.

[73] M. Bunge, Scientific Research, Bd. 2, Berlin 1967, 348.

[74] V. A. Fok, Sistema Kopernika i sistema Ptolemeja v svete obščej teorij otnosit'elnosti, Nikolaj Kopernik, Moskau–Leningrad 1947, 180–186.

[75] Siehe E. Zinner, Astronomie, Geschichte ihrer Probleme, Freiburg–München 1951, 103.

[76] P. Gassendi, Tychonis Brahei equitis Dani, astronomorum coryphaei vita ... Accessit Nicolai Copernici ..., Parisiis 1654.

[77] Nicolaus Copernicus, Über die Kreisbewegungen (wie Anm. 2), 53.

[78] Nicolaus Copernicus, Über die Kreisbewegungen (wie Anm. 2), 15.

[79] Vgl. Three Copernican Treatises, ed. Edward Rosen, New York 1939, 21.

[80] C. A. Ronan, Changing Views of the Universe, London 1961, 87.

[81] Vgl. G. Klaus, Einleitung zu: Nicolaus Copernicus, Über die Kreisbewegungen (wie Anm. 2), LII – LIII.

[82] Philosophisches Wörterbuch, hrsg. v. W. Brugger S. J., Freiburg 1957, 125.

[83] A. Kauffeldt, Nikolaus Kopernikus, Der Umsturz des mittelalterlichen Weltbildes, Berlin 1954, 56.

[84] Goethes Werke, Sophienausgabe, 2. Abt. 3. Bd., Weimar 1893, 213.

[85] H. Blumenberg, Kopernikus im Selbstverständnis der Neuzeit (wie Anm. 44), 361–363.

Hermann Ley

Zu den weltanschaulichen Auslassungen in dem Hauptwerk von Nicolaus Copernicus

Die wissenschaftliche und philosophisch-weltanschauliche Wirkung von Copernicus beruht auf seinem Hauptwerk „De revolutionibus orbium coelestium", das im Jahre 1543 von Joachim Rheticus und Osiander in Nürnberg publiziert wurde.[1] Ein zu Beginn des 19. Jahrhunderts in der Nostitzschen Bücherei zu Prag befindliches handschriftliches Konvolut, 1834 bei einer Erbteilung mit einigen 50 Mark bewertet, erwies sich als Autograph und teilweise als Manuskript für den Druck des Werkes, soweit es mindestens die vorgenommenen Streichungen betraf, die meist Rheticus für geboten hielt. In der Warschauer Ausgabe von 1854 erstmalig berücksichtigt, erschien der Gesamttext 1873 zur 400-Jahr-Feier des Geburtstages von Nicolaus Copernicus ungekürzt durch die Initiative des Copernicus-Vereins für Wissenschaft und Kunst zu Thorn.[2] Der Text der für den Druck vorgenommenen Streichungen hatte sich wieder herstellen lassen. Ihr teilweise philosophischer Inhalt bezieht sich auf das gesamte Werk und gibt einige Einblicke in das philosophische Denken des Copernicus und in seine Weltanschauung. Aus dem unterdrückten Text ergeben sich einige Gesichtspunkte für die Interpretation der vornehmlich im ersten Buch geäußerten Ansichten, aber auch für den streng naturwissenschaftlich orientierten Text der übrigen fünf Bücher. Wechselweise erklären sich die Auslassungen und die publizierte Fassung. Einige Substrukturen des Renaissance-Denkens lassen sich damit sichtbar machen, die gelegentlich immer noch Gegenstand der Kontroverse sind. Sie kennzeichnen eine weltanschauliche Tradierung, die nicht unerheblich zur Entfaltung der Naturwissenschaften beigetragen hat, da sie materialistische Elemente des Bewußtseins andeutet und zudem auf eine nicht-konfessionelle Variante des damals zeitgenössischen Denkens hinweist. Die von Aleksander Birkenmajer veranstaltete und mit Anmerkungen versehene zweisprachige Ausgabe[3] trug zur Aufschließung des Inhaltes wesentlich bei.

Die sogenannte copernicanische Wende besteht unmittelbar in dem Aufgeben der zentralen Position der Erde und damit in dem Verzicht auf die direkte Interpretation der Erscheinungen. An Relevanz gewinnen die Strukturen hinter den Phänomenen und die Genauigkeit des Messens. Daß der Mensch und seine Erde nicht mehr im Mittelpunkt eines Kosmos stehen, wirkt sich als Erschütterung der überlieferten religiösen Weltkonzeption erst allmählich auf das gesellschaftliche und individuelle Bewußtsein aus. In der arabischen und italienischen Renaissance bereitet sich eine den Naturalisten angemessene Weltanschauung allmählich vor. Zu Beginn des 16. Jahrhunderts dominiert weniger der Eindruck des ptolemäischen Weltbildes als das Ausprägen einer Individualität, die dem mittelalterlichen Typus entgegengesetzt ist und in der frühbürgerlichen Gesellschaft die Zentrierung auf die Person gleichzeitig als Aufforderung versteht, sich der Natur zuzuwenden. Die Technik gewinnt an Ansehen. Versichert das ptolemäische System die zentrale Stellung von Mensch und Erde, so unterstützt es damit letztlich per analogiam das Wagnis, eingefahrene Ansichten umzustürzen und nicht auf den überlieferten Autoritäten zu beharren. Vorübergehend war zudem noch die Römische Kirche verunsichert durch die Abweichung des Kalenders vom wirklichen Jahr und dann durch die Reformation. Mit dem Theorem des Copernicus war der eine Gegenstand des fünften Laterankonzils angesprochen. Das Versagen des ptolemäischen Weltbildes deutete sich infolge der Unordnung, in die der Kalender geraten war, an und scheint eine Zeitlang schwerer gewogen zu haben als das Verlassen des Sinneneindrucks, der für die Unbewegtheit der Erde sprach.

In den Klassenauseinandersetzungen des beginnenden 16. Jahrhunderts sind die Ansätze zu naturwissenschaftlicher Arbeit und technischer Neuerung Ausdruck progressiver Momente des vorwiegend heterodoxen Bewußtseins, dem zu adaptieren das orthodoxe in einigem sich gezwungen sieht. In der Kontroverse zwischen lateinischem Averroismus und den Alexandristen ging es vordergründig um die Sterblichkeit der Seele, vornehmlich aber um eine zum Materialismus neigende Interpretation des Aristoteles, und damit gegen die orthodoxe Scholastik. Da die Kirche indes nicht umhin konnte, die Naturalisten für ihre eigenen Zwecke heranzuziehen, war eine Karenzzeit eingetreten, in der Copernicus relativ freie Denkmöglichkeiten vorfand, aber hinreichende Erfahrungen besaß, um den Druck seines Werkes zu verzögern, Rheticus sich aber der Tragweite des theoretischen Unternehmens nicht minder bewußt war, als er während der Edition Streichungen vornahm.

So unscheinbar die weltanschaulichen Bemerkungen auf den ersten Blick wirken, so gravierend müssen sie gewesen sein, da sie sonst nicht hätten zu entfallen brauchen. Um welche Sachverhalte es sich handelt, soll die Analyse der Vorrede zum ersten Buch und des abschließenden Passus zum sechsten Buch zu verdeutlichen suchen.

Der erste Satz der Vorrede lautet:

„Unter den vielen verschiedenen Studien der Wissenschaften der Künste, durch die sich der Menschengeist entwickelt, halte ich diejenigen vorzüglich für wert, ergriffen und mit höchstem Eifer betrieben zu wenden, die sich mit den schönsten und wissenswertesten Gegenständen beschäftigen“.[4]

Menzzers Übertragung bezeichnet das hominum ingenia vegetantur vielleicht zu großzügig als Vorgang des Entwickelns. Bei engerer Interpretation des Wortbestandes des Autographen resultiert als Sinn eine Ausweitung der menschlichen Natur, Belebung der Sinnesart, Vermehrung kluger Einfälle nicht bloß bei einzelnen Personen, sondern generell das Wachstum des menschlichen Ingeniums, mit dem die Gesamtheit möglicher schöpferischer Betätigung des menschlichen Verstandes angesprochen ist. Mit dem Hinweis auf das Studium der Wissenschaften und der Künste ist die Verbindung zu technischer Tätigkeit, Beobachtung der Natur und dem Anwerden der Denkfähigkeit hergestellt. Ist die individuelle Entfaltung des menschlichen Geistes gemeint, dann ist eine Beziehung hergestellt zu verschiedenen Disziplinen, die in den Bereich der Artistenfakultät der damaligen Universitäten fallen, nicht aber in das Gebiet der Theologie. Da sich Copernicus auch der Medizin widmete, läßt sich sagen, daß er vorwiegend die Naturwissenschaften anspricht. Sie sind mit den „schönsten und wissenswertesten Gegenständen" gemeint. Ihr Einfluß auf die Bildung des Menschengeistes ist in den Vordergrund gerückt. Aristoteles hat in seiner Metaphysik[5] als überlegenste und beherrschendste Wissenschaft diejenige vom Endziel und vom Guten oder die von den ersten Ursachen und von dem im höchsten Grade Wissbaren als Wissenschaft vom Wesen bezeichnet. Verschieden interpretierbar entfällt bei Copernicus das Theologisieren und die Annahme eines Endziels oder eines höchsten Guten oder Gutes, ebenso aber die idealistische Deutung erster Ursachen oder *einer* ersten Ursache, bei der eine Wissenschaft vom Wesen zur Theologie wird. Daneben aber hat sich eine andere Bedeutung der Kategorie Wesen erhalten, die materialistischen Ursprungs ist und sich ebenso in pantheistischen nomistischen Gedankengängen äußerte. In seinem Konzept zu Hegels „Wissenschaft der Logik" nennt Lenin das Gesetz die wesentliche Erscheinung.[6] Ergo sind *Gesetz* und *Wesen* gleichartige Begriffe (Begriffe gleicher Ordnung oder besser gleicher Potenz), welche die Vertiefung der Erkenntnis der Erscheinungen der Welt etc. durch den Menschen zum Ausdruck bringen, schrieb Lenin als Bemerkung zu dem notierten Text von Hegel: „Die Existenz geht in das Gesetz als in seinen Grund zurück; die Erscheinung enthält dies beides, den einfachen Grund und die auflösende Bewegung des erscheinenden Universums, deren Wesentlichkeit er ist."

Mit den Worten „schön" und „wissenswert" hält sich Copernicus an die unverfängliche theologische und aristotelisierende Redeweise seiner Zeit. Sie beziehen sich aber im Gegensatz zur idealistischen Interpretation auf das materialistische Erbe des Aristoteles.[7] Die Kritik des Aristoteles an den „Ideen" Platos ist eine Kritik am Idealismus als Idealismus überhaupt: denn von dort, wo die Begriffe, die Abstraktionen herkommen, von dort kommen auch „Gesetz" und „Notwendigkeit" etc. Der zweite Satz der Vorrede erläutert, welche Objekte und welche Disziplinen die auszeichnende Wertung verdienen, vorzüglich für wert gehalten zu werden. Es sind das die „himmlischen Kreisbewegungen der Welt, der Lauf der Gestirne, ihre Größen und Abstände, die von den Ursachen der übrigen Himmelserscheinungen handeln und endlich die gesamte Form erklären".[8] Im Anschluß ebenfalls an Aristoteles stehen die himmlischen Kreisbewegungen der Welt an erster Stelle.[9] Anders als Plato, der der Mathematik den höchsten Rang einräumt, nimmt Copernicus den Himmel und seine Objekte als würdigsten Gegenstand, auf den er Mathematik anwendet. Er sucht nach Ursachen und will „die gesamte Form erklären". Mit der Beschreibung der sichtbaren Phänomene versteht sich Copernicus zu der Aufgabe, mit der Bewegung die objektiven Größen und Abstände zu erarbeiten. Mit der Frage nach den Ursachen und dem Programm, die Erscheinungen zu erklären, sind den nächsten zwei Jahrhunderten hinreichend Fragen aufgegeben. Himmel und Gestirne den höchsten Rang einzuräumen, heißt in jenem Zeitalter die Natur über Spirituelles zu stellen. Sie sind die Kennzeichen des Naturalis. Unabhängig von den sonstigen Auffassungen, ist bereits die Charakterisierung der Wissenschaften, wie sie Copernicus gibt, antitheologisch.

Bezieht sich Copernicus hier nicht auf eine ethisierende Fassung, um Wissenschaft zu definieren, sondern begnügt sich mit einer anscheinend bloß ästhetischen Würdigung, so benutzt er eine solche illustrierende Variante, um in der Dialektik des lateinischen Ausdrucks die Beziehung auf die konkrete Wirklichkeit herzustellen. Das lateinische caelum und mundus sind mit den anderen Wortbedeutungen: „kunstreich Gestaltetes", „getriebene Arbeit", „Grabstichel", „Meißel" für Himmel *und* mit „Reinheit" und „Schmuck" für Welt erläutert. Birkenmajer nennt Plinius als die Quelle dieser Etymologie. Der römische Autor bezog sich auf Varro, mit dem sich Augustinus auseinandersetzte, weil jener die Religion als Instrument des Staates behandelte. Varro empfahl, sich für spekulative Überlegungen besser an die Natur zu halten.[10] Nach Birkenmajer identifiziert die Antike nach einem stark verbreiteten Brauch Himmel und Gott.[11] Copernicus erklärte den Himmel wegen seiner außerordentlichen Herrlichkeit gemäß „den meisten Philosophen" als den Gott.[12] Menzzer überträgt 1879: „Wegen seiner sichtlichen, übergroßen Herrlichkeit nannten ihn (den Himmel) die meisten Philosophen: ‚Gott'".[13] Die Klaus'sche Ausgabe hat: „... nannten ihn die meisten Philosophen den sichtbaren Gott".[14] In der neueren Edition ist visibilis auf deus bezogen. Menzzer hingegen spricht von der sichtlichen Herrlichkeit, da er visibilis auf excellentia bezogen verstanden wissen will. Zweifellos lassen sich beide Versionen vertreten. Dem sichtbaren Gott stände ein unsichtbarer zur Seite. Sind Himmel und Gott identifiziert, dann läge materialistischer Pantheismus prägnanter Art vor, während in dem anderen Verständnis hinreichend beliebiger Dualismus Platz finden könnte. Da zuvor Plinius angezogen ist, der Varro bemüht, liegt es nahe, der Menzzerschen Ansicht beizupflichten. Birkenmajer bezieht sich in seinem Anmerkungswerk auf die Münchner Ausgabe von De revolutionibus von 1953, die mehrere Beispiele für die von Copernicus aufgestellte Behauptung beibringt, und verweist eindringlich auf ein Fragment aus Macrobius.[15] Es bezieht sich auf jene Leute, die annehmen, nichts anderes sei Gott als der Himmel selbst.[16] Birkenmajer unterstreicht demnach mit dem Verweis auf Macrobius die Interpretation Menzzers. Tatsächlich ist der Unterschied nicht unwesentlich. Copernicus ließ beide Auslegungen zu und damit offen, für welche Ansicht sich der potentielle Leser entscheiden wollte. Da die Theologie nach dem Vorgang Siger von Brabants unterhalb der den Naturalis beschäftigenden Disziplinen eingeordnet war, verwies Copernicus auf die materiellen Erscheiungen der am Himmel wahrnehmbaren oder vermuteten Objekte, deren Allgemeinbegriff als Gott benannt ist. Den Philosophen angemessen, waren für andere Personen andere Verständnisebenen möglich. Der Gott des Copernicus waren die Gestirne, mit denen er sich befaßte. Die auf sie bezogene Wissenschaft gilt ihm als die „Vollendung der Mathematik", die er allerdings als Einheit von Mathematik und Physik auffaßt. Optik, Geodäsie und Mechanik gehören zu Arithmetik und Geometrie.[17]

Da Copernicus vom Primat der Naturwissenschaften ausging, war naheliegend, den Himmel als den Gott anzunehmen. In einer bis dahin noch immer vorwiegend religiös überformten Ideologie entsprach die Deutung im Sinne der Menzzerschen Übertragung einem klassisch nominalistischen Konzept. Die Sache ist *vor* den Universalbegriff gesetzt. Mit dem Primat des Himmels ist so etwas wie das Primat der

Materie philosophisch vorgegeben. Den Himmel als Gott zu bezeichnen gibt zudem noch den Planeten und der Sonne sowie den Fixsternen die konkrete Deutung, real darzustellen, was sonst als Materie bezeichnet wird. Wäre die Vorrede zum ersten Buch in der Erstausgabe erschienen, so hätten eine hinreichende Zahl von Zeitgenossen vielleicht die Verwandtschaft der Ideen des Astronomen mit denen des materialistischen Pantheisten David von Dinant bemerken können. Nikolaus von Kues mußte sich in seiner „Apologia" von 1449 gegen diesen Vorwurf des Heidelberger Theologen Johannes Wenck von Herrenberg verteidigen. Den Himmel mit Gott gleichzusetzen, ähnelt der materialistischen Formel von der Ewigkeit der Materie. Friedrich Engels schreibt im „Ludwig Feuerbach": „Die Frage nach der Stellung des Denkens zum Sein, die übrigens auch in der Scholastik des Mittelalters ihre große Rolle gespielt, die Frage: Was ist das Ursprüngliche, der Geist oder die Natur? – diese Frage spitzte sich, der Kirche gegenüber, dahin zu: Hat Gott die Welt geschaffen oder ist die Welt von Ewigkeit da?"[18] Der Astronom Copernicus setzt an die Stelle des Naturbegriffs den Himmel als Inbegriff der Welt. Als weltanschauliche und methodologische Erbschaft der Scholastik hatte sich ein minutiöses Empfinden für den Unterschied zwischen der Formel „Die Natur ist Gott" oder „Gott ist die Natur" erhalten. Ersteres entspricht dem universale post rem, letzteres dem universale ante rem, der Formulierung des Unterschiedes von Materialismus und Idealismus. Die Linien des Demokrit und des Platon kontrastieren auch in jener Phase der Umwälzung des naturwissenschaftlichen Weltbildes.

Die doppelte Benennung als Himmel und Gott gibt dem nachfolgenden Satz des Textes eine zusätzliche Pikanterie, da die Astronomie als Vollendung der Mathematik an die Stelle der Theologie tritt. In des Copernicus Vorstellung klingt offensichtlich eine ähnliche Überlegung an. Denn der nächste Satz lautet: „Wenn es aber die Aufgabe aller Wissenschaften ist, den Menschengeist der Sünde zu entziehen und auf das Bessere zu lenken, so kann *sie* dies, neben einer unglaublichen Beseeligung des Geistes, im Übermaße bewirken." „At cum omnium bonarum artium sit abstrahere a vicijs et hominem mentem ad meliora dirigere, haec praeter incredibilem animi voluptatem abundantius id praestare potest."[19]

In Analogie zu der der Religion von der Theologie zugeschriebenen Funktion übernimmt die Wissenschaft als weltliche Disziplin zugleich eine innerweltlich verstandene moralische Aufgabe, die sich von der theologischen Diktion noch weiter entfernt, als die veränderte Rangstellung bereits andeutete. Mit dem Entziehen des Menschengeistes von der Sünde entfällt für Copernicus die Sünde schlechthin und damit auch die Erbsünde, die für die damalige religiöse Situation noch unmittelbare in das tägliche Leben wirkende Gegenwärtigkeit bedeutet, wie die sich unter anderem am Ablaß entzündende Reformation zu belegen vermochte. Unter der doppelten Bedeutung des Gottes als Himmel sind die weiteren Passagen des Textes konventionelle Phrase, die durch den Bezug auf die Welt der Gestirne diese selbst zum „Schöpfer des Alls", „in dem alles Glück und alles Gute beschlossen liegt"[20], werden läßt. Aus der Theologie stammt die weitere von Copernicus gegebene Zielbestimmung, die nun nicht aus Religion und Theologie, sondern aus der Astronomie und der zu ihren Problemlösungen herangezogenen anderen Disziplinen zu der Anschauung des summum bonum hinleitet.[21] Bei Kant wird sich später diese Wechselbeziehung wiederholen, der gestirnte Himmel als Verweis auf das moralische Gesetz im Menschen aufgefaßt sein. Mit dem Bezug auf den Psalmisten, den Copernicus vornimmt und bei dieser Gelegenheit von der Freude an der Schöpfung Gottes spricht, liegt indes innerhalb der Bezugsebene der italienischen und polnischen Universitäten, an denen Copernicus studierte, eine spezifische Abstufung im theoretischen Bewußtsein vor. Von der Bewunderung und der naiven Interpretation vermag der Aufstieg zu anderen Bezirken des Bewußtseins erfolgen, die an die sogenannte „Harmonie" des Averroes erinnert, nämlich zu der Stufe zwischen Dialektik und Spekulation.[22] Allerdings ergibt sich ein nicht unbeträchtlicher Unterschied in der Wortwahl zwischen der Verfahrensweise des 12. Jahrhunderts, in dem Ibn Ruschd in Cordoba und Marokko schrieb, und dem beginnenden 16. Jahrhundert. Ibn Ruschd unterschied die drei Erkenntnisstufen der Rhetorik, Dialektik und Demonstration. Wer zur Rhetorik neige, übernehme die ihm gebotene Meinung auf bloße Autorität, nicht durch den Verstand, ein für die damaligen Verhältnisse nur selten vorkommender Zustand nach der Meinung des Philosophen. Die Angehörigen der zweiten Stufe sind vernünftiger Argumentation zugänglich und Pantheisten. Auf der Stufe der Demonstration lassen sie auch den Pantheismus fallen. Aus dem Koran ist bewiesen, daß sich jeder in Widerspruch mit ihm befindet, der die Schöpfung der Welt behauptet. Im übrigen empfehle er, Naturwissenschaft zu betreiben. Copernicus hingegen behält den „Urheber des Alls" und die Vorsehung, die „Schöpfung" und die „beste Ordnung" bei, verbal und als Redeweise, eingeschränkt durch die vorhergehenden Formulierungen, aber nicht mit der gleichen Indolenz gegen die herrschenden religiösen Ansichten. Mit der Berufung auf Platon versichert Copernicus, niemand unter den Menschen vermöge als gottähnlich aufgefaßt zu werden, der weder von der Sonne noch vom Mond, noch von den übrigen Gestirnen die notwendigen Kenntnisse besitze.[23] Die das Divine benutzende Redeweise verfährt analog, um die Bedeutung der menschlichen Wissenschaften zu betonen. Der Nutzen für den Staat ist von Copernicus ebenfalls im Anschluß an Platon mit der Einteilung des Jahres und der Festlegung der Feste und Opfer begründet.

Der folgende Abschnitt diskutiert den Übergang von der Hypothese zur Theorie, anders ausgedrückt von einer Anzahl Annahmen, die mit den bekannt gewordenen Fakten in Widerspruch geraten sind, zu einer besser bekräftigten „Weltordnung".[24] Die einleitend von Copernicus vermerkte Entwicklung des Menschengeistes wird in bezug auf den Vorschlag des Übergangs vom ptolemäischen zu einem anderen Weltsystem als ein solcher Vorgang aufgefaßt, der auf der Grundlage von Beobachtungen und theoretischen Überlegungen eine Bereicherung des Wissens darstellt. Philosphisch geht Copernicus von der Voraussetzung aus, daß die früheren Lösungsversuche des Problems nicht einfach als falsch zu verwerfen seien. Entwicklung der Wissenschaft ist als ein fortschreitender Prozeß verstanden, in dem unter anderem mit neuen Beobachtungen andere Grundlagen und Annahmen entstehen, „die die Griechen Hypothesen nennen".[25] In dieser Entwicklung ändern sich die Prinzipien und Annahmen in der Weise, daß den Beobachtungen besser als bisher zu folgen ist. Das Vermehren der Beobachtungen ist indes als ein besonderes, wesentliches Moment dieses Fortschreitens des Menschengeistes aufgefaßt. Da Copernicus aus der antiken Literatur sich vergewissern konnte, daß verschiedene Vorstellungen über das Verhältnis von Erde, Sonne und den bekannten Planeten vorhanden waren, gelten diese als verschiedene Hypothesen zu dem gleichen Tatbestand. Ptolemäus ist konzediert, daß sein System mit den Beobachtungen von 400 und mehr Jahren der Beobachtung und der Wissenschaft in Einklang stand, also bereits das Resultat entschiedener und ernster Arbeit gewesen ist, nicht bloß leere Spekulation. Die Gültigkeit und Dauer der Anerkennung des ptolemäischen Weltsystems hat gemäß der Annahme des Copernicus seinen Grund in dem „Anschein", die Überlegungen seien so vollkommen, daß nichts mehr hinzuzufügen wäre. Die Übereinstimmung zwischen Beobachtung und Hypothese entfiel, „weil noch einige andere Bewegungen aufgefunden sind, die ihm noch unbekannt waren".[26] Copernicus hielt die inzwischen entdeckten Daten für ausreichend und hinreichend zwingend, um auf die Idee einer der alten Hypothesen zurückzugreifen und zu prüfen, ob sie sich besser zur Bewältigung des inzwischen entstandenen Dilemmas benutzen ließe. Bedeutet das Umkehren des Bezugspunktes einen qualitativen Entscheid, so war es notwendig, eine besser passende quantitative Lösung zu erhalten und entsprechende Berechnungen durchzuführen. Überstieg für Plutarch, den Copernicus benutzte, die Bewegung der Gestirne, die Einsicht der Mathematiker, so schien es nun dringlich, eine „zuverlässige Berechnung"[27] zu finden. Im Gegensatz zu den Annahmen der Vergangenheit nimmt Copernicus an, es lasse sich ein höherer Grad von Genauigkeit erhalten. Im Verständnis der Entwicklung der Wissenschaft ist nicht bloß eine Vermehrung der Beobachtungen angenommen, sondern außerdem auf die Vermehrung der Hilfsmittel verwiesen. Copernicus scheint bemüht, den Gedanken der Entwicklung mit einiger Konsequenz zu verfolgen. Die Vermehrung der Hilfsmittel ist als Funktion der Zeit aufgefaßt. Aus der Gewinnung neuerer Beobachtungen ermöglicht sich der Vergleich mit der früher erarbeiteten und daraus eventuell die zuverlässigere Berechnung. Copernicus erwähnt, daß die Probleme so kompliziert schienen, „daß viele daran verzweifelten",[28] die Frage nach dem Sonnenjahr besser als bisher bewältigen zu können. Mit dem Verweisen auf die früheren Beobachtungen und Hypothesen findet sich die Kontinuität der wissenschaftlichen Arbeit betont. Ihr Verdienst liegt nach der Ansicht des Copernicus in der Eröffnung des ersten Zugangs zur Untersuchung dieser Gegenstände.[29] Indem er „vieles anders" als seine Vorgänger darstellt, entsteht jener revolutionäre Akt, „womit Kopernikus, schüchtern zwar und sozusagen erst auf dem Totenbett, der kirchlichen Autorität in natürlichen Dingen den Fehdehandschuh hinwarf".[30]

Im Denken des Copernicus vollzieht sich der Umbruch der Vorstellungen in doppelter Weise. Naturwissenschaftlich besitzt er das Bewußtsein einer fortlaufenden Entwicklung seiner Disziplin, in der jede Stufe Ergebnis einer lange währenden Folge immenser Tatsachensammlung bedeutet, ohne die es überhaupt unmöglich schien, zu der Sache entsprechenden Resultaten zu gelangen. Mit dem Gewinnen einer neuen Position wird die Folgerung aus dem weiteren inzwischen aufgespeicherten Beobachtungsmaterial gezogen und das Benutzen der inzwischen ebenfalls weiterentwickelten anderen Disziplinen möglich. Insofern vollzieht sich der Bruch mit den tradierten Vorstellungen als notwendige Konsequenz, obwohl und weil ohne das überlieferte

Denken und seine Resultate das unterschiedliche Herangehen kaum oder wesentlich schwerer möglich geworden wäre. Für Copernicus handelt es sich um eine wissenschaftliche Frage mit konkreter praktischer Relevanz und mehrtausendjähriger Geschichte, an der sich der menschliche Geist zu bewähren hatte. Daß es sich dabei um eine weltanschauliche Problematik außerdem handelte, die in die gewohnten Ansichten einbrach und die Theologie herauszufordern vermochte, läßt sich im Text nur indirekt erkennen. Den Himmel als den Gott zu bezeichnen und die Theologie an die zweite Stelle zu setzen, zeugt von des Copernicus Problembewußtsein in weltanschaulicher Beziehung.

Die Kenntnis der naturwissenschaftlichen Tätigkeit des Averroes zeugt von einem gewissen Verständnis der Beziehung des viel diskutierten Philosophen und Kommentators des Aristoteles zu empirischer Praxis. Copernicus schreibt: „Doch erinnert sich auch Averroes in seinem Kommentar zu Ptolemäus, etwas Schwärzliches gesehen zu haben, als er die Konjunktion der Sonne und des Merkur berechnete."[31] Die sich an diese Stelle knüpfende Diskussion referiert Aleksander Birkenmajer recht detailliert.[32] Der copernicanisch orientierte Lehrer Keplers, Michael Mästlin, vermochte in den ihm zugänglichen lateinischen Werken des Averroes die von Copernicus zitierte Stelle nicht zu finden. Kepler hatte mehr Erfolg, meinte indes, es handele sich um eine Verschreibung des Namens oder eine Verwechslung. Anstatt Aven Rois meinte er Aven Rodan herauslesen zu sollen. Inzwischen ließ sich feststellen, daß Averroes als sein erstes Werk einen Kommentar zum Almagest geschrieben hat, von dem sich eine hebräische Übersetzung weiter Verbreitung erfreute und außerdem zur Zeit des Studiums des Copernicus in Bologna eine lateinische Übertragung vorfand. Die direkte von Copernicus benutzte Quelle sind des Giovanni Pico della Mirandola Disputationes Adversus Astrologiam Divinatricem (erstmalig gedruckt 1495), von denen die Bemerkung über Averroes entnommen wurde. Unentschieden scheint noch zu sein, ob in dem Kommentar zum Almagest eine eigene oder eine fremde Beobachtung erwähnt ist oder nur eine tradierte Vermutung benutzt wurde, da ohne später entdeckte Beobachtungshilfen der Durchgang des Merkur kaum zu erkennen war und sich außerdem die Daten der Konjunktion mit den damals vorhandenen Positionsdaten schwer vorausberechnen ließen. Außerdem vermerkt Birkenmajer, daß Averroes in seinen Kommentaren zu des Aristoteles De caelo und der Metaphysica die Excentriken und Epicyklen des Ptolemäus attackierte und sich für die Annahme konzentrischer Sphären aussprach. Nicht nachweisbar, aber anzunehmen ist, daß Copernicus sowohl in Krakau wie in Bologna die Kommentare des Averroes bekannt geworden sind, mindestens aber ihm der philosophische Hintergrund der weltanschaulichen Debatten geläufig war. Als Mediziner und Astronom verband Copernicus die gleichen Gebiete miteinander, denen sich auch Averroes neben seiner philosophischen und juristischen Tätigkeit verschrieben hatte. Wie aus Pico de Mirandolas Bemerkung hervorgeht, schrieb man auf Grund des Kommentars zum Almagest dem almohadischen Gelehrten auch die selbständige Durchführung astronomischer Berechnungen zu. Der lateinische Averroismus berührte in einigem auch die copernicanische Revolutionierung des Weltbildes. Von größter Tragweite ist indes die von der ersten Edition gelöschte Einsicht der Entwicklung des Menschengeistes zum vollkommenen Wissen[33], in der mit dem Wiederaufgreifen der Antike, durch die Rezeption des Aristoteles langfristig vorbereitet, der Horizont geweitet wird und die geschichtliche Auffassung gesellschaftlich bedingter Prozesse sich durchzusetzen beginnt. In dem theoretischen Denken des Copernicus verbindet sich die Beobachtung mit der Deduktion und mit dem Versuch des Erwerbens von vollkommenstem Wissen.

Eine weitere wichtige, von Rheticus gestrichene Stelle bezieht sich auf „die kleinsten und unteilbaren Körperchen, die sogenannten Atome".[34] Erstmalig in der Thorner Säkularausgabe veröffentlicht, wurde diese vergleichsweise Benutzung der Atome Demokrits durch Copernicus erst 1873 bekannt. Birkenmajer bezieht sich auf dessen darin enthaltener Bemerkung über den Mittelpunkt der als Kugel gedachten Welt und bezeichnet sie als „sehr lakonisch und infolgedessen nicht sehr klar ausgedrückt"[35], weshalb die Nürnberger Herausgeber den betreffenden Satz wahrscheinlich weggelassen hätten. Viel wertvoller hingegen scheint aber der erste Teil des Passus zu sein. Copernicus benutzt die Annahme der kleinsten, unteilbaren Korpuskel zu der Überlegung, in welchem Verhältnis kleine und große Dimensionen zueinander stehen. Er kommt zu dem Resultat, daß sich unsichtbare kleine Korpuskel zu sichtbaren Körpern zu addieren vermögen. Über welche Quellen sich Copernicus die Bekanntschaft mit dem Atomismus verschaffte, steht dahin. Sie sind erwähnt in der Metaphysik des Aristoteles.[36] Jedenfalls teilt Copernicus nicht die die kleinsten, unteilbaren Teilchen ablehende Auffassung des Aristoteles und ging über Averroes hinaus.[37] Aristoteles meint die Atomisten, wenn er gewissen Denkern vorwirft, daß sie „gleichzeitig aus der Mathematik und aus allgemeinen Begriffen Erkenntnisse aufspüren wollten".[38] Averroes übernimmt Demokrits Atome bloß zur Begründung des Entstehens von Neuem in der Materie. Soweit diese dann eine andere Form angenommen hat, seien sie nicht vorhanden und entständen erst neu, wenn ein neuer Formwandel einsetze.[39] Copernicus übernimmt gerade die von Aristoteles verworfene Ansicht. Der Begriff des Atoms ist als körperlich verstanden und als unsichtbar, aber existent. Nicht wahrnehmbar, vermögen sie einen wahrnehmbaren Körper zusammenzusetzen. Aristoteles berichtet, diese Denker hätten das Kleinste als Punkt aufgefaßt, wie die Mathematiker aus der Eins die Zahlen entwickelt hätten. Copernicus erhebt gegen dieses Verfahren keinen Einwand, sondern läßt aus den kleinsten Korpuskeln die Körper entstehen. Man brauche sich bloß eine hinreichende Anzahl vorzustellen, um zu einer sichbar werdenden Größe anzuwachsen. Erkenntnistheoretisch sieht Copernicus keine Schwierigkeit, materielle Objekte anzunehmen, die keine den Sinnen zugänglichen Gegenstände sind.

In dem 1543 publizierten Text der Nürnberger Ausgabe gilt als hinreichend bewiesen, daß „der Himmel im Vergleich mit der Erde unermeßlich ist und den Anschein einer unendlichen Größe gewinnt, und daß sich die Erde zum Himmel nach der Sinnesschätzung wie ein Punkt zu einem Körper und wie ein endlich Großes zu einem unendlich Großen verhält".[40] Daß Finites und Infinites zueinander in einem sinnvollen Verhältnis stehen können, demonstrierte Copernicus in dem ausgelassenen Passus, der sich auf die kleinsten Korpuskeln bezog. Die Kontroverse des subjektiven Idealismus gegen die Existenz der materiell verstandenen Atome findet sich auch in der Debatte zwischen Leibniz und Clarke.[41] Gelangt allerdings Leibniz über die Annahme der unbegrenzten Teilbarkeit gleichsam zu den mathematischen Punkten, die in die Monaden übergehen, so Clarke zu Partikeln ungeachtet ihrer minimalen Ausdehnung. Die Atome bloß als gedachte Gebilde anzunehmen, erscheint weder Copernicus noch Clarke sinnvoll. Sie fassen sie als Begriffe auf, die den Sinnen nicht zugängliche Objekte darstellen, deren körperliche, materielle Existenz im Makroskopischen nachgewiesen ist. In der ersten Auslassung hatte Copernicus auf die Zusammengehörigkeit von Beobachtung und Deduktion verwiesen. In dem Verweisen auf atomistische Strukturen gilt ihm die materielle Existenz der begrifflich erschlossenen Objekte als so gewiß, daß er damit die „bisher nicht meßbare"[42] Ausmessung des Kosmos zu illustrieren unternimmt. Die kleinsten Korpuskeln gehören für Copernicus bereits zu den Objekten, die zu „vollkommener Kenntnis" deduziert[43] werden konnten. In der dialektischen Vereinigung von Beobachtung und Deduktion gelingt es Copernicus, sich der Materialität der Atome zu versichern und sie in seine theoretischen Überlegungen wie später Newton einzubeziehen. Da die Tradierung des antiken Materialismus und Atomismus durch das gesamte Mittelalter über die Links-Scholastik nicht abriß, die entsprechende Information in den Klosterbibliotheken, dem Studium generale von Paris, den Universitäten infolge der Rezeption des Aristoteles und den Kommentaren des Averroes, aber auch durch das De tomis des David von Dinant[44] und einzelne Exemplare von De rerum natura des Lukrez kontinuierlich zugänglich blieben, verfügte das beginnende 16. Jahrhundert über entsprechende Information.

Obwohl zunächst mit den Atomen Demokrits die Ansätze des Untersuchens von Naturdingen keine unmitelbare Förderung erfuhren, blieb allein das Konservieren der entsprechenden Idee wesentlich. War sie partiell bloß weltanschauliches Emblem, so erfüllte sie gelegentlich eine Funktion innerhalb hypothetischer Gedankenexperimente. Wie Averroes sich den Formwandel zu verdeutlichen verstand, indem er auf die Atome des Demokrit zurückgriff, so standen sie Copernicus für einen ähnlichen Zweck zur Verfügung. Neben anderen wichtigen Gesichtspunkten blieben seit Leukipp und Demokrit, Epikur und Lukrez die kleinsten unteilbaren Korpuskel ein Kennzeichen des philosphischen und naturwissenschaftlichen Materialismus. Charakteristisch für Boyle, Newton und Dalton mußte seit dem endenden 19. Jahrhundert bis in die Mitte des 20. Jahrhunders gegen den neukantianischen subjektiven Idealismus die Materialität der Teilchen erst wieder durchgesetzt werden. Mit den Resultaten der Chemie, der Molekularbiologie und der Kernphysik ließen sich die Einwände schließlich nicht mehr aufrechterhalten. Es erwies sich, daß Mach und Ostwald mit ihrer Überzeugung, die „Atomhypothese sei nichts anderes als eine irreführende Spekulation", *nicht* recht hatten. Das erste Sichtbarmachen einzelner Moleküle gelang im Elektronenmikroskop an Viren, wie gelegentlich Pascual Jordan erwähnt. Das indirekte Darstellen von Kernprozessen in der Funkenkammer oder einer der an Leistungsfähigkeit gewinnenden Apparaturen erregt nicht mehr agnostizistische Affekte, obwohl in das Erkennen der als materiell verstandenen Teilchen und Quanten mehr Theorie eingeht, als zuvor sich vermutn ließ. Herman Weyl konzedierte Demokrits „großartige Abstraktion vom Sinnenschein"[45]. Mit dem gleichen Vorgehen gelang Copernicus das Gewinnen eines neuen Standpunktes, der ihn auch zum Verständnis der Demokriteischen Position befähigte.

An das elfte Kapitel des ersten Buches fand sich im Autograph ein längerer Abschnitt angefügt, der vielleicht von Copernicus selbst gestrichen wurde, da er sich inzwischen entschlossen hatte, eine Widmung an Papst Paul III. vorweg drucken zu lassen, in der er sich auf Nicolaus Schonberg, Cardinal zu Capua, und Tidemann Giese, Bischof zu Culm, berufen konnte, die ihn zur Publikation ermuntert hatten. Im vorliegenden Zusammenhang ist der im gestrichenen Passus enthaltene und im Schreiben angedeutete Brief „Lysis grüßt den Hiparch"[46] nicht ohne Interesse, obwohl dabei nicht die theoretische Seite der copernicanischen Wende betroffen ist. Hipparch verwarf die von Aristarch von Samos und Seleukos dem Babylonier entworfene heliozentrische Hypothese und bot das Material, daß Ptolemäus modifiziert durchzusetzen vermochte, bis Copernicus eine neue Wende einleitete. Lysis diskutiert ein mit der Entwicklung der Naturwissenschaften bewußt werdendes moralisches Problem. In dem fingierten Schreiben bezieht sich Lysis auf die Regel des Pythagoras, es schicke sich nicht, dasjenige jedermann preiszugeben, was an Resultaten mit großer Mühe erworben worden sei, wie es auch nicht gestattet sei, die Geheimnisse der eleusinischen Göttinnen gewöhnlichen Menschen zu eröffnen: „So bereitete jener göttliche Mann die Freunde der Philosophie vor, damit er nicht in dem Vertrauen getäuscht werde, welches er in die Tüchtigkeit irgend eines gesetzt hätte".[47]

Das Geheimhalten des Wissens galt als sittliches Prinzip, dem sich keiner entziehen solle, wolle er nicht verantwortungslos handeln. Bis in die Renaissance läßt sich dieses Prinzip nachweisen und entspricht der Gewohnheit von handwerklichen Gilden, Bauhütten und Genossenschaften, die erst mit der allmählichen Ausbreitung des Buchdrucks durchbrochen wird. Mit dem Aufkommen der Warenwirtschaft in der Antike begann indes bereits eine erste Zersetzung der hermetischen Einschließung von Gruppenwissen. Es betraf nicht bloß Fertigkeiten der manuellen Arbeitstätigkeit, sondern auch theoretische Kenntnis. Die Sophisten traf der Vorwurf, zu unlauterem Zwecke ihre Fangschlüsse zu verkaufen. Copernicus bezog sich auf Lysis und Pythagoras, um zu rechtfertigen, daß er seine Kenntnisse nicht geheimgehalten habe.[48] Die Wissenschaft nicht als Ware zu verkaufen, erscheint Copernicus als sittlicher Grundsatz. Im Prinzip ist damit die mögliche Ambivalenz wissenschaftlicher Resultate angesprochen. Im Falle der Sophisten äußerte sie sich als Befähigung der Schüler zu gekonntem Rechtsbruch, zur Verdrehung von Unrecht und Recht, zur Täuschung des Volkes in der Ratsversammlung. Abgesehen von der technischen Seite der Bestimmung des Sonnenjahres und der Kalenderregulation überblickte Copernicus in einigem die ideologische Relevanz und die Folgen für die weltanschauliche Position, über die ihn das Studium hinreichend informiert hatte.

Mit dem Brief von Lysis und Hipparch ist als antike Meinung der Gegensatz von Warenwirtschaft und Wissenschaft ausgesprochen. Wissenschaft und Lehrmeinung sollen auf einer anderen Ebene belassen bleiben, als sie der Händler, der Kaufmann und das Geschäft zu bieten haben. Obwohl und weil sie sich aus der Anwendung die Wissenschaften entwickelten und sie bereits wieder zur Anwendung gediehen sind, stehen sie vor der paradoxen Situation, in die Warenwirtschaft einzugehen und zugleich Grundwissen zu produzieren, das nicht unmittelbarer Gegenstand der Nützlichkeit sein will. Aus den zur Ware gewordenen Resultaten sah Lysis die ganze Milde und Besonnenheit des Geistes vergehen, dazu noch „Eigennutz und Habsucht" entstehen, Unzucht, Völlerei, Schändung, widernatürliche Lüste und manche heftige Triebe, die zum Tode und zum Verderben führen".[49] Zwischen erster Fassung des Autographen und der publizierten änderte Copernicus den Akzent.

Da sich Copernicus zur Publikation entschlossen hat, erscheint die Empfehlung des Lysis bloß noch als Alternative zwischen Zurückhaltung und öffentlicher Debatte der neuen Theorie. In dem Schreiben an Paul III. sind die düsteren Perspektiven möglicher Diskussion mit nicht sachverständigem, übelwollendem Publikum entworfen. Gegen Lactantius, der die Repräsentanten der Lehre von der Kugelgestalt der Erde verspottete, droht er ähnlichen Kritikern seiner Theorie, ihr Urteil als ein dummdreistes zu verachten, wenn sie „es wagen sollten, wegen einer Stelle der Schrift, die sie zugunsten ihrer Hypothese übel verdreht haben"[50], sein Werk zu tadeln. Gestützt auf das Zureden von Schonberg und Giese bekennt Copernicus, den meisten erscheine sicherlich sein Werk widersinnig, durch die Herausgabe lasse sich der Nebel des Widersinnigen durch die klarsten Beweise beseitigen.[51] In der Epoche aufsteigender Warenwirtschaft und dem Verfall der feudalen Gesellschaft bricht Copernicus mit den partiell überlieferten Ansichten, die jene frühen Naturalisten befielen, die ihre Anregungen aus dem nur sporadisch Vorhandenen Fernhandel bezogen, an der in den Städten gegebenen Arbeitsproduktivität partizipierten, aber den Warencharakter einiger der vorhandenen Produkte und Fertigkeiten als Desavouierung der Persönlichkeit auffaßten. Die Renaissance drängt zum Naturerkennen wie zur Weitung des Gesichtskreises und zum Durchsetzen eines neuen Weltbildes, dem sich Copernicus verschrieben hat. Der Bruch mit tradierter Verhaltensweise vollzieht sich in Auseinandersetzung mit einer ebenfalls überlieferten Aversion gegen die Öffentlichkeit. Copernicus ließ sich überzeugen, daß der weitere Fortgang der Wissenschaften die öffentliche Diskussion erforderte und gab den Einwand auf, es handele sich um einen Verkauf des Wissens als Ware. Um die von weiterer Einsicht überholte Kenntnisebene zu transzendieren, muß Copernicus die Deformation beseitigen, die das Beibehalten nicht mehr tragfähiger Vorstellungen nun bedeutet.

Der Einwand, die Antike hätte mit Hypothesen gearbeitet, nun seien schlüssige Beweise an die Stelle getreten, betrifft indes nicht minder die neue Theorie. Sie unterliegt dem gleichen Verschleiß weiterer Fortschritte und erweist sich ebenfalls als Annäherung, die aber einige der Fehlvorstellungen auszuräumen vermochte und einen tragfähigen neuen Ausgangspunkt geschaffen hat. George Sarton verweist auf die allen seit Aristarch gemeinsame Annahme, falls sie sich für eine Bewegung der Erde entschieden, Kreisbahnen anzunehmen. Die Vorurteile der Pythagoräer, nach denen den Himmel betreffende Bewegungen kreisförmig sein sollten, verhinderten, die Überlegenheit der Position gegen die Epizykel zur Geltung zu bringen. Erst Kepler konnte sie 1609 durch die Annahme von Ellipsen beheben.[52] Im Ausgelassenen hingegen war Copernicus der gleiche Gedanke, wenn auch noch nicht mit Keplers Eleganz, gekommen[53], ohne darauf zu insistieren und die geniale Idee weiter auszubilden.

In der Auseinandersetzung um die weltanschauliche Position des Copernicus hat der hinsichtlich der Wertung der Gesamtleistung unentschiedene Th. S. Kuhn das zutreffende Argument aus den gegen die revolutionierende Weltansicht vorgebrachten Vorwürfen entnommen. Solange die traditionellen Werte mit der neuen Kosmologie unverträglich waren, sei die Häufigkeit des Vorwurfes des Atheismus gegen die Kopernikaner schon aus dem Begriff einer planetarischen Erde entstanden, der als Affront gegen die etablierte Ordnung aufgefaßt wurde.[54] Kuhn will sagen, daß dieser Vorwurf erst verstummte, nachdem sich die Position des Copernicus durch die weitere Entwicklung der Wissenschaften bestätigt hatte und mit entsprechenden Modifikationen bessere Ergebnisse zu bringen vermochte, als sie auf der Grundlage des ptolemäischen Systems zu erbringen waren. Sie wurden dann in das herrschende Bewußtsein integriert. 1616 auf den katholischen Index der verbotenen Bücher gekommen, wurden „De revolutionibus" 1757 daraus wieder entfernt, allgemein aber erst 1822 zugelassen, die Lehre von der Bewegung der Erde zu publizieren.

In dem seinerzeitigen Vorwurf des Atheismus äußerte sich der Gegensatz zwischen neuer Weltansicht und dem damit verbundenen Affront gegen den gesellschaftlichen Konservatismus mehr als gegen die Lehre selbst, die sich in beiden herrschenden Religionen ausbreitete. In den wissenschaftlichen Fortschritt eingegangen, blieb die symbolische Entthronung der Erde als Weltzentrum der Beginn einer weltanschaulichen und wissenschaftlichen Wende. In den Auslassungen des Erstdrucks zeigen sich die Elemente einer Weltanschauung, die vor und nach dem Bekanntwerden des Heliozentrismus auf die Entfaltung des Denkens einwirkten, darüber hinaus ihren Einfluß auf die Gesellschaft nicht verfehlten.

Anmerkungen

1 Nikolaus Kopernikus, De revolutionibus orbium coelestium, Faksimiledruck der Erstausgabe aus dem Jahre 1543, ed. Johannes Müller, Leipzig 1965. Im folgenden zitiert: DRE.

2 Nicolaus Copernicus, De revolutionibus orbium coelestium, Thorn 1873, Übertragung von C. L. Menzzer, Thorn 1879. Im folgenden zitiert als KWM.

3 Nicolaus Copernicus, Über die Kreisbewegungen der Weltkörper (De revolutionibus orbium caelestium), zweisprachige Ausgabe des ersten Buches, ed. G. Klaus, Anmerkungen A. Birkenmajer, lateinischer Text nach der Ausgabe der Polnischen Akademie der Wissenschaften von 1953, Berlin 1959. Im folgenden zitert: KWB.

4 KWB, 18 f.: „Inter multa ac varia litterarum artiumque studia, quibus hominum ingenia vegetantur, ea praecipue amplectenda existimo summoque prosequenda studio, quae in rebus puicerrimis et scitu dignissimis versantur."

5 Aristoteles, Metaphysik, ed. F. Bassenge, Berlin 1960, 57 f., 996b.

6 W. I. Lenin, Bd. 38, Berlin 1964, 142: „NB Das Gesetz ist die wesentliche Erscheinung."

7 W. I. Lenin, Bd. 38, 27 f.

8 KWB: „Qualia sunt quae de diuinis mundi reuolutionibus cursuque syderum, magnitudinibus, distantija, ortu et occasu caeterorumque in caelo apparentium causis pertractant ac totam denique formam explicant."

9 Aristoteles, Metaphysik (wie Anm. 5), 1016b: „So ist auch die Figur des Kreises von allen Figuren im höchsten Sinne eine, weil sie ganz und vollendet ist."

[10] Vgl. H. Ley, Geschichte der Aufklärung und des Atheismus, Bd. II, 1, Berlin 1970, 93 ff.

[11] KWB, 100, Anm. 22.

[12] KWB, 18: „ipsum perique philosophorum ob nimiam eius excellentiam visibilem deum vocaue-runt."

[13] KWM 9.

[14] KWB 19.

[15] In somnium Scipionis, I, Kap. 14, § 2.

[16] KWB 100, Anm. 22: „... propter illos, qui aestimant nihil esse aliud deum, nisi caelum ipsum et caelestia ista, quae cernimus" und die Himmelserscheinungen, die wir wahrnehmen.

[17] KWB 18 f.

[18] F. Engels, Ludwig Feuerbach und der Ausgang der klassischen deutschen Philosophie, in: Marx-Engels Werke Bd. 21, 275.

[19] KWM 9, KWB 18 f.

[20] KWB 21.

[21] KWB 20 f.

[22] M. I. Müller, Philosophie und Theologie von Averroes, München 1875, 15 ff., vgl. H. Ley, Studie zur Geschichte des Materialismus im Mittelalter, Berlin 1957, 168–177.

[23] KWB 20: „... et multum abesse putat, vt quisdam diuinus effici appelartique possit, qui nec Solis neo Lunae neo reliquorum syderum necessarium habeat cognitionem."

[24] KWB 22: „... cum tanto plura habeamus adminicula, quae nostrae subueniant institutioni, quanto malori temporis interuallo huius artis auctores nos praeoesserunt, quorum inuentis, quae a nobis quoque de nouo sunt reperta, comparare licebit."

[25] KWB 20 f.: „... praesertim quod circa eius principia et assumptiones, quaes Graeci hypotheses vocant, plerosque discordes fuisse videamus."

[26] KWB 22 f.: „... viedemus tamen pleraque non conuenire ijs, quae traditionem eius sequi debedant, alijs etiam quibusdam motibus repertis illi nondum cognitis."

[27] KWB 22 f.

[28] KWB 22 f.: „Unde et Plutarchus, vbi de anno Solis vertente disserit: Hactenus (inquit) syderum motus mathematicorum peritiam vincit. Nam vi de anno ipso exemplificam, quam diuersae semper de eo fuerint sententiae, puto manifestum, adeo vt multi desperaverint posse certam eius rationem inueniri."

[29] KWB 22 f.

[30] F. Engels, Dialektik der Natur, in: Marx-Engels Werke Bd. 20, 313.

[31] KWB 66 f.

[32] KWB 151–155, Anm. 103.

[33] KWB 20 f.: „... ad perfectam notitiam deduci, nisi cum tempore et multis anteactis observationibus, quibus, vt ita dicam, per manus traderetur posteritati."

[34] KWB 46 f.: „Quemadmodum ex adverso in minimis corpusculis ac sectilibus, quae atomi vocantur, cum sensibilia non sint, duplicata vel aliquoties sumpta non statim componunt visibile corpus, at possunt adeo multiplicari, vt demum sufficiant in apparentem coalescere magnitudinem, ita quoque de loco terrae, quamuis in centro mundi non fuerit, distantiam tamen ipsam incomparabilem adhuc esse praesertim ad non errantium stellarum sphaeram."

[35] KWB 1; 114, Anm. 64.

[36] Aristoteles, Metaphysik (wie Anm. 5), 1039a[12], 1084b 28.

[37] Die Epitome der Metaphysik des Averroes, ed. S. Van den Bergh, Leiden 1924, 25; vgl. Ley, Studie (wie Anm. 22), 141 ff.

[38] Aristoteles, Metaphysik (wie Anm. 5), 1084b 23–29.

[39] Averroes, Epitome (wie Anm. 37), 25.

[40] KWB 42 f.

[41] Clarkes vierte Entgegnung an Leibniz unter Notabene zu dem Vierten Schreiben von Leibniz an Clarke unter Post sriptum: „In meiner Jugend verfiel ich auch auf die Ansicht vom Leeren und den Atomen; seither aber haben Vernunftgründe mich davon abgebracht. . ."

[42] KWB 46 f.

[43] KWB 20 ff.

[44] M. Kurdzialek, Davidis de Dinanto quaternulorum fragmenta primum edidit, in: Studia Mediewistyczne 3, 1963; M. Kurdzialek, David von Dinant und die Anfänge der aristotelischen Naturphilosophie, in: La Filosofia della Natura nel Medioevo, Atti del Terzo Congresso Internazionale di Filosofia Medioevale, Passo della Mendola (Trento), Milano 1966.

[45] H. Weyl, Philosophie der Mathematik und Naturwissenschaft, ohne Ort u. Jahr), 124.

[46] KWM Anm. S. 11 f. vollständig; KWB Anm. 137; Zusammenfassung des entfallenen Teils ohne Angabe des Briefinhaltes S. 179.

[47] KWB 11.

[48] KWM 11: „Denn er verkaufte die Wissenschaft nicht als Ware, noch verband er mit dem Gebrauche der Wahrheit Schlingen, in denen manche Sophisten die Gemüter der Jünglinge fangen, sondern er war ein Lehrer in göttlichen und menschlichen Dingen. Manche Nachahmer tun Vieles und Großes, aber in ungebührlicher Weise und nicht wie es sich schickt, einen Jüngling zu unterweisen, wodurch sie ihre Zuhörer rücksichtslos und unverschämt machen."

[49] KWM 11.

[50] KWM 7.

[51] KWM 4 f.

[52] Vgl. G. Sarton, Hellenistio Science and Culture in the last three conturies B. C., New York 1965, 297.

[53] KWM 22 Anm. 91a: „Estque hic obiter animadvertendum, quod, si circuli hg et of fuerint inaequales menentibus caeteris condicionibus, non rectam lineam, sed conicam sive dylindricam sectionem describent, quam ellypsim vocant mathematici; sed de his alias." Aus Säkularausgabe 1873, 166.

[54] Th. S. Kuhn, The Copernican Revolution, Cambridge 1957, 193: „Until that transformation was achieved, sensitive observers might well find traditional values incompatible with the new cosmology, and the frequency with wich the charge of atheism was hurled at the Copernicans is evidence of the threat to the established order posed to many observers by the concept of a planetary earth."

Otto Günther

Die Weiterentwicklung des Copernicanischen Weltbildes und seine Stellung in den Auseinandersetzungen am Ende des 16. und während des 17. Jahrhunderts Johannes Kepler, Galileo Galilei und René Descartes

Copernicus hatte das heliozentrische Weltbild in einer Zeit ausgearbeitet, in der ein gesellschaftliches Bedürfnis für genauere Vorausberechnungen der Planetenörter vorlag. Die Entwicklung der Seefahrt von reiner Küstenschiffahrt zu Ozeanüberquerungen erforderte genauere astronomische Ortsbestimmungen, die sich durch Messungen der Örter heller, während der Dämmerung beobachtbarer Objekte am vorteilhaftesten durchführen ließen. Vergleiche neuer Beobachtungen mit Ephemeriden (Vorausberechnungen) auf der Grundlage des geozentrischen Systems hatten gezeigt, daß die Fehler der Ephemeriden im Laufe der Zeit immer offensichtlicher zutage traten.

Copernicus wußte, daß er die Fachleute, für die sein Werk bestimmt war, nur dann für das heliozentrische System gewinnen konnte, wenn er nachwies, daß mit diesem System gerechnete Ephemeriden den bisher vorliegenden an Genauigkeit mindestens gleich waren. Dieser Nachweis war dadurch erschwert, daß nur alte Beobachtungen vorlagen und dazu eigene Beobachtungen des Copernicus, die kaum höhere Genauigkeit besaßen als die alten.

Die „Preußischen Tafeln", die Erasmus Reinhold auf der Grundlage des copernicanischen Systems berechnet hat[1], wurden zunächst durch neue Beobachtungen als gut brauchbar bestätigt. Im Laufe der Jahre traten aber wieder deutliche systematische Unterschiede zwischen Beobachtungen und Rechnungen auf. Das hielt manche Fachleute mehr von der Annahme des heliozentrischen Systems ab als physikalische und theologische Bedenken gegen die Annahme der bewegten Erde[2].

Eine weitere Verbesserung des astronomischen Weltbildes mit dem Ziel, die Planetenbewegungen so exakt darzustellen, daß die von der Praxis gestellten Genauigkeitsforderungen voll erfüllt werden konnten, erwies sich als wünschenswert. Diese Aufgabe konnte erst dann bewältigt werden, wenn 1. durch Verbesserung der Meßinstrumente und der Beobachtungs- und Reduktionsmethoden die Genauigkeit wesentlich gesteigert wurde und wenn 2. durch jahrelange systematische Messungen ein umfangreiches Beobachtungsmaterial von hoher Qualität angesammelt wurde. Die erste Forderung wurde an zwei Stellen erfüllt: an der Sternwarte des hessischen Landgrafen Wilhelm IV. in Kassel und an der für damalige Verhältnisse sehr großzügig ausgestatteten Sternwarte Tycho Brahes auf der dänischen Insel Hven. Die Streitfrage, ob die erreichte Genauigkeit an beiden Sternwarten gleich groß oder an einer etwas größer war, soll hier nicht erörtert werden. Die zweite Forderung wurde nämlich von Tycho Brahe so eindeutig besser erfüllt, daß nur sein Beobachtungsmaterial als tragfähige Grundlage für neue theoretische Untersuchungen und die Prüfung ihrer Ergebnisse auf Brauchbarkeit in Frage kam. Die wesentliche Steigerung der Beobachtungsgenauigkeit wurde noch vor der Erfindung des Fernrohrs mit Visierinstrumenten erreicht.

Brahe hatte große Achtung vor den Leistungen des Copernicus. Das soll hier nur mit zwei Beispielen belegt werden.

Als Brahe ab 23. September 1574 auf Wunsch von Freunden und direkte Aufforderung durch den König von Dänemark Vorlesungen an der Universität Kopenhagen hielt, wählte er als Thema die Berechnung der Bewegungen der Planeten nach den „Preußischen Tafeln" und erklärte in der Antrittsrede: „Was wir wissen, verdanken wir größtenteils dem Hipparch, dem Ptolemäus und zuletzt dem Nicolaus Copernicus, der nicht ohne Grund der zweite Ptolemäus genannt wird"[3].

Der Assistent Elias Olsen wurde 1584 nach Frauenburg geschickt, um dort die geographische Breite neu zu bestimmen, weil Brahe vermutete, daß Copernicus seine Sonnenbeobachtungen mit einem fehlerhaften Wert der Breite berechnet hatte. Olsen brachte bei der Rückkehr nach Hven das von Copernicus verfertigte und benutzte Triquetrum[4] mit, vielleicht auch ein Bild des Copernicus. Tycho Brahe war darüber begeistert[5].

Trotz der Verehrung des Copernicus war Brahe kein Anhänger seines heliozentrischen Systems. Im 8. Kapitel des 2. Buchs seines großen Hauptwerks[6] äußert Brahe seine Vorstellungen über den Bau der Welt, die nach seinen Angaben 1583 ausgearbeitet wurden. Er hebt hervor, daß im copernicanischen System nichts gegen mathematische Prinzipien verstoße, meint aber, es sei nicht im Einklang mit den physikalischen Gesetzen, da die schwere und träge Erde sich unmöglich bewegen könne. Außerdem stimme das ganze System nicht mit der Bibel überein. Besonders sprach nach Brahes Meinung gegen die angenommene Bewegung der Erde, daß er trotz seiner für die damalige Zeit hohen Meßgenauigkeit nicht die zu erwartende jährliche parallaktische Bewegung der Fixsterne nachweisen konnte[7]. Er nahm deshalb eine Vorstellung über die Planetenbewegungen an, bei der keine Erdbewegung, also auch keine jährliche Parallaxe auftritt: Um die im Mittelpunkt ruhende Erde bewegen sich unmittelbar der Mond und die Sonne, während die übrigen Planeten die Sonne umlaufen und von ihr bei der Bewegung um die Erde mitgeführt werden. Die Fixsternsphäre mit täglicher Drehung um die Erde wurde beibehalten[8], für die Planeten wurden dagegen ausdrücklich keine festen Sphären angenommen, so daß sich z. B. die Bahnen von Mars und Sonne unbehindert kreuzen konnten. Zu der Überzeugung, daß feste Sphären nicht bestehen können, war Brahe aus Kometenbeobachtungen gekommen. Die alte Annahme, Kometen wären Erscheinungen in der Erdatmosphäre, konnte er aus den kleinen Parallaxen widerlegen. Die aus den Beobachtungen abgeleiteten Kometenbahnen hätten feste Sphären durchstoßen müssen.

Brahe wollte sein System der Planetenbewegungen ausarbeiten und in einem größeren Werk, das den Titel „Theatrum astronomicum" tragen sollte, veröffentlichen. Der Plan blieb unausgeführt, nur eine Skizze der Saturntheorie ist in einem anderen Werk enthalten[9]. Brahe hat trotzdem großen Wert auf sein System der Planetenbewegungen gelegt und mit Reimarus Ursus um die Priorität gestritten.[10]

Die von Tycho Brahe mit einer Reihe von Assistenten in langjährigen planmäßigen Beobachtungsreihen erhaltenen scheinbaren Örter (Koordinaten) der Planeten waren von unschätzbarem Wert für Untersuchungen über die wirklichen Bewegungen der Planeten[11]. (Auf andere Beobachtungen Brahes kann hier nicht eingegangen werden.) Mit zunehmendem Alter mußte Brahe einsehen, daß er diese umfangreichen und schwierigen Untersuchungen selbst nicht mehr leisten konnte und daß auch keiner seiner bisherigen Mitarbeiter dazu in der Lage war. Er mußte also einen jüngeren Mitarbeiter und späteren Nachfolger mit großen Fähigkeiten und unermüdlichem Arbeitseifer suchen. Das wurde dringender, als Brahe nach zwanzigjähriger Tätigkeit seine Sternwarte auf der Insel Hven verlassen mußte. In dieser Zeit bekam er das Jugendwerk Johannes Keplers[12] mit einem Begleitbrief des Verfassers in die Hand. Es verriet dem erfahrenen Astronomen die besondere Befähigung des jungen Kollegen. Brahe fand in Prag als kaiserlicher Mathematiker die Möglichkeit zur Fortführung seiner wissenschaftlichen Arbeiten. Man kann es als glücklichen Umstand betrachten, daß Kepler als erste Aufgabe von Brahe die Auswertung der Marsbeobachtungen zugewiesen bekam. Die Bahn des Mars ist eine Ellipse mit größerer Exzentrizität, als die meisten Planeten sie haben. Deshalb konnte eine Bearbeitung der Beobachtungen nach dem damals üblichen Schema keine befriedigende Lösung ergeben. Longomontanus[13] war bei den Rechnungen zur Marstheorie steckengeblieben, auch Kepler unterschätzte anfangs erheblich den Umfang und die Schwierigkeit der übernommenen Rechenarbeiten, die ihn von 1600 bis 1605 stark beschäftigten.

Brahe hatte gewünscht, daß seine Beobachtungsreihen auf der Grundlage des von ihm angenommenen Systems bearbeitet werden sollten. Kepler hat diesen Wunsch zwar nicht wörtlich erfüllt, er hat aber bei den verschiedenen Schritten seiner Untersuchungen gezeigt, wie die Rechnungen nach den Annahmen von Ptolemäus, Copernicus und Brahe verlaufen. In dem Buch „Neue Astronomie“[14] läßt Kepler seine Leser alle Irrwege und Umwege mitgehen, die ihn schließlich zu seinen ersten zwei Gesetzen der Planetenbewegungen führten.

Wie in dem Beitrag von F. Jürß (in diesem Band) ausführlicher dargelegt worden ist, wurden von Platon als Form der Planetenbewegungen grundsätzlich nur gleichförmige Kreisbewegungen als vollkommenster Bewegungsvorgang anerkannt. Ptolemäus hatte ausführlich gezeigt, in welcher Weise gleichförmige Kreisbewegungen überlagert werden müssen, um die beobachteten Ungleichmäßigkeiten der Planetenbewegungen zu erklären. Die Forderung der Gleichförmigkeit wurde dabei nur formal erfüllt. Da Copernicus das Prinzip der gleichförmigen Kreisbewegungen beibehielt, mußte er sich zum Teil der gleichen Mittel zu seiner Erfüllung bedienen wie Ptolemäus[15]. Er konnte das auch tun, weil sein Ziel genau wie bei Ptolemäus eine mathematische *Beschreibung* der Planetenbewegungen war.

Kepler versuchte auch zuerst, ob er eine Darstellung der Bewegungen des Mars ohne Änderung der Ausgangsannahmen so erreichen konnte, daß die Abweichungen der Beobachtungen von den Rechnungen die Genauigkeitsgrenze der Beobachtungen Brahes, d. h. eine bis höchstens zwei Bogenminuten, nicht überschritten. Er empfand allerdings schon in diesem Stadium seiner Arbeit einiges an den überlieferten Methoden als unbefriedigend, weil er in seine Überlegungen immer wieder *physikalische Betrachtungen* einfließen ließ.

Bei seiner Überprüfung der Leistungsfähigkeit der vorliegenden Planetentheorien mußte Kepler exzentrische Kreisbewegungen und Ausgleichspunkte verwenden, wie es üblich war. Er kritisierte aber, daß damit leeren Punkten im Raum, die nur durch mathematische Konstruktionen erhalten wurden, eine größere Bedeutung zukommen sollte als dem Mittelpunkt der Sonne (bei Copernicus) oder der Erde (bei Ptolemäus und Brahe). Als erste Abweichung gegenüber dem Vorgehen seiner Vorgänger verwendet Kepler Marsörter in der Opposition zur wahren Sonne[16], nicht zur mittleren Sonne[17].

Er fand, daß alle Bahnebenen der Planeten sich im Mittelpunkt der Sonne schneiden und daß die Neigungen der Bahnebenen unveränderlich bleiben. Das war eine wesentliche Vereinfachung gegenüber Copernicus, der von Ptolemäus die Annahme veränderlicher Neigungen der Epizykeln zur Erklärung der Bewegungskomponenten der Planeten senkrecht zur Ekliptik übernommen hatte. Kepler bemerkte dazu, daß Copernicus sich seiner Reichtümer selbst nicht bewußt war[18].

Weiter empfand er es als ungerechtfertigt, daß für die Erde (bei Copernicus) oder die Sonne (bei Ptolemäus und Brahe) von vornherein eine einfachere Bewegung angenommen wurde als für die übrigen Planeten. Mit einer genial überlegten Methode, die von der Verschiedenheit der Umlaufperioden des Mars und der Erde ausgeht, benutzte er ausgewählte Marsbeobachtungen zur genaueren Bestimmung der Bahnbewegung der Erde[19]. Mit Verwendung der Ergebnisse dieser Zwischenuntersuchung konnte Kepler die Marsörter für alle genau beobachteten Oppositionen[20] so gut darstellen, daß zwischen Beobachtungen und Rechnungen nur maximale Unterschiede von 2' auftraten. Wohl jeder Zeitgenosse Keplers hätte das als glänzende und vollständige Lösung der gestellten Aufgabe betrachtet. Er selbst überlegte aber, in welchen Stellungen des Mars sich etwaige Fehler der Grundannahmen stärker auswirken müßten. Die Prüfung mit entsprechend ausgewählten Marsbeobachtungen ergab eine maximale Abweichung von 8'. Kepler konnte damit nicht zufrieden sein, weil er wußte, daß Brahes Beobachtungen genauer waren, daß also eine reelle Abweichung vorlag. Er betonte, daß diese acht Minuten den Weg zur Erneuerung der ganzen Astronomie gewiesen haben[21].

Den sehr umfangreichen Rechnungen, die Kepler zum Aufsuchen von Grundgesetzen der wahren Planetenbewegungen durchführte, lagen Überlegungen zugrunde, mit denen Kepler gleichzeitig zwei Fragen beantworten wollte: 1. Wie bewegen sich die Planeten?, 2. Warum bewegen sich die Planeten gerade so? Er ließ sich dabei von zwei Grundgedanken leiten, die er beide schon in der Einleitung seiner „Neuen Astronomie" aussprach: „Die Natur gebraucht die geringsten Mittel, die möglich sind"[22] und „Die Quelle der Bewegungen der Planeten befindet sich in der Sonne selbst". Zum zweiten ergänzte er noch: „Es ist wahrscheinlicher, daß die Quelle aller Bewegungen an ihrem Ort bleibt, als daß sie sich bewegt"[23]. Später vermutete er, daß die Stärke der Bewegung, d. h. die Umlaufgeschwindigkeit, mit wachsendem Abstand von der Sonne kleiner wird[24]. Er wollte das gern begründen und überlegte dazu verschiedene Möglichkeiten. So bemerkte er z. B.: „Der Körper des Planeten selbst wird weder durch die Entfernung schwerer, noch durch die Annäherung leichter gemacht"[25]. Dann überlegte er, ob das Licht Träger der bewegenden Kraft sein kann. Später nahm er an, die Sonne würde rotieren[26], wobei die Rotationspole der Sonne nach den Polen der Ekliptik zeigen sollten; der Sonnenkörper sei ein Magnet[27] und führe dadurch die Planeten in Richtung seiner Rotation mit. Dabei hob er ausdrücklich die materielle Natur der Planetenkugeln hervor.

Kepler überlegte auch[28], angeregt durch den Vergleich mit der Lichtausbreitung, daß die Planeten sich in ihren Bewegungen gegenseitig behindern könnten, wenn sie dabei die von der Sonne ausgehende Kraft durch eine Art Abschattung schwächten. Er glaubte, daß die gegenseitigen Neigungen der Planetenbahnen und die Verlagerung der Knoten[29] dem Zweck dienten, diese Art gegenseitiger Behinderung der Planeten nicht wirksam werden zu lassen. Mit verschiedenen Argumenten versuchte Kepler zu zeigen, daß die bewegende Kraft der Sonne in große Entfernungen reicht. Er sprach von „Filamenten des Sonnenkörpers", die nur in gleicher Richtung mit der Sonnenrotation herumgeführt werden[30].

Bevor Kepler zu den abschließenden Rechnungen über die Bahngeschwindigkeit kam, stellte er noch einmal seine Axiome für Hypothesen über die Bewegungen zusammen[31]. Er zeigte, welche Widersprüche gegen die Axiome auftreten, wenn die Planetenbahn mit Exzenter und Epizykel beschrieben wird.

Zum Abschluß des 3. Teils seines Werkes wollte Kepler die Richtigkeit des von ihm vermuteten Satzes, daß die Bahngeschwindigkeit umgekehrt proportional dem Abstand von der Sonne ist, rechnerisch beweisen. Weil ihm das nicht direkt möglich war, berechnete er die Flächeninhalte vieler schmaler Dreiecke. Er bewies damit den Satz, den wir jetzt als 2. Keplersches Gesetz kennen und in folgender Form angeben: Der Radiusvektor (die Verbindungslinie Sonne–Planet) überstreicht in gleichen Zeiten gleiche Flächen.

Im 4. Teil wird erst durch Vergleich von Beobachtungen und Rechnungen für je drei Marsörter gezeigt, daß die Bahn kein Kreis sein kann. Es wäre nach dem heutigen Stand der Mathematik naheliegend gewesen, im nächsten Versuch eine elliptische Bahn anzunehmen. Zu Keplers Zeit gab es zwar schon den Begriff Kegelschnitt, aber noch keine klaren Vorstellungen über die Beziehungen der verschiedenen Kegelschnitte zueinander. Deshalb wurden erst mühsame Rechnungen mit einer ovalen und einer „pausbäckigen" Bahn durchgeführt, ehe die Ellipse als vollkommen befriedigende Lösung gefunden wurde[32]. Es ist jetzt üblich, dieses wichtige Ergebnis als 1. Keplersches Gesetz zu zitieren in der Form: Die Bahnen der Planeten sind Ellipsen, in deren einem Brennpunkt die Sonne steht.

Am Anfang des Kapitels 51 blickte Kepler noch einmal zurück auf den Kampf mit dem Mars, der alle Fesseln der Gleichungen zerreißt und die Gefängnisse der Tabellen aufbricht. Er konnte seine Aufgabe noch nicht als vollständig gelöst betrachten, weil er auch die physikalische Begründung der Planetenbewegungen geben wollte.

In Kapitel 57 versuchte er, mit ausführlichen Überlegungen, bei denen vor allem der Magnetismus und eine Theorie der Waage herangezogen wurden, die Änderungen des Abstandes von der Sonne plausibel zu machen. Er erklärte zwar: „Es ist sehr vernünftig, daß die Körper der Planeten magnetisch und so für die Sonne passend gemacht sind, wie wir gesagt haben". Aber auf der nächsten Seite gab er zu: „Es genügt mir, aus dem Beispiel des Magneten die Möglichkeit der Sache in ihrem Wesen gezeigt zu haben. Im übrigen bin ich in der Vorstellung über die Sache selbst im Zweifel".[33]

Bei seinen Überlegungen zur Frage, wie der Planet seine Bahn um die Sonne findet, spricht Kepler von der mens Planetae (dem Verstand des Planeten)[34]. Das klingt nach mystischen Vorstellungen, aber die angenommenen Leistungen könnten grundsätzlich von einem Automaten erbracht werden. Es handelt sich nämlich um genaue Winkelmessungen und die Berechnung des momentanen Abstands von der Sonne und der Richtung des nächsten Wegstücks.

Besonders deutlich hat Kepler seine rein naturwissenschaftliche Haltung in einem Brief an Herwart von Hohenburg vom 10. Februar 1605 formuliert: „Mein Ziel ist es, zu zeigen, daß die himmlische Maschine nicht eine Art göttlichen Lebewesens ist, sondern gleichsam ein Uhrwerk, insofern darin nahezu alle die mannigfaltigen Bewegungen von einer einzigen ganz einfachen magnetischen, körperlichen Kraft besorgt werden, wie bei einem Uhrwerk alle die Bewegungen von dem so einfachen Gewicht. Und zwar zeige ich auch, wie diese physikalische Vorstellung rechnerisch und geometrisch darzustellen ist."[35]

Ein Anliegen, das Kepler seit der Arbeit an seinem Jugendwerk immer wieder beschäftigte, war das Suchen nach einer Beziehung zwischen den Umlaufzeiten der Planeten und ihren mittleren Abständen von der Sonne. Als er nach Mißerfolgen mit falschen Vermutungen schließlich die richtige Beziehung fand, war ihm diese Erkenntnis so wichtig, daß er bei ihrer Veröffentlichung in der „Weltharmonik"[36] genau angab, daß ihm der Einfall zuerst am 8. März 1618 kam, daß er damals aber durch einen Rechenfehler als falsch verworfen wurde; am 15. Mai kehrte der Einfall wieder[37] und erwies sich als richtig. Damit war das 3. Keplersche Gesetz gefunden, das die Bewegungen zweier beliebiger Planeten zueinander in Beziehung setzt. Wir formulieren es jetzt: Die Quadrate der Umlaufzeiten zweier Planeten verhalten sich wie die dritten Potenzen ihrer mittleren Abstände von der Sonne.

Kepler hat mit dem Auffinden der drei Gesetze der Planetenbewegungen zwei für die Durchsetzung des copernicanischen Weltbilds entscheidende Verbesserungen erzielt: 1. Die Übereinstimmung zwischen Beobachtungen und Rechnungen wurde innerhalb der damaligen Beobachtungsgenauigkeit voll erreicht. 2. Mit dem Ersetzen des in seiner Kompliziertheit unwahrscheinlichen Systems vieler überlagerter Kreisbahnen durch die wenigen Bahnellipsen wurde das ganze System sehr einfach und übersichtlich.[38]

Kepler schrieb seine Werke für die Fachgelehrten. Auch sein „Grundriß der Copernicanischen Astronomie"[39] ist kein allgemeinverständliches Werk oder ein Schulbuch, obwohl es in der Form von Frage und Anwort geschrieben ist. Dem Niveau nach ist es eher für den Gebrauch an Hochschulen gedacht. Vor allem aber ist es nicht, wie man nach dem Titel annehmen könnte, nur eine Darstellung der Lehre des Copernicus. Es enthält auch Keplers eigene Untersuchungen. Im 2. Teil des 4. Buches wird z. B. die Frage nach den Ursachen der Bewegungen der Planeten behandelt.

Die Verbesserung des copernicanischen Systems war die notwendige Vorarbeit für die exakte Auswertung der Beobachtungen Tycho Brahes und die Zusammenstellung der Ergebnisse dieser Auswertung in einem umfangreichen Tabellenwerk, das 1627 unter der Bezeichnung „Tabulae Rudolphinae" (Rudolphinische Tafeln)[40] erschien. Es beginnt mit einer umfangreichen Anleitung zum Gebrauch der Tafeln (Tabellen). Dann folgen Hilfstafeln, darunter Logarithmen, Tafeln der Planeten[41], Angaben zur Berechnung von Sonnen- und Mondfinsternissen und Planetenkonstellationen, Angaben über die Schiefe der Ekliptik und die Präzession, ein Katalog der Koordinaten von 1000 Fixsternen für das Jahr 1600 aus Beobachtungen Brahes und zum Schluß eine Refraktionstafel.

Die Rudolphinischen Tafeln dienten für mehr als hundert Jahre als Grundlage für alle Berechnungen im Sonnensystem. Ihre Bewährung in der Praxis ließ kaum mehr einen Zweifel an der Richtigkeit ihrer Grundlage, dem verbesserten copernicanischen System, aufkommen. Die scheinbaren Örter der Planeten wurden zu Keplers Zeit weitgehend auch für Zwecke der Astrologie gebraucht, deshalb beginnt das Vorwort zu den Rudolphinischen Tafeln mit einer Erläuterung des Unterschieds zwischen Astronomie und Astrologie[42].

Zur unmittelbaren Anwendung in der Praxis mußten noch umfangreiche Rechnungen angestellt werden, um die Koordinaten der Planeten (einschließlich Sonne und Mond) für bestimmte Zeitpunkte aus dem Tafelwerk abzuleiten. Kepler leistete auch diese Arbeit in großem Umfang selbst. In drei Teilen gab er Ephemeriden für die Jahre 1617 bis 1636 heraus[43]. Diese Ephemeriden, die den Anforderungen der Praxis voll genügten, haben besonders stark zur Durchsetzung des heliozentrischen Weltbilds beigetragen.

Ohne die von Kepler erreichten Verbesserungen hätte der Streit um das richtige astronomische Weltbild noch länger gedauert. Dabei muß betont werden, daß Kepler gut wußte und deutlich ausgesprochen hat, daß er seine Leistungen ohne die theoretischen Leistungen des Copernicus und ohne die genauen Beobachtungen Brahes nicht vollbringen konnte. Für die späteren Arbeiten zur Himmelsmechanik, die von Newton eingeleitet und von anderen fortgesetzt wurden, bildeten Keplers Ergebnisse über die Planetenbewegungen eine wesentliche Grundlage.

Galileo Galilei, der vielen als großer Kämpfer für das copernicanische Weltbild bekannt ist, hat lange Zeit Zurückhaltung bewahrt. Die Relativierung der Stellung der Erde im Werk des Copernicus, das er kannte, war für ihn leicht verständlich. Als Kepler zwei Exemplare seines Jugendwerks „Das Weltgeheimnis" mit der Bitte um eine Stellungnahme an Galilei geschickt hatte, schrieb dieser in einem Brief an Kepler vom 4. August 1597, er wäre seit vielen Jahren Anhänger der Lehre des Copernicus, aber er wagte nicht, sie öffentlich bekannt zu machen, weil er fürchtete, er könnte deshalb lächerlich gemacht werden[44]. Öffentlich vertrat Galilei die von der Kirche anerkannte Lehre des Aristoteles, auch noch 1606 in seiner Abhandlung über die Sphäre[45], die sich im wesentlichen an das weit verbreitete Lehrbuch des Sacrobosco[46] von 1244 anschließt.

Galileis große Leistung auf dem Gebiet der Astronomie war die erste Anwendung eines Fernrohrs zur Beobachtung astronomischer Objekte (1609) und die Interpretation dieser Beobachtungen[47]. Er fand zuerst einige Einzelheiten auf der Mondoberfläche, eine größere Zahl von Sternen, deren Helligkeit für die Sichtbarkeit ohne Fernrohr zu gering ist, und die vier hellen Jupitermonde. In der Schrift über diese ersten Beobachtungen, der „Sternenbotschaft“[48], widmete Galilei den Jupitermonden, die er darin als „Planeten“ bezeichnete, den größten Raum. Er wies nach, daß die neu aufgefundenen Objekte Bahnen um den Jupiter beschreiben. Zu diesem Ergebnis bemerkte er, daß damit ein Argument gegen das copernicanische System widerlegt würde, nämlich die Behauptung, daß die Bahnbewegung der Erde um die Sonne durch das Mitführen des Mondes unmöglich gemacht würde. Dieses Argument wäre hinfällig, da der Jupiter sogar vier Begleiter mitführt[49].

Das Echo auf die Bekanntgabe der neuen Entdeckungen reichte von begeisterter Zustimmung durch Kepler[50] bis zu völliger Ablehnung[51].

Galilei vertraute auf die Richtigkeit seiner Beobachtungen mit Fernrohren und beobachtete konsequent weiter. Für die Jupitermonde konnte er so die Umlaufsperioden mit wachsender Genauigkeit ermitteln. Noch 1610 erkannte er, daß die Venus wechselnde Phasen zeigt wie der Mond. Galilei glaubte, damit einen direkten Beweis für die Richtigkeit des copernicanischen Systems gefunden zu haben. Man kann jedoch leicht überlegen, daß dieser Phasenwechsel auch dann auftreten müßte, wenn das von Tycho Brahe vertretene Weltbild (siehe oben) richtig wäre. Dieses Weltbild war Galilei natürlich auch bekannt, wurde aber von ihm nicht ernsthaft berücksichtigt, wohl wegen starker Abneigung gegen Tycho Brahe[52].

Die Sonnenflecke wurden von ihrer Entdeckung an systematisch beobachtet. Die Frage der Priorität dieser Entdeckung, die zu Streitigkeiten führte, kann hier übergangen werden. Galilei hat in einem Brief an Giuliano de Medici[53] den Juli 1610 als Zeitpunkt seiner ersten Beobachtung von Sonnenflecken angegeben. Galileis erster Brief über Sonnenflecke an Marcus Welser[54] in Augsburg vom 4. Mai 1612 enthält bereits viele aus eigenen Beobachtungen abgeleitete Ergebnisse über scheinbare und wirkliche Veränderungen der Sonnenflecke. Sie werden wesentlich ergänzt durch viele Einzelheiten im 2. Brief an Marcus Welser[55] vom 14. August 1612. Dieser Brief ist bemerkenswert durch einige im letzten Teil enthaltene Überlegungen.

Aristoteles hatte zwischen irdischer und himmlischer Substanz unterschieden und als besonderes Zeichen der Vollkommenheit der himmlischen Substanz ihre Unveränderlichkeit hervorgehoben[56]. Galilei hatte festgestellt, daß die Sonnenflecke keine die Sonne umkreisenden Körper sind, sondern der Sonne, die nach Aristoteles aus himmlischer Substanz besteht, angehören, und er hatte die auffallenden Änderungen der Größe und Form der Flecke beobachtet. In den Schlußfolgerungen geht er nicht so weit, daß er den Unterschied zwischen irdischer und himmlischer Substanz bestreitet. Er bemerkt aber: „... es wird gut sein, daß man in der Zukunft wieder auf jene weisen Philosophen hört, die über die himmlische Substanz anders als Aristoteles urteilen und von denen Aristoteles selbst sich nicht abgewendet hätte, wenn er von den gegenwärtigen sinnfälligen Beobachtungen Kenntnis gehabt hätte“. Weil Aristoteles als Argument für die Unveränderlichkeit der Himmel anführt, daß in ihnen im Verlauf der Zeiten keinerlei Änderungen gesehen worden wäre, meint Galilei, daß Aristoteles der gegenteiligen Meinung gefolgt wäre, wenn er die neuen

Entdeckungen schon gekannt hätte. Er glaubt, mit der Annahme, daß die himmlische Materie veränderlich ist, viel weniger der Lehre des Aristoteles zu widersprechen als jene, die sie noch unveränderlich erhalten wollen. Als Begründung gibt er an: „denn ich bin sicher, daß er den Schluß auf die Unveränderlichkeit nicht jemals für so gewiß gehalten hat wie den, daß sich alles menschliche Gespräch der evidenten Erfahrung unterordnen muß."

Trotz der vorsichtigen Formulierung sind Galilei vielleicht nachträglich Bedenken gekommen, daß er mit der philosophischen Schlußfolgerung zu weit gegangen sein könnte, denn im 3. Brief an Welser[57] vom 1. Dezember 1612 greift er die Frage nochmals auf. Gleich nach der Einleitung schwächt er die erwähnten Spekulationen ab. Er bekennt sich mit etwas wortreichen Erklärungen zu der Auffassung, daß es uns nicht möglich wäre, in das wahre und eigentliche Wesen der natürlichen Substanzen einzudringen, und zwar ebenso bei den nächsten elementaren Substanzen wie den entferntesten und himmlischen. Wir könnten nur einige ihrer Zustände zur Kenntnis nehmen. Er erläutert das an Ausführungen über die Substanz der Wolken und schließt sich der kirchlichen Lehre an, nach der die Erkenntnis des wahren Wesens dem Zustand der Seligkeit vorbehalten ist. Er hält aber große Entfernung nicht für ein grundsätzliches Hindernis, wenn wir uns auf das Begreifen irgendwelcher Zustände beschränken.

Galileis große wissenschaftliche Leistung liegt auf dem Gebiet der Physik, er hat da sehr eingehend den Ablauf von Bewegungen untersucht. Er hat sich aber nicht dazu berufen gefühlt, die Ergebnisse des Copernicus über die Bewegungen der Planeten kritisch zu prüfen und zu verbessern. Ja, er hat sogar die bedeutenden Leistungen seines Zeitgenossen Johannes Kepler auf diesem Gebiet kaum zur Kenntnis genommen.[58] Auch die Argumente, mit denen Galilei die Richtigkeit des copernicanischen Weltbildes zu beweisen versuchte, erweisen sich als unzureichend. Trotz alledem hat er große Bedeutung für die Durchsetzung des heliozentrischen Weltbilds gehabt.

Für Copernicus war es nur wichtig gewesen, daß die Erde sich ebenso wie die anderen Planeten um die Sonne bewegt. Galileis Beobachtungen mit dem Fernrohr ergaben, daß die Planeten auch in Größe und Gestalt mit der Erde vergleichbar sind. Für Anhänger der Lehre des Copernicus war das keine überraschende, aber eine wichtige Ergänzung des Weltbilds.

War anfangs erwähnt worden, daß Galilei lange gezögert hat, sich offen als Anhänger des Copernicus zu bekennen, so muß abschließend hervorgehoben werden, wie sehr er sich bemüht hat, die neue Erkenntnis zu verbreiten, nachdem er durch die eigenen Beobachtungen überzeugt war, daß es sich um eine neugefundene Wahrheit, nicht um eine rein hypothetische Annahme handelte. Galilei wußte, wie sehr die Fachkollegen in ihrem Denken durch Autoritätsglauben, durch alte Vorurteile eingeengt waren. Er schrieb deshalb keine lateinischen Abhandlungen für wenige Spezialisten, sondern verfaßte Bücher in italienischer Sprache, mit denen er sich an eine breite Schicht geistig Interessierter wendete, an gebildete bürgerliche Kreise, aus denen er selbst stammte. Natürlich erklärt sich die begeisterte Aufnahme, die diese Bücher fanden, nicht allein aus dem glänzenden Stil, aus der didaktisch geschickten Anlage, die zum Mitdenken anregt. Wie in anderen Beiträgen dieses Buches näher ausgeführt wird, war mit dem gesellschaftlichen Umbruch die eigentliche Grundlage für geistige Auseinandersetzungen, für die Aufnahme neuer Erkenntnisse gegeben.

Das astronomische Weltbild wurde von René Descartes durch kosmogonische Spekulationen um einen wichtigen Zug bereichert. Er betrachtete die materielle körperliche Substanz und den Raum als identisch und als unbegrenzt. Es gab für ihn keinen Unterschied zwischen himmlischer und irdischer Materie[59].

Um mit seinen kosmogonischen Spekulationen keinen Anstoß zu erregen, erklärte Descartes, es sei zur Erkenntnis der Natur besser, ihre allmähliche Entstehung zu beobachten, als so, wie sie Gott geschaffen hat[60]. Er nahm an, „daß die ganze Materie, aus der die sichtbare Welt besteht, im Anfang von Gott in möglichst gleiche Teilchen von mittlerer Größe geteilt worden ist, d. h. welche die Mitte zwischen denen hielten, aus denen jetzt der Himmel und die Gestirne bestehen; daß sie alle zusammen so viel Bewegung in sich gehabt haben, wie jetzt in der Welt noch vorhanden ist“[61]. Der weitere Ablauf vollzieht sich als Folge der Bewegungen in Wirbeln verschiedener Größe. Die Raumteile schleifen sich dabei gegenseitig zu Kugeln und Kügelchen ab, während gleichzeitig an Stellen ohne Relativbewegung, also gegenseitiger Ruhe, ein Aufbau durch Anlagerung stattfindet. Als Folge der Wirbelbewegungen erfolgt eine Sortierung der Teile nach ihrer Größenordnung. In den Zentren großer Wirbelsysteme bilden sich kugelförmige Ansammlungen kleinster Teile, aus denen die Sonne und die Fixsterne entstehen. Aus größeren Teilen bilden sich die Erde und die Planeten in den Zentren kleinerer Wirbel. Leere Zwischenräume gibt es nicht, sie sind alle mit sehr kleinen Teilen ausgefüllt. Der große Wirbel um die Sonne führt alle Planeten in gleicher Richtung um die Sonne herum, und die Planeten werden durch kleinere Wirbel, in deren Zentren sie sich befinden, zur Rotation veranlaßt.

Descartes hat die kosmogonischen Spekulationen viel weiter in Einzelheiten ausgeführt. Dabei hat er einige Züge der Turbulenzhypothese von Weizsäckers zur Kosmogonie des Planetensystems[62] vorweggenommen. Bei allen Veröffentlichungen war Descartes darauf bedacht, nicht zu offenen Widersprüchen gegen die Glaubenslehre der katholischen Kirche zu kommen. Er wollte gerade eine Abhandlung über das Weltall („Traité du Monde“) herausgeben, als er von der Verurteilung Galileis erfuhr. Daraufhin schrieb er am 20. November 1633 an Martin Mersenne: „Ich gestehe, daß, wenn diese Ansicht von der Bewegung der Erde falsch ist, es alle Fundamente meiner Philosophie auch sind. . .; sie ist so verbunden mit allen Teilen meiner Abhandlung, daß ich sie nicht davon trennen könnte, ohne den Rest ganz mangelhaft zu machen. Aber da ich um nichts in der Welt möchte, daß eine Abhandlung von mir herauskommt, in der sich das geringste Wort fände, das von der Kirche mißbilligt würde, will ich sie auch lieber zurücknehmen als verstümmelt erscheinen lassen“.[63]

Descartes verwendet in seinen „Prinzipien der Philosophie“ das copernicanische System, aber er bemüht sich, in vorsichtigen Formulierungen den Eindruck zu erwecken, als stelle er eine eigene Hypothese auf, in der der Erde alle Bewegung abgesprochen wird. Außerdem behauptet er ausdrücklich nicht, daß seine Hypothese gänzlich der Wahrheit entspricht.[64] Er hält die Erde „für stillstehend und ohne Neigung zu einer Bewegung, da wir keine bemerken; aber dies hindert nicht, daß sie vom Himmel fortgeführt wird und seinen Bewegungen ohne eigene Bewegung folgt"[65]. Die Erde ruht nur in bezug auf den sie umgebenden Wirbel, mit dem sie sich um ihre Achse dreht und auch um die Sonne bewegt. Descartes begnügte sich also mit einer rein formalen Übereinstimmung mit der offiziellen Lehrmeinung, daß man an die Rolle des Ausgleichspunkts bei Ptolemäus (siehe Beitrag von F. Jürß in diesem Band) erinnert wird.

Anmerkungen

Bei den in den Anmerkungen enthaltenen Literaturhinweisen werden abgekürzte Bezeichnungen verwendet:

Dreyer =	J. L. E. Dreyer, Tycho Brahe. Übersetzung von M. Bruhns, Karlsruhe 1894
Kepler =	Johannes Kepler, Gesammelte Werke, München. Davon werden zitiert: Bd. 3, 1937; Bd. 6, 1940; Bd. 14, 1949 und Bd. 15, 1959
Ed. naz. =	Le opere di Galileo Galilei. Edizione nazionale, Florenz. Zitiert werden folgende Bände: II, 1891; III1, 1892; V, 1895, VI, 1896; VII, 1897 und X, 1900
Descartes =	R. Descartes, Principia Philosophiae, Amsterdamm 1644. Deutsche Ausgabe: René Descartes, Die Prinzipien der Philosophie, Berlin 1965.

1 Erasmus Reinhold, Tabulae Prutenicae coelestium motuum (Preußische Tafeln der himmlischen Bewegungen), Wittenberg 1551.

2 Die aus dem Altertum überlieferten physikalischen Vorstellungen waren so fest eingewurzelt, daß es sehr schwer fiel, sie aufzugeben. Aristoteles ging von einem krassen Unterschied zwischen irdischen und himmlischen Körpern aus. Ptolemäus begründete die Unbeweglichkeit der Erde mit physikalischen Argumenten.

3 Dreyer, 78.

4 Das Triquetrum ist ein altes Meßinstrument mit Visiereinrichtung für astronomische Beobachtungen.

5 Dreyer, 128 f.

6 Tycho Brahe, Astronomiae Instauratae Progymnasmata (Vorübungen der erneuerten Astronomie), 1588.

7 Brief an Kepler vom 9. Dezember 1599 (Kepler, Bd. 14, 95).

8 Andererseits war Brahe der Meinung, daß die schwächeren Sterne viel weiter entfernt wären als die helleren und daß auch die Durchmesser der Sterne von verschiedener Größe wären.

9 Progymnasmata I, 477. Das Wort „Theorie" kennzeichnet, daß die Bewegungen nicht nur allgemein überlegt, sondern auch mathematisch behandelt werden.

10 Dreyer, 192 f.

11 Brahe war überzeugt, daß die Bewegungen der Planeten nicht a priori, sondern nur aus den Beobachtungen a posteriori gefunden werden können. Das hat er in dem unter 7 erwähnten Brief an Kepler ausgesprochen (Kepler, Bd. 14, 94).

12 Mysterium Cosmographicum (Das Weltgeheimnis), zuerst veröffentlicht im Frühjahr 1597.

13 Christian Longberg, ein erfahrener Gehilfe Brahes.

14 Der volle Titel ist: Astronomia nova αἰτιολογητός, seu physica coelestis, tradita commentariis

de motibus stellae Martis, ex observationibus G. V. Tychonis Brahe (Neue Astronomie, ursächlich begründet, oder himmlische Physik, vorgetragen durch Kommentare über die Bewegungen des Sterns Mars aus Beobachtungen des edlen Tycho Brahe).

[15] In vereinfachenden Darstellungen wird das meistens übergangen. Neugebauer hat die Konstruktionen des Copernicus ausführlich mit denen bei Ptolemäus verglichen (O. Neugebauer, On the Planetary Theory of Copernicus, Vistas in Astronomy 10, 1968, 89 – 103).

[16] In richtiger Anwendung des astronomischen Sprachgebrauchs bezeichnet Kepler sie als „scheinbare Sonne".

[17] In den scheinbaren Bewegungen der wirklich beobachteten Sonne spiegeln sich Ungleichmäßigkeiten der Erdbewegung wieder, deshalb wird eine fiktive „mittlere Sonne" mit gleichmäßiger Bewegung definiert. Sie wurde damals noch in der Ekliptik umlaufend angenommen, während die mittlere Sonne jetzt im Äquator umlaufend gedacht wird.

[18] Kepler, Bd. 3, 141 .

[19] Er wählte solche Zeitpunkte aus, zu denen sich Mars im gleichen Punkt seiner Bahn befand.

[20] Opposition ist die Gegenstellung zur Sonne, bei der ein Planet um Mitternacht den Meridian auf seiner südlichen Hälfte überschreitet. Kepler hatte Meßergebnisse aus 12 Marsoppositionen zur Verfügung (10 von Brahe, 2 von ihm selbst beobachtet).

[21] Kepler, Bd. 3, 178.

[22] Kepler, Bd. 3, 22. Diesen Grundsatz verwendet auch Galilei in seinem Dialog über die beiden Weltsysteme (Ed. naz. VII 1897, 143).

[23] Kepler, Bd. 3, 23.

[24] Kepler, Bd. 3, 236 f., d. h. ab Kapitel 33.

[25] Die Vorstellung ist dabei: Schwerer bedeutet schwerfälliger, also langsamer.

[26] Die Beobachtungen Galileis über die scheinbaren Bewegungen der Sonnenflecke, aus denen sich die Rotation der Sonne ergab, lagen noch nicht vor.

[27] Diese Annahme ist darauf zurückzuführen, daß Kepler und viele seiner Zeitgenossen, darunter auch Galilei, stark beeindruckt waren von einem Buch des englischen Physikers William Gilbert: De Magnete magneticisque corporibus et de magno magnete Tellure physiologia nova, London 1600 (Neue Naturlehre über den Magneten und magnetische Körper und über die Erde als großen Magneten).

[28] Kepler, Bd. 3, 247.

[29] Die Knoten einer Planetenbahn sind ihre Schnittpunkte mit der Ekliptik, der scheinbaren Sonnenbahn.

[30] Kepler, Bd. 3, 251.

[31] Kepler, Bd. 3, 256. Charakteristisch für Keplers Denken sind besonders folgende Sätze: Der Planetenkörper ist von Natur aus geneigt zum ruhigen Verharren an jedem Ort, an den er einzeln gebracht wird. Durch die von der Sonne ausgehende Kraft wird er längs des Tierkreises von einem Ort zum anderen versetzt. Die Kraft, die im Planetenkörper selbst ihren Sitz hat, genügt nicht, den Körper, der keine Füße, Flügel und Flossen hat, mit denen er sich in der himmlischen Luft fortbewegen kann, von einem Ort zum andern zu versetzen. Und doch entspringt die Annäherung an die Sonne und das Sichentfernen von ihr aus der Kraft, die dem Planeten eigen ist.

[32] Kepler, Bd. 3, 303 und 366. Die Entdeckung, daß die Bahn eine Ellipse ist, erwähnt Kepler zuerst in einem Brief an David Fabricius vom 11. Oktober 1605 (Kepler, Bd. 15, 247 ff.)

[33] Kepler, Bd. 3, 354.

[34] Kepler, Bd. 3, 359. Eine dort als Zusatzbemerkung enthaltene Feststellung Keplers ist bemerkenswert: et fixae sunt corpora realia (und die Fixsterne sind wirkliche Körper).

[35] Kepler, Bd. 15, 146 und 516 (Übersetzung).

36 Kepler, Bd. 6, 302 (Harmonices mundi liber V, caput III). Der alte griechische Genitiv Harmonices im Titel wird häufig (bei Weglassen der Angabe der Bücher) in den lateinischen Ablativ Harmonice verwandelt. Den Plan zu diesem 1619 erschienenen Buch hat Kepler schon in einem Brief an Herwart von Hohenburg vom 14. Dezember 1599 mitgeteilt (Kepler, Bd. 14, 100).

37 Acht Tage später gab der Prager Fenstersturz das Signal zum Beginn des Dreißigjährigen Krieges.

38 Es kommt hinzu, daß einige kleinere von Copernicus diskutierte Bewegungen wegfielen, weil Kepler nachweisen konnte, daß sie zu Unrecht angenommen worden waren.

39 Epitome Astronomiae Copernicanae (Grundriß der copernicanischen Astronomie) in 7 Büchern, erschienen 1618, 1620 und 1621.

40 Tycho Brahe hatte im September 1611 in Gegenwart Keplers den Kaiser Rudolph II. gebeten, das schon damals geplante Tafelwerk zu seiner Ehre so nennen zu dürfen.

41 Sonne und Mond wurden damals noch wegen der Veränderung ihrer Stellung am Himmel zu den Planeten gerechnet.

42 Später hat Kepler unter dem Titel „Sportulae" (Körbchen) einige Blätter mit Anweisungen zum astrologischen Gebrauch der Rudolphinischen Tafeln drucken lassen (Max Caspar, Johannes Kepler, Stuttgart 418 f.).

43 Die Ephemeriden für 1617 und für 1621–1629 enthalten auch die von Kepler täglich angestellten Wetterbeobachtungen.

44 Ed. naz. X 68. Galilei hat bei späteren Gelegenheiten (z. B. Ed. naz. V 352 f.) ausführlich erklärt, weshalb die Annahme des heliozentrischen Systems nicht als lächerlich betrachtet werden darf.

45 Trattato della sfera ovvero cosmografia (Abhandlung über die Sphäre oder auch Kosmographie). Ed. naz. II 203.

46 Joannes de Sacrobosco (John Holywood), Sphaera mundi (Weltsphäre), London 1244.

47 Galileis Interpretation der Beobachtungen unterscheidet sich durch ihre Sachlichkeit vorteilhaft von vielen zeitgenössischen und sogar manchen späteren Veröffentlichungen. Dazu ein Beispiel aus dem Dialog über die beiden hauptsächlichsten Weltsysteme (Ed. naz. VII 124 ff.): Nachdem ausführlich erörtert worden war, daß die Meere der Erde weniger stark reflektieren als die Landflächen, fragt Simplicio, ob die dunklen Gebiete der Mondoberfläche Meere seien. Salviati antwortet, daß verschiedene Ursachen den gleichen Effekt erzeugen können. Er nehme an, daß die dunklen Flächen Ebenen und die hellen Gebirge seien. Der Mond sei sehr verschieden von der Erde, und er behaupte nicht, daß es dort auch Pflanzen, Tiere usw. gäbe. Etwas später wird festgestellt, daß es auf dem Mond keine Regenfälle gäbe, weil mit dem Fernrohr keine Wolken zu sehen seien.

48 Siderus Nuncius. Ed. naz. III1, 53. Siderus Nuncius wird häufig als „Sternenbote" übersetzt, Galilei meinte die Überschrift aber im Sinne von „Sternenbotschaft" (Ed. naz. VI 389).

49 Ed. naz. III1, 95.

50 J. Kepler, Dissertatio cum Nuncio Sidereo (Gespräch mit dem Sternenboten). Ed. naz. III1, 97 f.

51 Besonders sind hier zu nennen: M. Horky, Brevissima Peregrinatio contra Nuncium Sidereum (Sehr kurzer Aufenthalt – in der Fremde – gegen den Sternenboten). Ed. naz. III1, 127 ff. und F. Sitius, Dianoia astronomica, optica, physica (Astronomisches, optisches, physikalisches Nachdenken). Ed. naz. III1, 201 ff.

52 W. Hartner (Galileo's Contribution to Astronomy, Vistas in Astronomy 11, 1969, 40) vermutete als eines der stärksten Motive für Galileis Haß auf Brahe die Annahme des Tychonischen Weltsystems durch Jesuiten, mit denen Galilei verfeindet war. Das kann aber nicht der Ausgangspunkt gewesen sein, weil Galilei schon früher gegen Brahe eingenommen war.

[53] Ed. naz. V 10 Anmerkung (1).

[54] Ed. naz. V 94–113. Galilei schreibt den Namen Velser.

[55] Ed. naz. V 116–141.

[56] Im Dialog über die beiden hauptsächlichsten Weltsysteme (Ed. naz. VII 84) bemerkt Galilei, daß die Unzerstörbarkeit, die Unveränderlichkeit usw. aus Furcht vor dem Tode gepricsen werden.

[57] Ed. naz. V 186–239.

[58] Kepler erwähnt in einer kurzen Zusammenfassung über das Planetensystem in seiner 1619 erschienenen „Weltharmonik" allerdings auch nur den Erdmond, nicht die Jupitermonde.

[59] Descartes, II 21–23.

[60] Descartes, III 45.

[61] Descartes, III 46.

[62] C. F. von Weizsäcker, Über die Entstehung des Planetensystems, Zeitschrift für Astrophysik, 22, 1943, 319–355.

[63] R. Wolf, Geschichte der Astronomie, München 1877, 262 f.

[64] Descartes, III 19.

[65] Descartes, III 26.

Alfons Kauffeldt

Das Copernicanische Weltbild und die Arbeiten Otto von Guerickes

Otto von Guericke ist bekannt als der Veranstalter des berühmten Versuchs mit den Magdeburger Halbkugeln, als Erfinder der Luftpumpe und einer ersten, einfachsten Elektrisiermaschine in Form einer drehbaren Schwefelkugel. Daß er auch ein Verfechter des Copernicanischen Weltsystems war und daß sein zentrales Problem nicht das Vakuum, sondern der physikalische Raum in unserem heutigen Sinne gewesen ist, ist kaum bekannt, geht aber aus seinem Werk eindeutig hervor.[1] Guericke selbst hat es zudem mehrfach ausgesprochen, am ausführlichsten im Kapitel 1 des zweiten Buches seines Werkes „Experimenta Nova ut vocantur Magdeburgica de Vacuo Spatio“[2], das überschrieben ist mit: „Gründe, die den Verfasser zur Erforschung des Vakuums veranlaßt haben.“ Wegen der Bedeutung für unser Thema geben wir dieses Kapitel ganz wieder:

„Daß des allmächtigen Gottes Spuren in der Natur sich besonders im Riesenbau des Weltalls offenbaren, wird niemand leugnen. Vor allem geht aus dem vorigen Buch folgendes hervor:

1) Unbegreiflich ist die Entfernung der Himmelskörper, der Sonne, des Mondes und der übrigen Planeten, und es steht fest, daß einige von ihnen so groß sind, daß sie nicht nur unsere Erde an Größe übertreffen, sondern sogar 10, 100 und noch viel mehr mal größer sind als sie. Denn welcher Sterbliche vermöchte sich die Abmessungen unseres Erdballs zu veranschaulichen oder vorzustellen, der einen Durchmesser von 1720, einen Halbmesser von 860 und einen Umfang von 5400/deutschen/[3] *Meilen besitzt? Und doch ist er im Vergleich zur Saturnsphäre nicht einmal wie eine Erbse! Man kann also das Größenverhältnis dieser Körper untereinander und ihrer Kreisbahnen zwar in Zahlen ausdrücken, aber durch keine maßstäbliche Zeichnung darstellen und wiedergeben.*

2) Wie unsere Erdkugel zur Saturnsphäre, so verhält sich aber diese zur Sphäre selbst des nächsten Fixsterns. Sicher ist nämlich, daß die Fixsterne nicht nur verschieden weit von der Erde entfernt sind, sondern zum Teil so weit, daß menschliche Einsicht und Geistesschärfe daran geradezu stumpf werden. In der Tat liefert der uns allernächste Stern (das ist vielleicht der Sirius oder die Wega) bezüglich des Erdhalbmessers nicht die mindeste Parallaxe, und selbst, wenn sie beispielsweise 2 Sekunden betrüge, stünde er um 103 448 Erdhalbmesser vom Erdmittelpunkt entfernt. Wäre sie aber gar nur eine Sekunde, so entspräche sie einem Abstand von 268 965 Erdhalbmessern (wie Scipio Claromons im Buch über das Weltall und die untrüglichen Tafeln der Sinusse, Tangenten und Sekanten beweisen). Das sind 231 309 900 deutsche Meilen! Da sich also selbst für den nächsten Stern keine Parallaxe zum Erdhalbmesser feststellen läßt, wird man unschwer einsehen, daß keines menschlichen Geistes Kraft groß genug wäre, um solche Entfernungen bis zu Ende zu begreifen.

3) Was die Anzahl der Sterne betrifft, wer vermag sie zu zählen? Denn heute können wir mit Hilfe der Fernrohre viel mehr sehen als früher, und je vollkommener diese Rohre sind, desto schärfer zeigen sie nebelhafte Sterne, die wir sonst mit bloßem Auge gar nicht wahrnehmen.

4) Wie groß die Masse eines jeden Sterns ist, läßt sich zwar nicht sicher ermitteln, jedoch unterliegt es keinem Zweifel, daß sie bei vielen das zehn- und mehrfache von der Sonne beträgt.

5) Das größte von allen ist dieses Unermeßliche zwischen ihnen, dieser Raum, diese Ausdehnung, das alle diese Sternkugeln, wie viel und wie groß sie auch sein mögen, enthält, mit dem verglichen alle diese Weltkörper zusammengenommen nur wie ein winzig kleines Teilchen, nur wie ein Atom zu betrachten sind.

Nachdem ich lange über dies nachgedacht und zugleich mich häufiger mit dem Weltenbau abgemüht hatte, haben mich nicht nur die derart riesigen Massen dieser Gestirne und ihre dem menschlichen Verstande völlig unzugänglichen unermeßlichen Entfernungen erschauern lassen, sondern hat mich insbesondere dieses Ungeheuerliche zwischen ihnen, der bis ins Grenzenlose sich erstreckende Raum in Verwirrung versetzt und mir die unauslöschliche Begierde eingegeben, ihn zu erforschen. Was mochte das wohl sein, umfaßt es doch alles und gewährt ihm die Stätte seines Seins und Bleibens? Ist es irgend ein feuerartiger Himmelsstoff, fest (wie die Aristoteliker behaupten) oder flüssig? (wie Copernicus und Tycho Brahe glauben) oder ist es eine durchsichtige Quintessenz? Oder doch jener, allerdings stets geleugnete, jeder Stoffheit bare LEERE RAUM?"[4]

Als Guericke dies niederschrieb (1663), hatte er alle seine Untersuchungen schon abgeschlossen und sich die Gewißheit verschafft, daß dieses „Unermeßliche" zwischen den Himmelskörpern in der Tat „jeder Stoffheit bare leere Raum" sein mußte. Kann er dieses Ergebnis zurückprojiziert und als sein Ausgangsproblem hingestellt haben? Das läßt sich natürlich mit aller Gewißheit nicht beantworten. Es besteht andererseits aber kein Anlaß anzunehmen, daß er es getan habe. Er hat zum Beispiel auch seine ersten mißlungenen Versuche zur Herstellung eines Vakuums und die Vorstellungen, von denen er dabei ausgegangen war, wahrheitsgetreu angegeben, obwohl inzwischen fast anderthalb Jahrzehnte vergangen waren. Außerdem entspricht das ganze Werk dem Motiv, daß Guericke in den zitierten Worten angibt.

Guericke spricht im Zitat an mehreren Stellen vom Weltenbau, er nennt Copernicus, aber auch Tycho Brahe und die Aristoteliker, also die zeitgenössischen Anhänger des Ptolemäischen Systems. Den Streit um das wahre Weltsystem nennt er aber als Anlaß oder Motiv nicht. Es ist also nicht seine primäre Absicht gewesen, direkt in diesen Streit einzugreifen, obwohl sein Werk diese Vermutung nahelegen könnte. Denn in dem größeren Teil seines Werkes geht es um die verschiedenen Weltsysteme, die damals nebeneinander vertreten wurden.

In seinem Werk stellt er sich zudem ganz eindeutig auf den Boden des Copernicanischen Systems. Aber an den Systemen interessierte ihn primär nur, ob sie sich mit seinen Vorstellungen vom leeren Weltraum vereinbaren ließen oder nicht. So wirft er zum Beispiel allen geozentrischen Systemen vor, daß sie in dieser oder jener Form ein stoffliches Medium benötigten oder unterstellten, mit dessen Hilfe die Bewegung von irgend einem ersten Beweger auf die Planeten und die anderen Gestirne übertragen werden sollte. Dagegen hatte Copernicus für die auffälligste Bewegung, nämlich die tägliche Bewegung um die Erde, ein übertragendes Medium ganz überflüssig gemacht, indem er sie als eine nur scheinbare, durch die tägliche Umdrehung der Erde um ihre Achse nur vorgetäuschte Bewegung deutete.

Damit fielen die sogenannten Sphären für die einzelnen Himmelskörper fort, die ja ausgesprochen gekünstelte Gedankengebilde dargestellt hatten, für die es keinerlei Erklärung oder Analogon gab. Für Copernicus bedeutete das nur ein Nebenergebnis. Aus der Sicht Guerickes bestand darin aber gerade ein Vorzug des Copernicanischen Systems! Der Fortfall eines besonderen Trägers für die Gestirne und für die Übertragung der täglichen Bewegung, der auch dann, wenn man einen besonderen himmlischen Stoff mit außergewöhnlichen Eigenschaften annahm, dennoch ein mechanisches Gebilde darstellte und auch sein sollte, legte den Gedanken nahe, auch für den Umlauf um die Sonne auf ein solches mechanisches Gebilde zu verzichten. Bei der Kritik des Systems von Tycho Brahe, das inzwischen das Ptolemäische System bereits verdrängt hatte, und zwar vor allem bei denen, die die Erde als ruhenden Mittelpunkt der Welt beibehalten wollten, wendet sich Guericke daher vor allem gegen das Fluidum, das bei Brahe als Medium die Bewegungen mechanisch übertragen sollte. Nachdem er dieses System kurz beschrieben und auch seine Hochachtung gegenüber Tycho Brahe zum Ausdruck gebracht hatte („ein im übrigen nicht hoch genug zu schätzender Mann, durch den wir besser den Tatsachen entsprechende Tafeln haben")[5], kommt er zu der Feststellung: „Nun ist dieses Tychonische System gewiß geistreich erdacht, doch wird aus dem Folgenden klar werden, daß es in Wirklichkeit gar nicht bestehen kann. Tycho sah zwar den Fehler des ptolemäischen Systems, der besonders darin liegt, daß Venus und Merkur näher der Erde angeordnet werden, während sie doch offensichtlich der Sonne viel näher und immer ihre Trabanten sind. ... Er hat auch gesehen, daß ein großer Irrtum der Ptolemäer darin besteht, zur Aufrechterhaltung und Verteidigung ihres Systems die Planetensphären für fest und dicht zu halten: das streitet Tycho durchaus ab. Diese festen Gebilde stürzt er gleichsam herab aus dem Himmel und setzt an ihre Stelle ein Fluidum, durch das die Sonne die anderen Planeten wie ein Wagenlenker täglich um die Erde führt"[6]. Wir übergehen die astronomischen Einwände gegen dieses System und bringen das, was Guericke weiter gegen dieses Fluidum vorbringt: „Zweitens ist es gegen Verstand und vernünftige Einsicht", schreibt er, „daß ein so ungeheures System, das aus der Sonne und den Planeten besteht, sich fortbewegen, innerhalb der so kurzen Zeit von 24 Stunden um die Erde laufen und dabei noch einen Stoff (sei er auch noch so flüssig und dünn) durchgleiten soll. ...

„Drittens erhebt sich die Frage, wie eine Bewegung dieses Planetensystems, inmitten dessen sich auch die Erde befindet, zustande kommen könnte, ohne daß auch die ganze dazwischen liegende leichte Materie, oder die Substanz, die Tycho ätherische Luft nennt, mitgerissen wird und wie die Erde von den sie berührenden Teilchen dieser Materie getrennt wird. Während nämlich dieses Planetensystem (in welchem die Erde, die nur in bezug auf die Sonne die Mitte bildet, nicht im Zentrum steht) sich dreht, müßte notwendigerweise auch in und mit ihm die Erdkugel umlaufen, die ja Tycho selbst außerhalb des Mittelpunkts dieses Systems angeordnet hat."[7]

Wenn wir in Betracht ziehen, daß zu dieser Zeit auch ein Descartes ein Weltsystem entworfen hatte, restlos von einem ätherischen Stoff angefüllt, dessen Wirbel die Bewegungen der Himmelskörper bewirken sollten, dann wird deutlicher, wie allein Guericke mit seinem Einwand gegen solche himmlischen Fluida stand und gegen welche altgewohnten Vorstellungen er anging. Man kann daher seine Einwände nur verstehen, wenn man seine Überzeugung in Rechnung stellt, daß das Weltall angesichts seiner Dimensionen nur leer sein könne. Die Dimensionen des Weltalls, die er in dem zitierten Kapitel in geradezu dramatischer Steigerung vorführt, sind wirklich für ihn selbst das Hauptargument für die Leere des Weltalls gewesen. Zudem war der Gedanke, daß das Weltall entgegen der vorherrschenden Vorstellung leer sein könnte, schon ausgesprochen worden. Unter anderem hat Kepler von dieser Möglichkeit gesprochen, ohne diesen Gedanken allerdings weiter zu verfolgen. Auch William Gilbert hat daran gedacht. Es ist nicht uninteressant, daß beide Anhänger des Copernicanischen Systems gewesen sind. In der Tat war dies eine Konsequenz, die jenes System nahelegte, ohne es allerdings direkt zu fordern. Es ist Guericke gewesen, der diese Konsequenz am deutlichsten gesehen und sie zu beweisen unternommen hat.

Als weiteres Beispiel für die allgemein verbreitete Meinung sei noch ein Einwand Tycho Brahes gegen das Copernicanische System angeführt, den Guericke am Schluß seiner Auseinandersetzung mit dem Tychonischen System erwähnt: „Und endlich habe er /nämlich Kopernikus/ den (von Sternen fast leeren) Raum zwischen der Saturnsphäre und dem achten Himmel für nahezu unermeßlich gehalten".[8]

Das hat Copernicus tatsächlich getan. Er hat damit den – übrigens durchaus berechtigten – Einwand beantwortet, daß ja bei einem Umlauf der Erde um die Sonne die Fixsterne, von entgegengesetzten Punkten der Erdbahn betrachtet, an einer anderen Stelle am Himmel stehen müßten. Der Hinweis von Copernicus auf deren zu große Entfernung war eine kühne These, für die es damals noch keinen direkten Beweis gab. Die auf die Erdbahn bezogenen Parallaxen sind selbst für die allernächsten Fixsterne außerordentlich klein, kleiner als eine Bogensekunde. Erst im 19. Jahrhundert ist es Bessel gelungen, erstmals eine solche Parallaxe zu messen. Zur Zeit von Copernicus und auch noch zur Zeit von Guericke reichte die Meßgenauigkeit bei weitem nicht aus.

Allerdings ergab das Copernicanische System ein weiteres „Nebenergebnis", das den von Copernicus gezogenen Schluß stützen konnte. Solange nämlich die tägliche Bewegung aller Gestirne für wirklich gehalten wurde, solange mußten die Fixsterne, die ja diese Bewegung strenger befolgten als die Sonne und die Planeten, dem Weltsystem zugerechnet werden, dessen Mittelpunkt die Erde darstellen sollte. Diese Konsequenz war unvermeidlich. Wenn aber gemäß Copernicus diese tägliche Bewegung nur vorgetäuscht und keine wirkliche war, dann fiel die Bindung der Fixsterne an dieses System fort. Dann konnten die Fixsterne wirklich „unermeßlich" weit von uns entfernt sein. Diese Konsequenz hat erstmals Giordano Bruno ausgesprochen und bekanntgemacht. Guericke erwähnt außer Bruno schon eine Reihe weiterer Autoren, Galilei, Kepler, Mersenne und auch Nikolaus Cusanus, die denselben Gedanken vertreten hätten[9].

Mit der Erfindung des Fernrohrs war ein sehr starkes direktes Argument für die riesigen, alles bisher Angenommene weit übersteigenden Entfernungen der Fixsterne hinzugekommen. Wenn Tycho Brahe sich gegen die von Copernicus unterstellten Entfernungen gewandt und damit seine Ablehnung dieses Systems begründet hat, so hatte er dafür noch einen triftigen Grund: sowohl Tycho Brahe als auch andere Beobachter glaubten mit dem bloßen Auge die Sterne als winzige Scheibchen zu sehen. Dann aber hätten sie eine direkte Parallaxe gehabt und ihre Entfernungen hätten niemals so groß sein können, daß sie, auf die Erdbahn bezogen, die Unveränderlichkeit der Fixsterne hätten erklären können, dann hätte man, anders gesagt, eine Erdbahnparallaxe beobachten müssen. Da man aber keine beobachtete, hielt Tycho Brahe damit die von Copernicus geforderte Bewegung der Erde um die Sonne für widerlegt. Als man jedoch nun das Fernrohr, also ein Vergrößerungsgerät, auf die Sterne richtete, da verschwanden die angeblichen Scheibchen, anstatt größer und deutlicher erkennbar zu werden. Bei den Planeten dagegen beobachtete man die erwartete Vergrößerung. Die Venus zum Beispiel zeigte im Fernrohr ganz ähnliche Phasen wie der Mond.

Auf diese erst mithilfe des Fernrohres gewonnene Erkenntnis bezieht sich Guerickes Bemerkung im oben angeführten Kapitel, daß sich „selbst für den nächsten Fixstern keine Parallaxe zum Erdhalbmesser feststellen läßt". Guericke rechnet dort mit einer gewissen Genugtuung vor, was für Entfernungen sich ergäben, wenn die – wohlgemerkt auf den Erdhalbmesser, nicht auf die Erdbahn bezogene – Parallaxe nur zwei oder gar nur eine Bogensekunde betragen würde.

Mit derartigen Fixsternentfernungen mußte man somit nunmehr rechnen. Das geschah auch in dieser Zeit, selbst bei Anhängern des geozentrischen Systems. Bezeichnend dafür ist z. B. die „Ekstatische Himmelsreise" von Athanasius Kircher, mit der sich Guericke im vorletzten Kapitel seines Werkes auseinandersetzt. Kircher, ein Gegner des heliozentrischen Systems und auch der Möglichkeit eines Vakuums in der Natur, kann sich in diesem Buch gar nicht genug tun in immer neuen Veranschaulichungen der riesigen Entfernungen der Fixsterne. Guericke zitiert außerdem mehrere von Kircher vorausgeschickte Bemerkungen, in denen er sich über die Fixsterne nicht anders äußert als Bruno und andere. Eine dieser Stellen lautet: „Die Sterne liegen zweifellos nicht auf ein- und derselben Himmelsfläche, sondern sind bis in des Himmels innerste unermeßlichen und undurchdringlichen Tiefen in unerforschlichem Abstand entrückt"[10]. Aber trotzdem sollten sie sich nach Kircher alle um die Erde als dem Weltmittelpunkt drehen. Besonders erbost ist Guericke über die Unterstellung eines tychonischen Systems für jene fernen Fixsternwelten. Sie sollten also auch eine „Erde" als ihren Mittelpunkt haben, um die ihre „Sonne" mit ihren sie umkreisenden „Planeten" umlaufen sollte. Solche Phantastereien haben natürlich mit Astronomie und Wissenschaft nichts zu tun. Wir dürfen sie allerdings nicht mit unseren Maßstäben messen. Bei der rein qualitativen und deduktiven Betrachtungsweise der Scholastik entstand die Frage gar nicht, ob und wie denn so etwas möglich sei. Es kam lediglich darauf an, eine denkmögliche Erklärung zu finden. Kircher stand mit seiner Argumentation nicht allein, sondern auf dem Boden einer alten und ausgebauten theologischen Tradition der feudalen Gesellschaftsordnung und ihrer herrschenden Klasse. Umso mehr muß man daher hervorheben, daß die Vertreter der neueren Naturforschung sich auf der Grundlage der frühkapitalistischen Entwicklung mehr und mehr und immer bewußter von dieser Tradition freimachten und die Frage nach der Realität irgendeiner wissenschaftlichen Lehre zu stellen begannen. Darin unter anderem hat die große Tat von Copernicus bestanden. Zur Zeit Guerickes brach sich dieser Standpunkt Bahn und wurde unter den Naturforschern zum vorherrschenden. Aber die Widerstände, die von den Verfechtern der Interessen der herrschenden Klasse der zerfallenden Feudalgesellschaft ausgingen, waren immer noch stark und hatten tiefe Wurzeln; sie konnten sich auf sogenannte heilige und altehrwürdige Wahrheiten und Autoritäten berufen und taten es auch.

Aus dem bisher Dargelegten ergibt sich, daß Guericke als Bürger einer der bedeutendsten Städte des 17. Jahrhundert der scholastisch-theologischen Tradition entgegentrat und das Copernicanische System als Ausgang seiner eigenen Untersuchungen nahm. Die riesigen Entfernungen und der Fortfall der Notwendigkeit, für die tägliche Bewegung der Gestirne eine mechanische Übertragung annehmen zu müssen, waren im Copernicanischen System zwar nur Nebenergebnisse und Konsequenzen, sie ergaben sich aber nur aus diesem System. Kein anderes System der damaligen Zeit ließ die beiden Schlüsse zu. Guericke brauchte daher in seiner Begründung das Copernicanische System gar nicht besonders zu erwähnen: mit seiner Begründung stand er bereits auf dem Boden dieses Systems. Die grundsätzliche Überlegenheit sowohl dieses Systems über alle geozentrischen als auch der neuen, die Übereinstimmung mit der Wirklichkeit fordernden Fragestellung über die scholastische, der die Überprüfbarkeit an der Wirklichkeit grundsätzlich als nicht wesentlich galt, zeigte sich besonders an solchen Nebenfragen und Konsequenzen. Wenn nämlich ein System im wesentlichen der Wirklichkeit entspricht, dann gilt das meist auch für die aus ihm ableitbaren Schlußfolgerungen. Besteht aber im Wesen eine Nichtübereinstimmung, dann kommt diese in den Schlußfolgerungen noch viel deutlicher zum Ausdruck. Es betrifft diesen Unterschied nicht, daß alle Erkenntnis nur relative Wahrheit ist.

Ein Beweis für diesen Unterschied ist das exponentielle Anwachsen der Erkenntnis der Natur seit dem 17. Jahrhundert und bis in unsere Zeit hinein. Das war nur möglich, weil unter anderem von diesem Zeitpunkt an alle Erkenntnisse an der Wirklichkeit überprüft wurden und daher wirkliche Erscheinungen und Prozesse widerspiegelten. Sie konnten sich ansammeln und nebeneinander bestehen und sich ergänzen, so wie es ihre Urbilder in der Natur tun. Die Erkenntnisse der Scholastik und auch der antiken griechischen Naturphilosophie hatten diesen Charakter nicht und widersprachen sich oft sogar. Sie ließen sich also nicht nebeneinander anhäufen und sammeln. Nur die Mathematik bildete darin eine Ausnahme, aber in ihr mußte ja auch jede Behauptung bewiesen werden.

Otto von Guericke ist nicht nur vom Copernicanischen System ausgegangen, sondern auch von dem Geist, in dem dieses System geschaffen worden ist. Im Sinne dieses Geistes hat er sich nie mit dem bloßen Gedanken begnügt, sondern immer versucht, für seine Annahmen Beweise zu finden, sowohl experimentelle als auch theoretische. Er ist darin konsequenter gewesen als viele andere zeitgenössische Forscher.

Dank dieser Konsequenz in der Befolgung des neuen Geistes ist er in der Frage des Vakuums weiter gekommen und tiefer in das Problem eingedrungen als Torricelli, Pascal und Boyle, die nicht bis zur Frage nach dem physikalischen Wesen des Weltraumes vorgedrungen sind, für die diese Frage außerhalb ihres Problems lag. Und so ist es gekommen, daß die konkreten Leistungen Guerickes, die ihn berühmt gemacht und die wir eingangs kurz angedeutet haben, ausnahmslos und aus innerer Logik aus der Fragestellung entspringen konnten, die er im oben zitierten Kapitel angegeben hat.

Sein erster Schluß war nämlich, jener alles umfassende Raum müsse auch hier auf Erden, gewissermaßen im Innern der Welt, ebenso vorhanden sein und in Erscheinung treten, wenn man aus einem Gefäß alles entferne und verhindere, daß etwas in den frei gewordenen Raum nachdringen könne. Als Gefäß nahm er ein Bierfaß, das er mit Wasser füllte und mit einer Handwasserspritze leerpumpen wollte. Das mißlang aber, weil zu Guerickes Überraschung die äußere Luft durch das Holz des Fasses ins Innere drang. Es mißlangen auch noch zwei weitere Versuche mit anderen Gefäßen. Das braucht hier im einzelnen nicht dargelegt zu werden. Wichtig ist für uns aber, daß aus diesen in der Natur der Sache liegenden anfänglichen Mißerfolgen Guericke zu zusätzlichen, sehr fruchtbaren weiteren Fragestellungen veranlaßt worden ist. Uns soll interessieren, daß Guericke trotz anfänglicher Fehlschläge nicht eher ruhte, bis ihm doch die Herstellung eines Vakuums gelungen war. Erst jetzt hielt er seine Annahme für erwiesen. Er ist ebenso konsequent der Ursache der ersten Mißerfolge nachgegangen, bis er auch sie geklärt hatte. Ein Ergebnis war die Entdeckung des Luftdrucks, ein anderes die Verwandlung der Wasserpumpe in eine echte Luftpumpe.

Um zu ermessen, was es damals bedeutete, in dieser Weise sich jeweils Gewißheit über seine Annahmen verschaffen zu wollen, muß man zeitgenössische Gegenbeispiele heranziehen. Ein solches Gegenbeispiel lieferte Descartes. Er war ein erklärter Gegner der Scholastik, war aber ebenso wie sie der Meinung, daß das Weltall restlos von einer Materie erfüllt sei, erfüllt sein müsse. Denn wie Aristoteles nahm er an, daß „die räumliche Ausdehnung oder die des inneren Ortes sich nicht von der Ausdehnung eines Körpers unterscheide“[11]. Er verdeutlicht diese Vorstellung durch ein Gedankenexperiment und sagt: „Fragte man, was geschehen würde, wenn Gott aus einem Gefäß jeden darin vorhandenen Körper wegnähme und keinen anderen an dessen Stelle treten ließe, so ist zu beantworten, daß die Wände des Gefäßes sich dann von selbst berühren würden. Denn wenn zwischen zwei Körpern nichts zwischenliegt, müssen sie sich wechselseitig berühren, und es ist ein offenbarer Widerspruch, daß sie von einander abstehen sollen, oder, daß zwischen ihnen ein Abstand, aber dieser Abstand ein nichts sei. Denn jeder Abstand ist eine Form der Ausdehnung und kann deshalb nicht sein ohne eine Substanz, die Ausdehnung hat“[12]. Es braucht nicht näher erläutert zu werden, welche Bedeutung Descartes zu dieser Zeit gehabt hat. Außerdem hat er in dem Zitierten nur eine allgemein verbreitete Vorstellung zum Ausdruck gebracht. Was uns hier interessieren soll, ist, daß weder Descartes noch ein anderer es für notwendig gehalten hat, eine solche fundamentale Annahme zu überprüfen. Man hielt ein Gedankenexperiment für hinreichend und sogar für überlegen. Das hat Descartes selbst ganz deutlich ausgesprochen. In den schon genannten „Grundlagen der Philosophie" schreibt er: „... wir stellen sie/die unendlich ausgedehnte Substanz/uns nicht nur vor, sondern wir sehen sie als *wirklich denkbar,* d. h. *als real an."* Und etwas später: *„Die Idee* irgend eines andern Stoffes finden wir in uns nicht. Der Stoff ist *also* im ganzen Universum ein und derselbe, der allein dadurch gekennzeichnet ist, daß er ausgedehnt ist"[13] (Hervorhebungen von mir – A. K.). Für Descartes ist – das kommt schon in diesen wenigen Worten zum Ausdruck – die ratio die entscheidende Instanz und das Kriterium der Wahrheit.

Guericke aber hat seine entscheidende Annahme auch experimentell überprüft, nicht nur mit der ratio. Indem es allgemein üblich wurde, so wie er vorzugehen, kam der erwähnte exponentielle Anstieg der Naturerkenntnisse in der Folgezeit zustande. Auf dem Descartes'schen Wege wäre er nicht erreicht worden. Nicht er, sondern Guericke war es, der hierin dem Vorbild von Copernicus folgte, der diesen neuen Weg gewiesen hatte. Wohlgemerkt, Descartes steht hier für seine ganze Schule. Eine gleichartige Argumentation begegnet uns auch bei anderen, zum Beispiel auch bei Leibniz.

Aus dem oben Dargelegten geht weiter hervor, daß Guericke zu einem Verfechter des Copernicanischen Systems werden mußte. Indem er nämlich für dieses System eintrat, verteidigte er seine eigene These vom leeren Weltraum.

Als Verfechter der Copernicanischen Systems hat er recht interessante, bisher nicht vorgebrachte Argumente für dieses System entdeckt. Seine Fragen richteten sich auf den physikalischen Charakter der einzelnen Systeme. So fragte er, wie man die in den einzelnen Systemen angenommenen Bewegungen und die erforderlichen Kräfte mit den bekannten Gesetzen der Mechanik erklären oder in Einklang bringen könnte. Beim alten Ptolemäischen System bemängelte er außer dem oben schon Angeführten, daß die Gestirne durch einen ganz außen angenommenen ersten bzw. zweiten Beweger angetrieben werden sollten. Für die jährliche Bewegung ergebe sich dabei unter anderem eine ungereimte Reihenfolge: die dem dafür zuständigen zweiten Beweger nächsten Planeten wiesen die langsamste, die ihm entferntesten Planeten Venus und Merkur die schnellsten Umläufe auf, während der am weitesten entfernte, innerste Weltkörper, nämlich die Erde, ruhen sollte. Ferner fragte Guericke, wie denn die entgegengesetzten Bewegungen des ersten und zweiten Bewegers über ein und dieselben Sphären gleichzeitig auf die Planeten übertragen werden könne.

Vor allem aber griff er die in diesem System unterstellten besonderen Punkte an: Weltmittelpunkt, Mittelpunkt der Epizyklen und Deferenten, die Exzenter. Bei der Darlegung seiner Vorstellung vom Raum hatte er mit besonderem Nachdruck darauf hingewiesen, daß dieser ein absolutes Kontinuum sei, in dem es keinen Ort, keine Richtung, kein vorn oder hinten, kein rechts oder links, kurz, überhaupt keinen vor anderen ausgezeichneten Punkt gebe. Dieses Argument konnte er natürlich erst bringen, als er sich durch seine experimentellen und theoretischen Untersuchungen Klarheit über den Raum verschafft hatte. Das gilt erst recht für seinen weiteren Angriff auf jene besonderen Punkte im Ptolemäischen System, nämlich seine Feststellung, daß ein bloßer Punkt völlig außerstande sei, irgendwelche Einwirkungen oder Kräfte auf die Himmelskörper auszuüben. Er hatte ja nicht ohne Absicht die unvorstellbaren Dimensionen der Himmelskörper so eindrucksvoll vorgeführt. Einwirkungen oder Kräfte könnten nur Körper ausüben, lehrte er in Ergänzung seines Angriffs auf jene ausgezeichneten Punkte. Und Körper übten um so größere Wirkungen aus, je größer sie selbst seien. In unserem System sei die Sonne der bei weitem massereichste Körper, und von ihr gingen daher auch die größten Wirkungen aus. Sie sei also der wirkliche Mittelpunkt unseres Systems, um den sich alle anderen Glieder drehen müßten.

Mit dem Hinweis auf die große Masse der Sonne, deren Volumen man damals bereits annähernd ermittelt hatte, hatte Guericke ein neues Argument in die Diskussion hineingebracht. Er ging in dieser Richtung noch einen bedeutsamen Schritt weiter, wobei er wieder erwiesene Fakten ins Spiel brachte. Obwohl die Wirkung der Sonne so viel mal größer sei als die der Erde, könne sie den Mond nicht der Erde entreißen, weil nämlich alle diese von den Körpern ausgehenden Wirkungen mit der Entfernung schwächer würden. Da die Erde dem Mond viel näher stehe als die Sonne, sei ihre Wirkung auf den Mond stärker als die der Sonne.

Diese These demonstrierte er mit seiner Schwefelkugel, die eine terrella, also ein Erdlein oder Modell der Erde darstellen sollte. Mit ihr zeigt er, daß eine Flaumfeder in der Schwebe gehalten werden könne, obwohl die Erde sie nach unten zu ziehen suche, es aber auch nicht könne, weil die Schwefelkugel durch ihre größere Nähe stärker als die Erde sei. Die Flaumfeder wende übrigens der Schwefelkugel immer dieselbe Seite zu, genau wie der Mond der Erde, fügte er noch hinzu. Und schließlich machte er noch geltend, daß mit der Sonne als Kraft- und Bewegungsmittelpunkt die oben genannten Ungereimtheiten der Planetenbewegungen verschwänden: jetzt lief der diesem Mittelpunkt nächststehende Planet am schnellsten um, die anderen um so langsamer, je weiter sie vom Mittelpunkt entfernt seien. Das Dargelegte läßt wohl erkennen, was Guericke meinte, wenn er die Übereinstimmung mit den Gesetzen der Mechanik forderte. Und wieder hat er sich nicht damit begnügt, seine Gedanken nur zu äußern, sondern hat versucht, wie die Experimente mit der Schwefelkugel beweisen, möglichst auch experimentelle Belege für sich zu finden.

Guericke hat sich auch ein Modell des Sonnensystems zu schaffen versucht, einmal eine Kugelschale, zum anderen ein wassergefülltes Gefäß, die er jeweils in schnelle Rotation versetzen konnte. Hinein tat er verschieden schwere oder große Kugeln, die im Falle des wassergefüllten Gefäßes hohl waren und durch Schrotkugeln so austariert waren, daß sie im Wasser schwebten. Er wollte damit den Einfluß der Schwere ausschalten. Er beobachtete dabei, daß alle Kugeln im selben Sinne umliefen, daß sie nahezu, aber eben nur nahezu in der „Äquatorebene" umliefen, wobei sie in regelmäßiger Wiederkehr einmal oberhalb, einmal unterhalb dieser Ebene verliefen. Er glaubte auch noch eine Ordnung nach der Größe zu beobachten, alles Erscheinungen, wie sie auch das Sonnensystem bei den Planeten zeige. Die Beweiskraft dieser Versuche bewerten wir heute nicht so, wie es Guericke und seine Zeitgenossen getan haben. Aber die Beweiskraft ist nur die eine Seite. Die andere und wichtigere besteht darin, daß Guericke damit das Sonnensystem als ein Rotationssystem deutete, das im Prinzip denselben Gesetzen folge wie ein irdisches Modell. Dieser Gedanke hatte Bedeutung. Denn keines der geozentrischen Systeme ließ sich so mit den Gesetzen der Mechanik deuten, keines ließ sich in einem entsprechenden mechanischen Modell auch nur annähernd abbilden.

Guerickes Ansatz zu einer mechanischen Deutung hatte allerdings eine schwerwiegende Konsequenz. Er mußte annehmen, daß die Wirkung der Sonne auf die Planeten und der Planeten auf ihre Monde über den leeren Raum hinweg und auf eine unkörperliche Weise erfolge. Er hat diesen Schluß auch gezogen und entwickelte dabei eine bestimmte Vorstellung oder Theorie. Danach sollten allen Himmelskörpern bestimmte virtutes, wie er sie nennt, innewohnen, die ihnen entströmen und in der Ferne wirken könnten. Wörtlich schreibt er: „Harum virtutem natura simul est, agere in distans" / allen diesen virtutes ist gemeinsam, in der Ferne zu wirken /[14]. Man könnte „virtus" mit „Kraft" übersetzen, wenn man dabei „Kraft" nicht im engeren physikalischen Sinne verstände, sondern in einem allgemeineren Sinne als ein Können oder Vermögen oder als eine Fähigkeit zu wirken, und zwar auch entfernt von dem betreffenden Körper, dem die virtus entströmt. Guericke unterscheidet körperliche und unkörperliche virtutes.

Als eine körperliche virtus der Erde deutete er die uns umgebende Lufthülle. Er war durch seine Versuche zu der Erkenntnis geführt worden, daß die bei jeder Evakuierung im Gefäß noch feststellbare geringe Menge Luft weder von außen hineingekommene noch verbliebene Restluft sei, sondern im Gefäß neu gebildete Luft. Denn alle Körper hätten ihren „Geruch", der ihnen entströme, am stärksten, wenn sie sich im Vakuum befänden. Wir wissen, daß die Oberflächen fester Körper, die mit einer Gasphase in Kontakt stehen, Gasmoleküle adsorbieren und diese mit der Zeit wieder abgeben, wenn das Gas abgepumpt wird, so, wie es Guericke bei seinen Versuchen beobachtet hat. Er ist übrigens der erste, der diese Erscheinung beobachtet und auch schon ziemlich zutreffend gedeutet hat.

Aus der von ihm und von anderen inzwischen festgestellten Abnahme des Luftdrucks mit der Höhe schloß nun Guericke, daß die Lufthülle der Erde oder die ihr entströmende körperliche virtus sich nicht sehr weit in den Raum hinein erstrecken könne, sondern in einer im Vergleich zu den Sternentfernungen sehr geringen Entfernung schon auf null abgesunken sei. Als einen direkten Beweis dafür wies er darauf hin, daß uns nachts der Himmel dunkel erscheine, obwohl er doch genau wie am Tage vom Sonnenlicht durchflutet werde. Wenn der Himmel nicht leer wäre, sondern von irgend einem Stoff erfüllt, dann müßte das Sonnenlicht daran gestreut werden. Wir würden dann den Himmel nicht dunkel, sondern so erhellt wie in der Dämmerung sehen, bei der sich doch die Sonne noch oder schon unter dem Horizont befindet. Diese Erklärung der Dämmerung war damals schon seit langem bekannt und wurde von Guericke auch angeführt.

Die an der körperlichen virtus „Luft" erwiesene Erstreckung in den Raum bis zu einer relativ geringen Entfernung übertrug Guericke auf die anderen virtutes, insbesondere auch auf die unkörperlichen. Unter diesen interessiert uns vor allem die virtus conservativa oder „erhaltende Kraft" der Erde und der anderen Himmelskörper. Guericke versteht darunter die Fähigkeit der Himmelskörper, sich alles zu erhalten, was jeweils zu ihnen gehöre. Er hat sich ausdrücklich dagegen ausgesprochen, die virtus conservativa mit einer Anziehung, einer attractio, gleichzusetzen, weil er offenbar fühlte, daß die Anziehung de facto die am meisten ins Auge springende Wirkung seiner virtus conservativa darstellte. Er meinte aber einen allgemeineren Begriff.

Abgesehen von dieser zeitbedingten Vorstellung einer „erhaltenden" Kraft ist das, was er dann von ihr berichtet, praktisch dennoch gleichbedeutend mit einer allgemeinen Anziehung und weitgehend ähnlich der späteren allgemeinen Massenanziehung Newtons: Schon bei Guericke ist sie eine allgemeine Eigenschaft aller Himmelskörper und sogar ihrer Teile, nimmt mit der Entfernung ab, ist unkörperlicher Natur und verantwortlich für das, was die Glieder des Sonnensystems zusammenhält. Ihre Stärke sei schließlich auch umso größer, je größer der Körper ist, auf den sie einwirkt. Qualitativ hat Guericke somit die Proportionalität mit beiden Massen und die Verdünnung mit der räumlichen Entfernung vom Ausgangskörper schon ausgesprochen. Trotz aller dieser wesentlichen Gemeinsamkeiten liegt dennoch keine Vorwegnahme der Newtonschen allgemeinen Massenanziehung vor. Guericke hat sich mit rein qualitativen Aussagen begnügt. Er war nämlich kein Mathematiker, obwohl er die Mathematik sehr geschätzt hat und ein guter Rechner gewesen ist. Auch die hier sehr wesentliche Verallgemeinerung auf alle Massen hat er nicht klar ausgesprochen, sondern nur eine vage Andeutung in dieser Richtung gemacht. Vor allem aber hat ja Newton, der dabei die Infinitesialrechnung erfunden hat, die Integration der Gravitation aller Massenpunkte der Erde durchgeführt und den direkten Beweis dafür geliefert, daß unter Berücksichtigung der Entfernung die auf den Mond einwirkende Kraft identisch ist mit der Schwerkraft, die wir hier auf der Erdoberfläche beobachten und messen können.

Und dennoch haben die Vorstellungen Guerickes Bedeutung für Newton gehabt, und zwar eine ähnliche, wie die antike heliozentrische Lehre für Copernicus gehabt hat. Wer nämlich einen neuen, umwälzenden Gedanken entwickelt hat, den begleitet ständig die Furcht, sich vielleicht in einem wichtigen Punkt geirrt zu haben. In dieser Situation ist er dankbar für alles, was seinen Gedanken direkt oder indirekt bestätigen könnte, auf das er sich berufen kann.

Newton ist bis in die siebziger Jahre des 17. Jahrhunderts wie die Mehrzahl der Naturforscher dieser Zeit Anhänger der Descartesschen Weltäther-Wirbeltheorie gewesen. In diesem Weltsystem wurde die Schwere gedeutet als ein Druck der Ätherteilchen in Richtung auf das jeweilige Wirbelzentrum. In diesem System hätte die Idee der allgemeinen Massenanziehung keinen Boden gehabt, und hätte gar nicht konzipiert werden können.

Bei seiner späteren Kritik dieser Schweretheorie hat Newton darauf hingewiesen, daß dann, wenn die Schwere ein Ergebnis eines Drucks der Ätherteilchen wäre, sie proportional dem Querschnitt und damit der zweiten Potenz der Dimensionen der Körper sein müßte. Sie sei proportional der dritten Potenz und damit dem Volumen oder der Masse. Bei seiner Entscheidung für die Annahme einer Proportionalität mit der Masse hat die Einsicht eine wichtige Rolle gespielt, daß das Weltall leer ist, d. h.

ein mechanisch einwirkender Äther oder ein sonstiges Medium nicht existieren. Daß das Weltall in der Tat leer ist, hatte Guericke erwiesen. Er hat auch schon den Gedanken ausgesprochen, wie oben dargelegt, daß die Himmelskörper auf eine unkörperliche Weise aufeinander einwirken müßten, und hat dafür eine Reihe von gewichtigen Argumenten vorgebracht.

Die Newtonsche Gravitationslehre ist von so bedeutenden Männern wie Huygens und Leibniz abgelehnt worden. Das ist nicht etwa auf Grund der Wirbeltheorie geschehen. Diese selbst war vielmehr nur ein Ausdruck der mechanistischen Vorstellungen, die damals vorherrschten und gemäß denen Körper nur durch direkten Druck oder Stoß aufeinander einwirken könnten. Die Ablehnung richtete sich also gegen die Annahme, daß Unkörperliches, die Gravitation oder die virtus Guerickes, über den leeren Raum hinweg, also ohne irgend ein übertragendes Medium, fern vom Ausgangskörper, mechanische Wirkungen ausüben sollte, und dazu noch so riesige, wie sie die unvorstellbaren Massen der Himmelskörper verlangen würden. Es gibt Äußerungen, die diesen Standpunkt zum Ausdruck bringen. In seinem Brief vom 17. August 1671 z. B. schrieb Leibniz an Otto von Guericke zu dessen Vorstellungen vom Raum: „Denn durchdringt diese Substanz alles /gemeint ist der Guerickesche Raum, den dieser allerdings niemals als eine Substanz bezeichnet hat/, so ist sie freylich unbeweglich. Denn causa motus unica est, ne sequatur penetratio /denn der einzige Grund für eine Bewegung ist, daß keine Durchdringung erfolge/ und daher muß eines dem anderen in casu concursus /im Falle des Zusammentreffens/ weichen, oder müssen beide ruhen ... Item, wo sie unbeweglich, so kann sie auch nichts bewegen. Nihil enim movet, nisi moveatur, excepta mente, ..." /Mit Ausnahme des Geistes kann nämlich nur bewegen, was selbst bewegt ist/[15].

Hier haben wir klar ausgesprochen den mechanistischen Standpunkt von Leibniz und aller Anhänger von Descartes in dieser Hinsicht. Sie konstatieren den Widerspruch zu ihren Vorstellungen bloß und halten die Sache damit für widerlegt und erledigt. Sie haben ihren Einspruch auch gegenüber der Newtonschen Gravitationslehre aufrecht erhalten. Aber mit dessen Werk „Philosophiae Naturalis Principia Mathematica", das 1687 erschien und die Grundlagen der klassischen Mechanik brachte, setzte sich trotz allen Einspruchs der Cartesianer die neue Lehre von der unkörperlichen, in der Ferne wirkenden Gravitation durch.

Halten wir aber fest, daß diese bedeutsame Lehre nicht nur direkt, vor allem über Galilei und Kepler, von Copernicus und seinem System ausgehend konzipiert werden konnte, sondern auch indirekt über Otto von Guericke, der ja seinerseits von Copernicus ausgegangen war.

Man muß in diesem Zusammenhang noch eine andere, sehr modern anmutende Erkenntnis Guerickes erwähnen. Er betrachtete nämlich die Schwere als eine relative Eigenschaft der Körper, die ihnen nicht an sich zukomme wie etwa ihre Masse – die er übrigens deutlich von der Schwere unterschieden hat –, sondern in ihnen jeweils durch eine auf sie einwirkende virtus conservativa hervorgerufen werde. Wo daher eine solche virtus fehle, also inmitten des Weltalls fern von den einzelnen Weltsystemen und damit jenseits des Bereiches der von ihnen ausgehenden virtutes, da hätten die Dinge keine Schwere. In dieser Lage befänden sich alle jenen Sternsysteme, die wir als Fixsterne am Himmel sehen. Sie brauchten daher gar keine mechanischen Stützen. Analoges gelte auch für die Planeten und die Monde: außer der von der Sonne bzw. von den Planeten ausgeübten virtus, durch die sie auf ihren Bahnen gehalten werden, wirke sonst nichts auf sie ein, brauchten auch sie also keine Stützen.

Wiederum hat Guericke Fakten zum Beweis seiner Annahme über die Abwesenheit jeglicher Einwirkung der Fixsterne auf unser System angeführt. Wenn eine solche Einwirkung bestehen würde, müßte sie bemerkt werden können. Wenn zum Beispiel der Druck der Luft außerirdischen Ursprungs sei, argumentierte er, dann dürfe sie nicht mit der Höhe abnehmen und dabei noch so schnell. Wörtlich schrieb er: „Entstammte sie/ die Kraft, die die Luft hier unten zusammendrückt/ nämlich von den Gestirnen über uns, so wäre der Erdball gleichsam der Gegenkörper, der diesem Druck der Sterne widersteht. Wenn aber zwei Körper sich wechselseitig drücken, wirkt auf einen zwischen ihnen befindlichen Körper beiderseits ein gleich starker Druck. Deshalb müßten die unteren Luftschichten unter dem gleichen Druck stehen wie die oberen, was durch die Versuche widerlegt wird"[16]. Auch hierin beweist sich der neue Geist, der Guericke in allen seinen Untersuchungen beseelt hat. Er unterschied sich grundsätzlich von dem der Scholastik, aber auch von dem einiger neuerer Naturforscher war er verschieden, entsprach jedoch weitgehend dem, den Copernicus in die Wissenschaft eingeführt hat.

Behandeln wir zum Abschluß eine Frage, die zu unserem Ausgangspunkt zurückführt. Woher stammte dieser neue Geist? Hat Copernicus ihn geschaffen oder hatte er außerdem auch eine objektive Grundlage? Er hatte eine doppelte objektive Grundlage. Die eine lag in der Astronomie, die nicht zufällig der Ausgangsbereich für den neuen Geist gewesen ist. Wie wir seit Marx wissen, ist die Praxis im Erkenntnisprozeß nicht nur das entscheidende Kriterium der Wahrheit, sondern auch Hauptquelle der Erkenntnis. Das ist sie, ob man diese ihre Rolle kennt und anerkennt oder nicht. Seit den griechischen Naturphilosophen aber war diese Rolle der Praxis und ganz allgemein der Realität kaum bekannt, vor allem aber nicht anerkannt. Die entscheidende Instanz in allen Fragen der Erkenntnis sollte die ratio sein. Diese idealistische Auffassung hat die Entwicklung der Naturerkenntnis sehr gehemmt.

In der Astronomie aber ist dessen ungeachtet die Theorie immer wieder mit den gemessenen Sternörtern, also mit der Realität konfrontiert gewesen. Wir wissen ja, daß die erwiesene Diskrepanz zwischen den errechneten und den beobachteten Stellungen der Gestirne zur Zeit von Copernicus ein wesentlicher Anlaß für diesen gewesen ist, die Frage nach der Ursache dieser Diskrepanz auf eine neue Art zu stellen. In seinem Werk hat sich die Realität auf dem Gebiet der Astronomie Geltung verschafft. Nachdem dies aber auf diesem einen Gebiet geschehen war, zudem auf diesem ideologisch und weltanschaulich so bedeutsamen Gebiet, rückte die Realität, die Praxis insgesamt stärker als jemals vorher ins Blickfeld. Denn was Copernicus auf dem Gebiet der Astronomie entdeckt und vorgeführt hatte, ließ sich objektiv auf jedes andere Gebiet der Naturforschung übertragen. Indem dies allmählich erkannt und praktiziert wurde, breitete sich der besagte neue Geist immer mehr und mit immer größerem Erfolg aus.

Dieses neue Herangehen hatte aber auch vor allem eine gesellschaftliche Grundlage. Es war im Grunde bei den Bürgern der damaligen größeren Handelsstädte schon vorhanden oder vorgebildet, die sich in geistiger Hinsicht deutlich von den Rittern, Fürsten und Geistlichen einerseits und noch mehr von den in Umbildung gehaltenen, ausgebeuteten Bauern unterschieden. Sie befanden sich in latenter Opposition zur feudalen Gesellschaft und damit zur Repräsentantin der Feudalgesellschaft in ihrer mittelalterlichen Form, also der katholischen Kirche. Die Opposition zur Scholastik war nur eine Seite dieser allgemeineren Gegnerschaft. Daher das breite Interesse insbesondere in den Städten an den Auseinandersetzungen mit der Scholastik. Sowohl die Ergebnisse der neueren Naturforschung als auch ihr Vorgehen in dem angeführten neuen Geist entsprach der Weltanschauung und der Mentalität der Städtebürger dieser Zeit. So betrachtet war der Einfluß von Werk und Geist von Copernicus auf Otto von Guericke – oder auch einen anderen Vertreter der neueren Naturforschung – gar nicht so fernliegend, merkwürdig oder zufällig, wie es angesichts der Verschiedenheit ihrer Gebiete und ihrer Leistungen erscheinen könnte. Er ist vielmehr nur ein Beispiel für die Breite der Ausstrahlung, die von Copernicus ausgegangen ist, ausgehen konnte und ausgehen mußte.

Anmerkungen

1 A. Kauffeldt, Otto von Guericke ist auch ein Verfechter des Kopernikanischen Systems gewesen! Wiss. Ztschr. d. TH O. v. Guericke Magdeburg 12, 1968, H. 1, 163 ff.

2 O. v. Guericke, Experimenta Nova ut vocantur Magdeburgica de Vacuo Spatio. Erschienen bei Joh. Jansson, Amsterdam 1672. Im folgenden zitiert als O. v. Guericke, Experimenta.

3 Alle in den Zitaten in Schrägstrichen – /..../ – zugefügten Erläuterungen stammen vom Verfasser, die in runden Klammern – (....) aus dem Original.

4 O. v. Guericke, Experimenta, Buch II, Kap. I, 53/54.

5 O. v. Guericke, Experimenta, Buch I, Kap. IX, 17/18.

6 Vgl. Anm. 5.

7 O. v. Guericke, Experimenta, Buch VII, Kap. III, 230/231.

8 Vgl. Anm. 5.

9 Vgl. Anm. 7.

10 O. v. Guericke, Experimenta, Buch VII, Kap. I, 224.

11 René Descartes, Grundlagen der Philosophie, Teil III, No 16 ff., hier zitiert nach O. v. Guericke, Experimenta, Buch II, Kap. III, 56.

12 Vgl. Anm. 11.

13 Hier wieder zitiert nach O. v. Guericke, Experimenta, Buch I, Kap. XXXV, 52.

14 O. v. Guericke, Experimenta, Buch IV, Kap. I, 126.

15 G. W. Leibniz, Sämtliche Schriften und Briefe, Darmstadt 1926, Zweite Reihe, Philosophischer Briefwechsel, Bd. 1, 145.

16 O. v. Guericke, Experimenta, Buch III Kap. XXXIII, 117.

Karl-Heinz Hintze

Die experimentelle Bestätigung des Copernicanischen Weltbildes

Nicolaus Copernicus entwickelte zu Beginn des 16. Jahrhunderts sein heliozentrisches Weltsystem. Sein Hauptanliegen war dabei, theoretische Vorstellungen über den Kosmos mit den Beobachtungen in Einklang zu bringen. Trotz der Verbindungen der Überlegungen mit den Beobachtungen, die methodologisch beispielgebend für die moderne Naturforschung waren, blieb sein Weltsystem lange Zeit nach seinem 1543 erfolgten Tode hypothetisch. Dies lag sowohl in der Ungenauigkeit seiner Messungen begründet, die er mittels der für seine Zeit typischen primitiven Meßinstrumente erhielt, als auch darin, daß er die Bewegung der Planeten wie im ptolemäischen Weltsystem durch Kreise darstellte und so auch in seinem System zwecks Übereinstimmung von Theorie und Beobachtung wieder Epizykeln einbauen mußte. Das tychonische Weltsystem brachte dann noch einige Veränderungen des ptolemäischen, wodurch Theorie und Beobachtung ebenfalls besser als bisher in Einklang gebracht werden konnten. Nicht zuletzt auch durch idealistisch-theologische Rücksichten wurde das tychonische Weltsystem fast ein ganzes Jahrhundert lang gegenüber dem copernicanischen bevorzugt oder mindestens ihm gleichgestellt. Selbstverständlich haben Kepler und nach ihm vor allem Newton durch seine Mechanik und die Verallgemeinerung der Keplerschen Gesetze im Gravitationsgesetz dazu beigetragen, daß etwa um 1700 das ptolemäische Weltsystem kaum noch und das tychonische immer seltener gelehrt wurden. Deshalb war es nicht bedeutungslos, experimentelle Nachweise für das Weltsystem des Copernicus zu finden, um es endgültig von der Hypothese zu einer wohlfundierten Theorie zu machen. Solche Beweise ergaben sich einmal durch die experimentelle Bestätigung der Erdrevolution sowie zum anderen auch durch die Bestätigung der Erdrotation. Wir wollen hier zuerst auf den Nachweis der Erdrotation eingehen.

Die Erdrotation war schon spekulativ in antiken Weltbildern behauptet worden. Für Copernicus mußte in seinem Weltsystem die Erde rotieren. Nur fehlte ihm der Beweis. Die Suche nach solchen Beweisen einschließlich der Frage, ob die Erde abgeplattet ist, begann durch die Auseinandersetzung mit den verschiedenen Weltsystemen etwa um 1600. Besonders für das tychonische Weltsystem wurde des öfteren eine Erdrotation angenommen, so zum Beispiel durch J. Brengger 1599 und W. Gilbert 1600[1]. Vermutungen über die Erdrotation äußerte Galilei in seinem 1629 erschienenen „Dialogo sopra i due massimi sistemi del mondo", wo er die Gezeiten als Beweis annimmt[2]. Auch dachte er an Fallversuche[3]. Während seiner Untersuchungen zur allgemeinen Gravitation befaßte sich Newton 1679 mit der täglichen Drehung der Erde. Zur Bestimmung schlug er ebenfalls Fallversuche vor, wobei er behauptete, daß der fallende Körper von der Senkrechten nach Osten abweichen müsse[4 5 6]. Im Disput mit Hooke stellte Newton dann fest, daß auf der Breite Londons ein fallender Stein nicht nach Osten, sondern nach Südosten abgelenkt wird. Genaue Fallversuche machten dann Benzenberg 1802 (in der Michaeliskirche zu Hamburg) und Hagen 1912[7]. Hagen benutzte die Atwoodsche Fallmaschine und konnte aus der Ostabweichung die Rotation der Erde bis auf 1⁰/₀₀ in Übereinstimmung mit dem astronomisch geforderten Wert bringen. Diese experimentelle Bestätigung der Erdrotation mittels exakter Fallversuche erfolgte demzufolge etwa eineinhalb Jahrhunderte nach der bereits erfolgten völligen Anerkennung des copernicanischen Systems.

Ähnlich sah es mit den Versuchen aus, ein schwingendes Pendel zum Beweis der Erdrotation zu benutzen. Zuerst hatte wohl V. Viviani um 1661 darauf hingewiesen. Den exakten Beweis lieferte dann 1851 Leon Foucault im Pantheon zu Paris. Da ein schweres Pendel seine Schwingungsebene nicht ändert, zeigten Foucaults sowie nachfolgende Versuche, daß wir uns auf einem drehenden Körper befinden[8 9]. Beide, der Fallversuch und der Pendelversuch, sind physikalischer Ausdruck ein und derselben Ursache, nämlich der Corioliskräfte an der Erdoberfläche. Solche gibt es noch mehr, wie die Luftströmungen in der Erdatmosphäre oder die Erosion der Flußbetten beweisen, nur eignen sie sich nicht zur exakten Bestätigung der Erdrotation.

Mit der Erfindung des Fernrohres und der Beobachtung des Planeten Jupiter kam Anfang des 17. Jahrhunderts der Gedanke auf, die Erde sei ebenfalls wie dieser ein abgeplatteter Planet. Trotzdem wurde mitunter bei der Erde an einen Poldurchmesser gedacht, der größer als der Äquatordurchmesser sei. Newton hatte im 3. Buch seiner „Prinzipien“[10] die Abplattung der Erde an Hand von Pendelversuchen, der von Cassini und Pound beobachteten Abplattung des Jupiters sowie der Gradmessungen von Picard theoretisch bereits gut bestimmt. Huygens kam etwa zur gleichen Zeit bei der Bearbeitung der Zentrifugalkraft zum selben Schluß[11]. Genauere Erdvermessungen wurden dann von P. Bouger, Ch. M. de la Condamine von 1735 bis 1742 in Peru und von P. L. de Maupertuis von 1736–1737 in Lappland vorgenommen[12]. Alle diese Messungen bestätigten, daß die Erde eine schwach abgeplattete Kugel ist, wobei einer der neuesten Werte der Abplattung nach Kaula[13] 1:298,24 beträgt. Da nach Newton ein rotierender Körper Zentrifugalkräften unterliegt, sprach die Abplattung ebenfalls für eine Rotation der Erde.

Weitere Beweise für die Rotation der Erde sind ihre Bestimmung aus Radialgeschwindigkeitsmessungen von Sternen sowie genaue Messungen des Geoids durch Satelliten und die direkte Beobachtung der Erdrotation durch Raumflugkörper oder vom Mond aus. Mit ihnen konnte im 20. Jahrhundert die Lehre Copernicus', daß die Erde ein rotierender Körper ist, endgültig bewiesen werden.

Die Erdrotation ist nur einer der Beweise für das heliozentrische Weltsystem. Dabei muß man bedenken, daß sie auch häufig zur Erklärung des tychonischen Systems benutzt wurde, also für das heliozentrische System kein vollgültiger Beweis war. Deshalb kommt der experimentellen Bestätigung der Bahnbewegung der Erde eine besondere Bedeutung zu. Ihr Nachweis brachte letzten Endes die volle Anerkennung des heliozentrischen Weltsystems des Nicolaus Copernicus.

Ein nicht ganz vollgültiger Beweis für die Erdrevolution war die Entdeckung der endlichen Geschwindigkeit des Lichtes durch Ole Römer um 1676 in Paris durch die Beobachtung des ersten Jupitermondes Io, der etwa alle 1,77 Tage in den Schattenkegel seines Planeten eintreten sollte. Bewegt sich die Erde aber auf Jupiter zu, so wird dieser Zeitabstand kleiner, im umgekehrten Falle größer. Römer und mit ihm Huygens deuteten dies sofort als verschieden große Laufzeiten des Lichtes vom Jupiter zur Erde und damit als endliche Fortpflanzungsgeschwindigkeit des Lichtes, während bis zu dieser Entdeckung, auch noch bei G. D. Cassini (1625–1712) und Descartes, an eine momentane Fortpflanzung des Lichtes geglaubt wurde[14]. Bei der Deutung ging Römer vom heliozentrischen Weltbild aus. Er setzte dies also voraus.

Schon Copernicus hatte darauf hingewiesen, daß die Sterne, bedingt durch die verschiedene Stellung der Erde auf ihrer Bahn, kleine Ortsveränderungen ausführen müßten, wie wir sie heute in den jährlichen Parallaxen kennen, und daß diese wegen der großen Entfernung nicht zu beobachten seien. Flamsteed[15] fand zwar kleine Positionsänderungen der Sterne, sie wurden jedoch von G. D. Cassini nicht den Parallaxen zugerechnet. Molyneux und J. Bradley beobachteten nun mit einem verbesserten Zenitteleskop und fanden geringe Bewegungen der Sterne von nur etwa 20'. Bradley deutete 1728 in einem Schreiben an Halley diese Erscheinung ganz richtig als jährliche Aberration des Lichtes, hervorgerufen durch das Verhältnis der Bahngeschwindigkeit der Erde zur inzwischen seit Römer bekannten Lichtgeschwindigkeit. Damit hatte Bradley den lange gesuchten experimentellen Beweis für die Richtigkeit des heliozentrischen Weltsystems des Copernicus erbracht. Obwohl schon die meisten Astronomen und Naturforscher nicht mehr daran zweifelten, wurde durch Bradleys Forschungen das bisher von manchen immer noch für hypothetisch gehaltene System nunmehr zur allgemein gültigen Theorie. Das von Copernicus erstrebte Lebensziel, sein Weltsystem theoretisch zu begründen, brauchte weitere zwei Jahrhunderte, bis es endgültige Verwirklichung fand.

Nebenbei sei hier zur Aberration noch bemerkt, daß es auch eine tägliche gibt, die ein weiterer Beweis für die Rotation der Erde ist.

Die jährlichen Parallaxen als Nachweis für die Erdrevolution zu benutzen, konnte wegen der sehr kleinen Winkel von weniger als 1 Bogensekunde erst 100 Jahre später geschehen. Zwar hatten sich von der Antike an schon viele Astronomen damit beschäftigt, wie auch Kepler, dann Hooke 1674, Huygens 1674, G. D. Cassini 1674, Flamsteed 1698 und 1701, Römer 1702, Bradley 1727, Horrebow 1747 und viele andere in derselben Zeit um etwa 1700. Aber alle scheiterten an den Unvollkommenheiten ihrer Beobachtungsinstrumente. Zwar hatte sich die Technik in den gesellschaftlich fortgeschrittensten Ländern Europas, zu denen besonders Großbritannien und Frankreich gehörten, schnell entwickelt. Aber erst im Verlaufe der industriellen Revolution von 1760–1830 erwies sich die Entwicklung einer für moderne Maschinen geeigneten Meßtechnik als vordringliche Aufgabe, so daß auch astronomische Präzisionsinstrumente, wie wir sie heute kennen, erst in dieser historischen Epoche als Ergebnis der Wechselwirkung zwischen Technik und Wissenschaft erwartet werden konnten. Friedrich Wilhelm Bessel war deshalb der erste, der mit einem von Fraunhofer erbauten Heliometer 1838 an 61 Cygni eine Parallaxenbestimmung durchführen konnte[16 17], und zwar nach einer Methode, wie sie Galilei und W. Herschel vorgeschlagen hatten, indem er 61 Cygni mit zwei dicht neben ihm stehenden schwachen Sternen mit kaum meßbarer Eigenbewegung verglich. 1839 folgte dann Wilhelm Struve mit der Parallaxenbestimmung von Alpha Lyrae und dann sofort eine stattliche Anzahl weiterer Beobachter, die auch andere Methoden zur Bestimmung der Parallaxen entwickelten, die nur noch der Entfernungsbestimmung dienen und keinen Beweis mehr für die Erdrevolution enthalten wie die jährlichen trigonometrischen.

Eine weitere Bestätigung der Erdrevolution lieferten durch die Entwicklung der Spektralanalyse im vorigen Jahrhundert die Radialgeschwindigkeiten der Sterne, indem zur Bestimmung der wahren Bewegung der Sterne einer der Anteile, der eliminiert werden muß, durch die Bahnbewegung der Erde hervorgerufen wird.

Inzwischen wird in der Raumfahrttechnik direkt mit der Rotation der Erde oder ihrer Bahnbewegung gearbeitet. Beim Start von künstlichen Erdsatelliten nutzt man die Erdrotation als zusätzliche Beschleunigungshilfe aus, und ein Start oder eine Bewegung von Raumflugkörpern zum Mond oder zu den Planeten wäre ohne Kenntnis der genauen Bahngeschwindigkeit der Erde unmöglich.

In der Akzeptierung des copernicanischen Weltsystems lassen sich deutlich zwei Tatsachen erkennen. Einmal ist es der Erkenntnisprozeß, der im Laufe der Zeit, auch gegen vorgefaßte Lehrmeinungen und Ideologien, im Bewußtsein des Menschen die Welt so widerspiegelt, wie sie wirklich ist. Zum anderen zeigt sich, wie sich die Wissenschaft und damit der menschliche Erkenntnisprozeß nur durch die Weiterentwicklung der Produktivkräfte und in Wechselwirkung mit ihnen weiter entfalten kann. Genaue Messungen in der Astronomie sind eben nur dann möglich, wenn die Entwicklung der Produktivkräfte einen solchen Stand erreicht hat, daß die neuen Produktionsinstrumente selbst eine präzise Meßtechnik erfordern. Wir sehen dies besonders bei der Suche nach den Sternparallaxen, wo zuerst die ihrem Betrag nach größere Aberration entdeckt wurde.

Zum Schluß läßt sich fragen, wann das heliozentrische Weltsystem im Bewußtsein der Menschen voll akzeptiert wurde. Trotz aller religiösen Bevormundung, geistigen Drangsalierung und physischen Verfolgung ging der wissenschaftliche Erkenntnisprozeß in der weiteren Ausarbeitung des Copernicanischen Systems rasch voran. Daher sahen sich schließlich nach 1700 sowohl die katholische als auch die evangelische Kirche genötigt, die Verdammung der copernicanischen Lehre aufzugeben[18]. Etwa um 1740 wurde in den evangelischen Ländern nur noch das heliozentrische Weltsystem des Copernicus anerkannt und gelehrt. In einigen katholischen Ländern, vor allem außerhalb Europas, hat es zwar noch etwas länger gedauert, zum Teil sogar bis gegen 1800, aber schließlich hatte sich auch hier das heliozentrische System durchgesetzt. Die experimentelle Bestätigung der Erdrotation (Fallversuche) und vor allem der Erdrevolution waren mit ausschlaggebend für die Durchsetzung dieses Weltbildes, aber nur insofern, als sie wesentliche Elemente des Erkenntnisprozesses darstellten. Die experimentelle Bestätigung bewirkte also keinen revolutionären Umschwung in den geistigen Auseinandersetzungen um die Weltbilder mehr.

Anmerkungen

Wegen der Wiederholung einiger Literaturhinweise werden folgende Abkürzungen gebraucht:

Gerland = E. Gerland, Geschichte der Physik, Erste Abteilung, Von den ältesten Zeiten bis zum Ausgang des achtzehnten Jahrhunderts, München und Berlin 1913.

Zinner = E. Zinner, Entstehung und Ausbreitung der copernicanischen Lehre, Zum 200jährigen Jubiläum der Friedrich-Alexander-Universität zu Erlangen, Erlangen 1943.

Wolf = R. Wolf, Geschichte der Astronomie, München 1877.

Newton = I. Newton, Mathematische Prinzipien der Naturlehre, Berlin 1872, herausgegeben von J. Ph. Wolfers. Der eigentliche Titel der Newtonschen drei Ausgaben von 1687, 1713 und 1726 lautet: Philosophiae naturalis Principia mathematica.

[1] Zinner, 333–334.
[2] Gerland, 333–335.
[3] Zinner, 366.
[4] Gerland, 643–644.
[5] S. I. Wawilow, Isaak Newton, Berlin 1951, 105–106.
[6] Wolf, 539–541.
[7] Grimsehl-Tomaschek, Lehrbuch der Physik, Band I, Leipzig und Berlin 1938, 78–79.
[8] Wolf, 541–542.
[9] Grimsehl-Tomaschek, Lehrbuch der Physik (wie Anm. 7), 75–78.
[10] Newton, 400–404, Paragraphen 22 und 23 des 3. Buches.
[11] Gerland, 649.
[12] Wolf, 616–618.
[13] W. M. Kaula, A geoid and world geodetic system based on a combination of gravimetric, astrogeodetic, and satellite data, J. Geophys. Res. 66, 1961, 1199–1811.
[14] Gerland, 558.
[15] Wolf, 486–488.
[16] Wolf, 542–544.
[17] F. W. Bessel, Bestimmung der Entfernung des 61sten Sterns des Schwans, Astronom. Nachr. 16, No. 365–366, 65–96.
[18] Zinner, 370–387.

Gerhard Jackisch

Einige wissenschaftliche und erkenntnistheoretische Aspekte der Zeit Isaak Newtons und ihre Auswirkungen bis in die Gegenwart

Das Geburtsjahr Newtons fällt in die Zeit, da im damaligen Deutschland unter der Regierungszeit Kaiser Ferdinands II. der Dreißigjährige Krieg durch allgemeine Erschöpfung aller kriegführenden Parteien zu Ende ging. 1644 begannen die Friedensverhandlungen zu Münster und Osnabrück, die vier Jahre später mit dem Friedensvertrag endeten. Die spanisch-habsburgische Reaktion war erheblich geschwächt, das französische Königtum hatte im Bündnis mit dem aufsteigenden Bürgertum die Vormachtstellung in Westeuropa erringen können. Dagegen hatte in Deutschland die Zentralgewalt faktisch aufgehört zu bestehen, während die feudalen Partikulargewalten fast unumschränkte Herrscher auf ihren Territorien waren. Dies beeinträchtigte nicht nur die Handelsverbindungen, die der frühe Kapitalismus zu seiner Entwicklung in Deutschland brauchte, sondern auch die frühkapitalistische Entwicklung insgesamt. Deutschland blieb während der Lebenszeit Newtons ein zersplitterter feudaler Staat mit einem nur schwach entwickelten Bürgertum. In Rußland war Zar Peter I. ein Zeitgenosse Newtons. Unter seiner Regierung von 1689 – 1725 setzte ein erhebliches Wachstum der Produktivkräfte ein sowie eine starke feudale Zentralisation und Machtausweitung.

In England sah die historische Situation etwas anders aus. Es war bereits seit Beginn des 17. Jahrhunderts in Europa das Land mit den am weitesten entwickelten Produktivkräften. Demzufolge existierte auch eine Bourgeoisie, die ihre Klasseninteressen sowohl gegen den eigenen Feudaladel als auch gegen ausländische Interessen durchzusetzen wußte. Infolge der in den ersten Jahrzehnten des 17. Jahrhunderts anwachsenden Widersprüche zwischen dem reaktionären Flügel des Feudaladels und der Bourgeoisie begann in England die bürgerliche Revolution. Newton erlebte während seines 85 Jahre dauernden Lebens den Sieg der Revolution unter Cromwell, die Republik England, die Restauration des Königshauses Stuart unter Karl II. 1660, die politische Herausbildung der Tories aus dem alten Landadel und den Königsanhängern und der Whigs aus dem neuen kapitalistischen Adel und der Großbourgeoisie, der Gründung der Royal Society 1660, deren Mitglied Newton seit 1671 war, die „Glorreiche Revolution“ 1688 und damit das Ende der bürgerlichen Revolution, die nun folgende konstitutionelle Monarchie und die Gründung des Königreiches Großbritannien 1707. Während Newtons Leben gab es also in seiner Heimat wichtige politische Umwälzungen, die aus einer Anzahl von Widersprüchen zwischen feudaler und kapitalistischer Gesellschaftsformation erwuchsen und mit dem Sieg der Bourgeoisie endeten, deren Vertreter, die Whigs, ab 1714 für Jahrzehnte die Regierung übernahmen Mit dem energischen Auftreten der neuen Gesellschaftsformation erwuchs gleichzeitig das ökonomische Bedürfnis nach einer den neuen Verhältnissen angepaßten und entwickelten Wissenschaft.

Bei einem so bewegten politischen Leben erscheint die Frage berechtigt, wie sich ein so bedeutender Mensch, wie es Isaak Newton war, zu den historischen Ereignissen verhielt und welche politische Stellung er einnahm.

Wie Wawilow[1] schreibt, „haben politische Stürme keine tiefen Spuren in seinem Leben hinterlassen". Das heißt aber nicht, daß er einer der „unpolitischen" Wissenschaftler seiner Zeit war. Da Newton grundsätzlich ein aufmerksamer Beobachter war, so konnten ihm auch die historischen Begebenheiten nicht entgehen. Ganz besonders deutlich wird das in seinen vierziger Jahren, als er als konsequenter Anhänger der Whigs auftrat. Als Delegationsmitglied der Universität Cambridge schlug er gegenüber Jakob II. einen Kompromiß aus, den dieser über die Verleihung eines akademischen Grades an einen Benediktinermönch zur Stärkung des katholischen Elementes an der Universität gewünscht hatte. Seit 1688 trat er als Vermittler zwischen der Universität und der Regierung König Wilhelms von Oranien auf. Auch seine erhalten gebliebenen Briefe[2] zeigen seine Einstellung zu der progressiven Whigpartei. Außerdem verstand auch Newton, daß Wissenschaft und ökonomische Entwicklung sich gegenseitig ergänzen müssen.

Das astronomische Weltbild entsprach im letzten Viertel des 17. Jahrhunderts immer noch völlig dem, das in seiner ersten Hälfte gelehrt wurde, oder mit anderen Worten: in den Hochschulen wurde gleichzeitig das ptolemäische, das tychonische und das copernicanische System vorgetragen[3].

Einer der Anhänger und Verbreiter der copernicanischen Lehren war der französische materialistische Philosoph, Mathematiker und Astronom Pierre Gassendi[4], der ein Zeitgenosse Descartes' war und wie dieser wenige Jahre nach Newtons Geburt starb (1655). Zu seinen astronomischen Leistungen zählt die Beobachtung des von Kepler für 1631 vorausgesagten Vorübergangs des Merkurs vor der Sonne. Er verstand es sehr geschickt, das ptolemäische System völlig zu verwerfen, wegen der katholischen Reaktion das tychonische anzuerkennen und gegen den Haß der Anhänger der überholten Weltsysteme das copernicanische trotzdem verständlich zu machen[5].

Da Newtons philosophisches und naturwissenschaftliches Denken auch durch Gassendi geprägt wurde, lohnt es sich, ein paar Sätze über dessen Philosophie zu sagen. Karl Marx schreibt über ihn[6]: „Die Metaphysik des siebzehnten Jahrhunderts, für Frankreich namentlich durch Descartes repräsentiert, hatte von ihrer Geburtsstunde an den Materialismus zum Antagonisten. Persönlich trat er dem Descartes in der Gestalt des Gassendi, dem Wiederhersteller des epikuräischen Materialismus, gegenüber". Möglicherweise durch die Behinderung der Freiheit des Geistes im damaligen Frankreich war Gassendis Materialismus nicht konsequent[7]. So stellte er z. B. den Anfang der Welt als göttliche Schöpfung dar. Diderot schreibt dazu: „Der arme Gassendi mußte Epikur mit der Maske des Christentums verkleiden, um der Dornenkrone zu entgehen"[8]. Nach Gassendi ist das Weltall unendlich und ewig und seine einzelnen Teile, die er die Welt oder Natur nennt, sind in ununterbrochener Veränderung. Für das Weltall gelten für ihn zwei Prinzipien, nämlich die Materie und der leere Raum als Negation der Materie. Wir sehen in Gassendi demnach einmal den Dialektiker und zum anderen den mechanischen Metaphysiker. In seiner Atomtheorie[9] und der damit verbundenen gesamten Vorstellung über Entstehung und Vergehen der Himmelkörper und Welten kommt der mechanistische Charakter seines Materialismus zum Ausdruck, den er entschieden gegen Descartes' idealistischen Rationalismus vertrat[10].

Der gleiche philosophische und naturwissenschaftliche Erkenntnisprozeß wie bei Gassendi war im 17. und 18. Jahrhundert weit verbreitet. Im Kampf gegen überholte scholastische deduktive Denkmethoden griff man häufig auf die griechischen Materialisten zurück, konnte sich aber selbst nicht ganz von theologischen Vorurteilen freimachen. Daß dieser Materialismus ein mechanischer war, mit nur geringen dialektischen Ansätzen und einer häufig metaphysischen Denkweise, lag in der Entwicklung der Produktivkräfte und der damit verbundenen Naturanschauung begründet. Wir werden einen solchen mechanischen Materialismus auch bei Newton wiederfinden.

Ausgehend vom heliozentrischen Weltbild des Copernicus hatte sich während des 17. Jahrhunderts eine bedeutende Gruppe von Wissenschaftlern gebildet, die dieses Weltbild offen oder versteckt verteidigten und sich von scholastisch-dogmatischen Vorurteilen freimachen wollten, wie zum Beispiel Kepler, Galilei, Descartes, Huygens und andere. Gleichzeitig wurde auch das philosophische Denken belebt, was vor allem in der Entwicklung des metaphysisch-mechanischen Materialismus zum Ausdruck kam, wie wir ihn bei Bacon, einem Gegner der copernicanischen Lehre, bei Hobbes und Locke, dem Zeitgenossen und Freund Newtons, sowie bei Toland und dem oben erwähnten Gassendi und teilweise auch bei Descartes finden.

In den letzten Jahrzehnten des 17. Jahrhunderts bis zum Beginn des 18. Jahrhunderts wurde die mechanistische Naturwissenschaft und ihre philosophische Grundlage, der mechanische Materialismus, durch Isaak Newton und seine Schule, die bis in das 19. Jahrhundert hinein wirksam war, wesentlich beeinflußt und bereichert[11].

Die für uns hier bedeutsamen Forschungen Newtons sind die über das Gravitationsgesetz, seine axiomatische Mechanik, seine Theorie über das Licht und die geometrische Optik, einschließlich der Vervollkommnung des Fernrohres, sowie seine „Fluxionsrechnung“ oder Differentialrechnung mit den Anfängen der Integralrechnung. Selbstverständlich können wir hier von seinen vielen Arbeiten nur einige herausgreifen, die uns für die erkenntnistheoretischen Auseinandersetzungen seiner Zeit als bedeutungsvoll erscheinen. Diese sind zum größten Teil in seinem Hauptwerk „Mathematische Prinzipien der Naturlehre“[12] enthalten. Es ist das erste Lehrbuch, das in zusammenhängender Form die theoretische Mechanik darstellt[13]. Es besteht aus drei „Büchern“. Ihnen vorangestellt sind einige Erklärungen und Grundsätze oder Gesetze der Bewegung[14], die axiomatischen Charakter haben und trotz einiger notwendiger Abwandlungen „auch heute noch den naturgemäßesten und didaktisch einfachsten Zugang zur allgemeinen Mechanik“ verschaffen[15]. Die Grundsätze enthalten außerdem eine Anmerkung über die absolute und relative Zeit, den absoluten und relativen Raum und über den Ort und die absolute Bewegung.

Im ersten Buch seiner „Prinzipien" beschreibt Newton die Bahn eines Körpers, der sich unter dem Einfluß einer Zentralkraft bewegt. Hieraus leitet er sein berühmtes Gravitationsgesetz ab. Die ersten Gedanken zu diesem Gesetz hatte er bereits um 1665, aber erst 1686, bei der Übergabe des Manuskriptes der „Prinzipien" an die Royal Society, wurde es der Öffentlichkeit zugänglich. Dieser lange Zwischenraum, der bei der Arbeitsweise Newtons an sich nichts besonderes war, lag hier daran, daß um 1665 noch sehr ungenaue Messungen für den Erddurchmesser vorlagen. Da er mittels des Gesetzes der Fliehkräfte, die auf kreisende Körper wirken, und des 3. Keplerschen Gesetzes die auf dem Mond wirkende Kraft berechnete, erhielt er für die Schwerkraft an der Erdoberfläche einen kleineren Wert als Galilei. Deshalb legte er diese Untersuchungen beiseite, bis er 1682 von Picard neue Messungen über den Erddurchmesser erhielt und jetzt nachweisen konnte, daß der Mond durch die Schwerkraft der Erde in seiner Bahn gehalten wird[16]. Außerdem hatte Newton noch einen Prioritätsstreit, besonders mit Hooke[17], aber auch mit Wren und Halley, auszustehen[18], die das Gravitationsgesetz ebenfalls gefunden hatten oder kannten, es aber nicht mathematisch beweisen konnten. Newton konnte durch eine kollegiale Erwähnung seiner drei Landsleute in den „Prinzipien" diesen Streit schnell beilegen. Überhaupt war die Zeit für die Entdeckung und Beschreibung des Gesetzes reif. Schon viele hatten sich daran versucht, erst Kepler, Galilei und Guericke, dann Borelli, Huygens, Pascal und andere[19]. Es fehlte nur noch der Mann, der den mathematischen Beweis lieferte. In seinen Untersuchungen der Himmelskörper ging Newton noch weiter als Kepler, indem er auch die Bahnen der Kometen untersuchte[20]. Bisher waren Kometenbahnen, auch von Kepler, als gradlinig angesehen worden. Der erste, der eine parabolische Bahn für den Kometen von 1680 erkannte, war wohl Dörffel gewesen. Aus der Untersuchung der Gesamtheit der geometrisch möglichen Bahnen im Sonnensystem und mit Hilfe seines Gravitationsgesetzes kam dann Newton zu dem Schluß, daß die Körper des Systems sich auf Bahnen um die Sonne bewegen, die durch Kegelschnitte dargestellt werden können[21]. Dabei vermied er es, auf die Ursache der Schwere einzugehen. Ihm genügte es, daß er eine mathematische Darstellung für die gegenseitig bedingte Bewegung von Körpern gefunden hatte[22] und damit gleichzeitig die von Kepler gesuchte Ursache der Bewegung der Planeten.

Eine weitere enorme Leistung Newtons ist die Entwicklung der Fluxionsrechnung seit etwa 1663. Er geriet später mit dem ebenso genialen Leibniz, der sie als Differential- und Integralrechnung ausgearbeitet hatte, in einen unfruchtbaren Prioritätsstreit, der völlig unsinnig war, weil, wie wir heute wissen, beide unabhängig voneinander die Infinitesimalrechnung entwickelten[23]. Wir wollen hier nicht näher darauf eingehen. Wichtig ist vielmehr zu wissen, daß es zum Verständnis der Bewegungen der Himmelskörper und anderer Erscheinungen der physikalischen Mechanik neuer mathematischer Methoden bedurfte. Diese bahnten sich seit Beginn des 17. Jahrhunderts langsam an, und hier dürfte es besonders Descartes mit seiner „variablen Größe"[24] sowie Barrow[25], der als Lehrer Newtons und als dessen unmittelbarer

Vorläufer in der Entwicklung der Fluxionsmethode gilt, gewesen sein, die Newton zu seinen mathematischen Überlegungen anregten.

Daß Newton die Fluxionsmethode in seinen „Prinzipien" wenig anwendete, sondern im allgemeinen bei der synthetischen geometrischen Darstellung blieb, hatte seine Ursache. Die Methode war nämlich noch so wenig bekannt, daß selbst solche bedeutenden Mathematiker wie Huygens ihren Nutzen vorerst nicht verstanden. Die Mathematik in den „Prinzipien" durch die Fluxionsmethode darzustellen, hätte bedeutet, dieses geniale Werk für die meisten Zeitgenossen unverständlich zu machen[26].

Von den weiteren hervorragenden Leistungen Newtons soll hier nur eine seiner Arbeiten zur Optik erwähnt werden. Er sowie die etwa zur gleichen Zeit lebenden Gregory und Cassegrain entwickelten Spiegelteleskope, wobei das von Newton wegen des einfachen planen Ablenkspiegels zunächst das brauchbarste war und sich gegenüber den chromatischen Refraktoren durchsetzen konnte[27]. So unbedeutend zunächst diese Entdeckung erscheinen mag, so hat Newton doch auch ihre Wege gewiesen, die über W. Herschels Reflektoren letzten Endes im 20. Jahrhundert zum Bau großer Spiegelteleskope führte, die die astronomische Forschung in einem kaum vorstellbaren Maße vorangetrieben haben.

Nun kann man fragen, welche philosophische Bedeutung die Arbeiten Newtons gehabt haben, welche philosophische Schule sie bereicherten und welche Stellung er selbst zu den philosophischen Problemen seiner Zeit eingenommen hat[28]. Hier kehren wir zunächst zu den „Prinzipien" zurück, weil sie für die sich in den letzten Jahrzehnten des 17. Jahrhunderts schnell entwickelnde mechanistische Naturwissenschaft und die Entwicklung des mechanischen Materialismus von grundsätzlicher Bedeutung sind. In der Tat formulieren die „Prinzipien" zusammen mit der von Newton und Leibniz entwickelten Infinitesimalrechnung die gesamte physikalische Mechanik. Sie sind damit der Leitfaden für die mechanistische Naturwissenschaft und den mit ihr verbundenen mechanischen Materialismus über nahezu eineinhalb Jahrhunderte gewesen. Die in den „Prinzipien" enthaltenen Axiome und die darauf aufbauende Mechanik einschließlich des Gesetzes der allgemeinen Gravitation ziehen den Schlußstrich unter die alte, vor allem geometrisch beschreibende Physik – wenn auch moderne Ansätze seit Galileis experimentellen physikalischen Forschungen vorhanden waren – und sind der Beginn einer neuen Periode physikalischer Erkenntnisse, die wir heute als klassische Physik bezeichnen. Die „Prinzipien" stellen hierbei Grundsätze dar, die zwar nicht bewiesen werden können, die aber, wie das Experiment oder die Erkenntnis der Natur gezeigt hat, Grundlagen der Mechanik sind und höchstens der Veränderung oder Ergänzung bedurften. Dies finden wir in der Relativitätstheorie und Quantenmechanik. In ihnen erscheint die Mechanik Newtons nicht überholt, sondern als Grenzfall aufgehoben[29]. Eine neue Physik forderte aber nicht nur der naturwissenschaftliche Erkenntnisprozeß, sondern dieser wurde geradezu angespornt durch die sich besonders in England durch die gesellschaftlichen Ereignisse schnell entwickelnde Bourgeoisie, die nach einer neuen Technik verlangte.

Eine erhebliche philosophische Bedeutung hat Newtons Gravitationsgesetz. In seinen „Prinzipien" konnte er beweisen, daß dieses Gesetz allgemeine Gültigkeit hat, und zwar sowohl auf der Erde als auch im Kosmos. Damit war Newton der erste, der, mathematisch exakt formuliert, die Einheit der irdischen und kosmischen Physik bewies. Erkenntnistheoretisch hatte das eine große Auswirkung auf die Entwicklung der materialistischen Philosophie und war ein schwerer Schlag gegen alle idealistisch-theologischen Dogmen. Für den erkenntnistheoretischen Prozeß spielen auch die Kometen eine erhebliche Rolle. Mittels des Gravitationsgesetzes konnte Newton beweisen, daß sich die Kometen auf Ellipsen mit großer Exzentrizität oder sogar auf Parabeln bewegen. Damit war erwiesen, daß ein Komet unter Umständen aus sehr großen Entfernungen, eventuell sogar von benachbarten Fixsternen kommen konnte. Obwohl die Fixsternsphäre, die wegen der noch nicht meßbaren Parallaxen viel länger als die Planetensphären als gegeben hingenommen wurde, durch die astronomischen Entdeckungen, besonders in der ersten Hälfte des 17. Jahrhunderts, bereits stark angezweifelt wurde, bewies Newton jetzt endgültig, daß es eine solche feste Sphäre nicht geben kann, da sonst die Kometen keine Kegelschnittbahnen mit großer Exzentrizität haben könnten. Damit machte Newton gegen Ende des 17. Jahrhunderts unmittelbar den Weg zur Erforschung des Sternsystems frei. Das bedeutete eine Relativierung der Stellung der Fixsterne im heliozentrischen System und führte schließlich zur Relativierung der Stellung des Sonnensystems, insbesondere durch W. Herschels Untersuchungen der Apexbewegung der Sonne um 1783. Spekulative Annahmen über die Relativierung der Stellung der Fixsterne beziehungsweise der Sonne waren zwar schon früher gemacht worden, so im kosmologischen Prinzip des Nicolaus Cusanus[30], später von Bruno und Descartes[31], aber erst Newton lieferte den mathematisch formulierten Beweis. Sein Gravitationsgesetz und seine Mechanik insgesamt waren, philosophisch gesehen, ein Beitrag zur materialistischen Erkenntnis von der Einheit der Welt. Nach den griechischen materialistischen Philosophen haben wir bei Newton zum ersten Mal wieder Gedanken zum Begriff der Unendlichkeit der Materie sowie über den gesetzmäßigen Zusammenhang im Kosmos, die wir in der modernen materialistischen Philosophie, dem Marxismus-Leninismus, im dialektischen Determinismus wiederfinden. Newtons Arbeiten waren also eine direkte Bereicherung der materialistischen Philosophie. Daß er selbst kein konsequenter Materialist war, lag, wie schon über Gassendi vermerkt, im Wesen seiner Zeit. Wenn aber Gassendi eher gezwungenermaßen einen Schöpfungsakt der Welt annahm, entstand bei Newton die Annahme eines ersten Bewegers durch seine religiösen Ansichten, mit denen er seine in erkenntnistheoretischer Hinsicht materialistischen Forschungen verband. Immerhin ist es interessant zu sehen, wie sich seit Beginn des 18. Jahrhunderts langsam die Meinung durchsetzte, daß für ein göttliches Wesen der einmalige Schöpfungsakt der Welt genüge, der weitere Ablauf und Bestand dann mehr oder weniger von selbst geregelt würde. Über die Gravitation wird einerseits von Cotes[32] im Vorwort der 2. Ausgabe der „Prinzipien" die Ansicht Newtons verteidigt, daß sie keine verborgene Ursache am Himmel sei, andererseits schreibt Newton in seinen Briefen an Bentley[33], daß er eine mechanische Ursache der Gravitation ablehne und diese für immateriell halte. Diese eigenartigen ideologisch bedingten erkenntnistheoretischen Ansichten Newtons machten sich in der folgenden Zeit, zum Teil bis ins 20. Jahrhundert, viele Naturwissenschaftler und Philosophen zu eigen.

Gassendi und Newton waren Gegner von Descartes. Dies war bei Newton durch falsche physikalische Ansichten Descartes, insbesondere durch seine Wirbeltheorie der Planetenbewegung, begründet, mit der auch seine Theorie vom Äther und der Ausbreitung des Lichtes zusammenhing. Da durch Gassendi die Vorstellungen Demokrits und Epikurs von den unteilbaren Atomen und dem absoluten leeren Raum erneuert wurden und auch Newton diese Vorstellungen übernahm und einen absoluten Raum und eine absolute Zeit postulierte, konnte sich Descartes Physik nicht weiter durchsetzen. Sie endete mit Newton. Als Philosoph war Descartes Dualist. Aber auch seine erkenntnistheoretisch wichtigen und mit dialektischen Zügen versehenen kosmologischen Anschauungen konnten sich nicht durchsetzen. Das lag nicht nur am Wiederaufkommen antiker materialistischer Vorstellungen, sondern auch an Newtons Mechanik, die eine exakte mechanische Determiniertheit ergab. Für jedes System ließ sich eine mechanische Kausalität präzise und quantitativ ausdrücken. Dies galt auch für Newtons mechanisches Weltbild und die darin enthaltenen Vorstellungen vom Weltall. In diesem absoluten und leeren Raum vollzieht sich die Bewegung von Körpern mechanisch streng determiniert. Dieser absolute Raum kennt in der absolut ablaufenden Zeit nur die Kraft als Quelle der Bewegung und die Einflüsse der mit konstanten Massen behafteten Körper aufeinander. Sonst ist für Newton die Welt zeitlich unveränderlich, ohne jede Entwicklung. Damit hatte Newton selbst den Grundstein gelegt für die Erstarrung seines Weltbildes und des mechanischen Materialismus, wie wir das in der ersten Hälfte des 19. Jahrhunderts vorfinden. Seine Vorstellungen mußten durch neue Ideen bereichert werden. Wir finden diesen Durchbruch in der astronomischen Forschung zuerst bei Kant und erkenntnistheoretisch in der von Marx und Engels geprägten modernen materialistischen Philosophie.

Im Gegensatz zu Leibniz hinterließ Newton eine große Schule, die besonders auf den Gebieten der Physik und Mathematik, aber auch philosphisch tätig war. Sein mechanistisches Weltbild und mit ihm der metaphysisch-mechanische Materialismus verbreiteten sich im 18. Jahrhundert schnell über ganz Europa einschließlich Rußland. In England selbst ging mit Locke und Toland bis 1750 das materialistische Denken stark zurück. Das lag gesellschaftlich gesehen an dem schnellen Erstarken der englischen Bourgeoisie, die jetzt als herrschende Klasse entgegen der früheren Durchsetzung progressiver Ideen als eine der Stützen zur Unterdrückung der Volksmassen eine idealistisch-theologische Philosophie brauchte, wie wir sie z. B. im subjektiven Idealismus George Berkeleys (1684–1753) finden.

Anders sahen die gesellschaftlichen Verhältnisse in Frankreich aus. Hier bestand im 18. Jahrhundert eine ähnliche Situation wie ein Jahrhundert früher in England. So eigneten sich die französischen Aufklärer den mechanischen Materialismus an, und in Naturwissenschaft und Technik setzte sich ebenfalls das mechanistische Denken durch. Das hatte auch zur Folge, daß auf dem Gebiet der Astronomie die von Newton begründete Himmelsmechanik besonders durch Franzosen weiterentwickelt wurde.

Als erste entwickelten Clairaut und d'Alembert 1747 eine Methode, die Differentialgleichungen der Bewegung zu integrieren, wenn, wie im Sonnensystem, ein stark gravitierendes Zentrum vorliegt, zugleich wurde die Grundlage der Störungstheorie geschaffen[34]. Am Halleyschen Kometen hatte Clairaut eine gute Gelegenheit, die Richtigkeit der Theorien zu beweisen: Der Komet erschien am 12. 3. 1759 innerhalb des von Clairaut angegebenen Zeitraumes wieder. Im gleichen Zeitraum begründete Leonard Euler vor der Pariser Akademie der Wissenschaften seine Methode der Variation der Konstanten, die von Lagrange noch vervollkommnet wurde. Laplace fand zum ersten Male bei numerischen Rechnungen für Jupiter und Saturn, daß sich die säkularen Störungsglieder der großen Achsen gegenseitig aufheben. Euler, Lagrange und Laplace waren nun bestrebt, mittels der Theorie der Variation der Konstanten zu zeigen, daß säkulare Änderungen der Bahnelemente, die Größe, Form und Lage der Bahn im Raum bestimmen, also große Halbachse, Exzentrizität und Neigung gegen die Ekliptik, nicht vorkommen können, da sonst das System in verhältnismäßig kurzer Zeit instabil würde. Lagrange bewies dann endgültig, daß die Störungen nur periodischer Natur sind, daß sie sich in regelmäßigen Zeitabständen immer wieder aufheben. Philosophisch war dies von großer Bedeutung, konnte doch jetzt exakt nachgewiesen werden, daß es keines „geistigen" Regulators bedurfte, um das Sonnensystem stabil zu erhalten.

Eine weitere Krönung der entwickelten Himmelsmechanik war die Entdeckung des Planeten Neptun. 1781 hatte W. Herschel den Planeten Uranus entdeckt. Seine Bahn wurde von Bouvard und Laplace bestimmt. Leider ließ sie sich nicht in befriedigender Weise darstellen, so daß schon 1821 Bouvard die Existenz eines weiteren Planeten vermutete. Die Rechnungen für den neuen Planeten wurden fast gleichzeitig durch Leverrier und Adams gelöst. Leverrier teilte 1846 seine Rechnungen Galle, der an der Berliner Sternwarte tätig war, mit. Dieser entdeckte dann unmittelbar nach Empfang der Nachricht den neuen Planeten Neptun, nur etwa 1° vom vorausberechneten Ort entfernt. Dagegen hatte Adams das Nachsehen. Zwar teilte er schon 1845 seine Resultate Challis und Airy mit. Challis fand auch einen Monat früher als Galle Neptun, erkannte ihn mangels geeigneter Sternkarten[35] aber erst später als den neuen Planeten. Ähnlich wie Neptun mittels der Uranusstörungen gefunden wurde, gelang es, aus den Neptunstörungen auf den Ort von Pluto zu schließen. Jedoch spricht hier die lange Suche bis zur Entdeckung durch Tombaugh am 18. 2. 1930 nicht nur für die Anwendung der Himmelsmechanik. Vielleicht ist der Zufall bei der Entdeckung nicht ganz auszuschließen.

War die Entdeckung Neptuns und schließlich auch Plutos eine weitere Bestätigung der Newtonschen Mechanik und insbesondere seines Gravitationsgesetzes, so wurde ihr durch die Entdeckung der visuellen, physischen Doppelsterne noch eine weitere hinzugefügt. Obwohl schon in der zweiten Hälfte des 18. Jahrhunderts durch verschiedene Autoren, unter anderem Lambert, auf die Existenz solcher Objekte hingewiesen wurde, war es dann um 1782 W. Herschel, der sie mit Beharrlichkeit zu untersuchen begann[36]. Ihm folgten anfangs des 19. Jahrhunderts bald eine stattliche Anzahl von Beobachtern, wie sein Sohn John Herschel und dessen Freund James South sowie ganz besonders Wilhelm Struve und dessen Sohn Otto Struve, dazu Bessel, Engelmann, Secchi und andere. Wie man heute weiß, ist eine große Anzahl von Sternen doppelt oder besteht sogar aus mehreren Komponenten. Durch die lange

Beobachtungszeit ist es möglich, bei vielen Systemen die ganze Bahn der Komponenten oder zumindest solche Teilstücke zu kennen, die einen Schluß auf die Bewegungsverhältnisse zulassen. Daher können wir heute sagen, daß sich die Komponenten visueller Doppelsterne gemäß den Keplerschen Gesetzen auf Ellipsen um einen gemeinsamen Schwerpunkt bewegen.

Angeregt durch die Arbeiten Friedrich Wilhelm Bessels (1784–1846) über geringe Positionsänderungen von Sirius und Procyon, die er als Sterne mit unsichtbaren Begleitern ansah[37], konnten dann auch Clark, Bond und Otto Struve diese Begleiter als schwache Sterne nachweisen. Da bereits vor der Entdeckung Peters und Auwers auf die große Masse dieser Begleiter aufmerksam machten, wurden sie in der Folgezeit wegen ihres geringen Durchmessers, der hohen effektiven Temperatur und der normalen Sternmasse von etwa einer Sonnenmasse als weiße Zwerge bezeichnet und zuerst von Eddington, Bottlinger und anderen Zeitgenossen in den ersten Jahrzehnten dieses Jahrhunderts theoretisch interpretiert. Sie werden heute als eine Form der Endstadien der Sternentwicklung angesehen. Die Untersuchungen über kleine Positionsänderungen, besonders durch Peter van der Kamp bis in die Jetztzeit, führten zur Entdeckung von Fixsternbegleitern sehr kleiner Masse, etwa bis zur Jupitermasse oder 0.001 Sonnenmasse. Da aus astrophysikalischen Erwägungen heraus bekannt ist, daß solche kleinen Massen keinen Stern mehr bilden können, haben wir es hier mit planetenähnlichen Begleitern zu tun. Erkenntnistheoretisch haben die weißen Zwerge und die planetenartigen Begleiter eine erhebliche Bedeutung. Ist es mittels der Himmelsmechanik prinzipiell schon möglich, astronomische Ereignisse im Planetensystem vorauszuberechnen, wie die Entdeckung von Neptun und Pluto zeigt, so traf dasselbe jetzt auch für unsichtbare Begleiter in Doppelsternsystemen zu, die dann entweder durch die Beobachtung entdeckt oder deren Zustandsgrößen durch ihre gravitierende Wirkung auf den Zentralkörper berechnet oder abgeschätzt werden können. Außerdem stellen die Sterne mit planetaren Begleitern die idealistisch-theologische Lehre von der Einmaligkeit des Sonnensystems in Frage. Daß unser Sonnensystem im Kosmos nicht einmalig ist, wurde zwar schon spekulativ von G. Bruno vor 1600 vermutet, konnte aber erst im 20. Jahrhundert bewiesen werden.

In der zweiten Hälfte des vorigen Jahrhunderts wurde durch Kirchhoff die Spektralanalyse begründet und bald in die Astronomie eingeführt. Auch ihr ist die schnelle Entwicklung astrophysikalischer Untersuchungsmethoden zu verdanken. Bedingt durch die Entwicklung eines präzisen Gerätebaus zur Befriedigung der Bedürfnisse der sich schnell entwickelten kapitalistischen Industrie, war es bald möglich, große Fernrohre mit modernen Spektrographen und anderen Strahlungsempfängern zu bauen. Es kamen photographische Aufnahmemethoden hinzu, die ebenfalls die astrophysikalische Erkenntnis förderten. So konnten 1889 die spektroskopischen Doppelsterne durch Pickering und Vogel entdeckt werden[38], wobei Vogel auch auf die Doppelsternnatur der Bedeckungsveränderlichen aufmerksam machte. Die spektroskopischen Doppelsterne sind astrophysikalisch insofern interessant, als etwa ein Drittel aller Sterne zu ihnen zählt und manche einen so geringen Abstand der dann deformierten Komponenten haben, daß zwischen ihnen ein ständiger und zum

Teil komplizierter Gasaustausch vonstatten geht. Letzten Endes sind solche Tatsachen von großem kosmogonischen Interesse. Wichtig ist hier wieder für uns, daß sich aus den Bahnelementen der spektroskopischen Doppelsterne mit Hilfe des Newtonschen Gravitationsgesetzes die Massen abschätzen lassen.

Dieses Gesetz liegt auch dem Mehrkörperproblem zugrunde sowie der Dynamik des Milchstraßensystems. Ferner folgt die Verteilung der Sterne in Sternhaufen oder der Galaxien in Galaxienhaufen statistischen Verteilungen, die ebenfalls durch die Newtonsche Gravitation bedingt sind[39]. Wegen der mit diesen Problemen verbundenen komplizierten Mathematik sind sie erst in der Jetztzeit mittels großer Rechenanlagen lösbar. Einen weiteren Triumph des Newtonschen Gravitationsgesetzes und der Himmelsmechanik haben die von Menschen geschaffenen künstlichen Erdsatelliten oder Raumflugkörper gebracht, die inzwischen nicht nur bis zum Mond, sondern auch zu Venus und Mars vorgedrungen sind und teilweise zu deren Satelliten oder zu kleinen Planeten im Sonnensystem wurden. Eine besondere Möglichkeit in der Ausnutzung des Gravitationsgesetzes wird in den kommenden Jahren die Swingby-Methode[40] darstellen, bei der man die Anziehung und die Rotation der großen Planeten ausnutzt, um an ihnen vorbeigesteuerte Raumflugkörper, schneller als dies direkt möglich wäre, in den äußeren Bereich unseres Planetensystems zu bringen.

Wie wir sehen, hat Newtons Gravitationsgesetz eine umfassende Bedeutung. Es stellt prinzipiell eine Weltformel dar[41], so daß es lohnt, die erkenntnistheoretischen Fragen, die Newton durch dieses Gesetz und seine Mechanik aufwarf, kurz zu charakterisieren und zusammenzufassen.

Das Bedeutendste an seinem Gravitationsgesetz und seiner Mechanik ist, daß Newton daraus allgemein und universell gültige Prinzipien ableitete und die Einheit der irdischen und kosmischen Physik nachwies. Diese Einheit ist bis heute immer wieder bestätigt worden.

Durch die Weiterentwicklung der Himmelsmechanik bis in die jetzige Zeit wurde es möglich, Körper mit neuen physikalischen Eigenschaften der Materie zu entdecken, wie zum Beispiel die weißen Zwerge.

Es zeigte sich ferner, daß die Himmelsmechanik mittels des Gravitationsgesetzes in der Lage ist, Körper erkennbar zu machen, die wegen ihrer geringen Helligkeit mittels elektromagnetischer Wellenstrahlung nicht gesehen werden können, wie zum Beispiel die planetaren Fixsternbegleiter.

Damit leistete Newton, selbst schwankend zwischen mechanischem Materialismus und Theologie, einen wesentlichen Beitrag zugunsten der materialistischen Weltanschauung, indem er die Einheit der Welt, ihre Materialität und ihre Erkennbarkeit bestätigte oder zumindest durch nachfolgende Generationen von Himmelsmechanikern bestätigen ließ. Indem er den gesetzmäßigen Zusammenhang in der Welt erkannte, bereicherte Newton den dialektischen Determinismus. Er vertrat die Auffassung von der Unendlichkeit der Materie, wenn auch in mechanistischer Weise.

Abgesehen von seinen persönlichen religiösen Überzeugungen, lassen sich Newtons theologische Auffassungen nur noch mit dem Deismus vereinbaren, da er außer beim Schöpfungsakt und dem ersten Anstoß bei der Tangentialbewegung der Planeten eines Eingreifens Gottes nicht bedurfte. Die deistischen Anschauungen in seinem Weltbild wurden in der Wissenschaft, zum Teil noch bis in die Neuzeit, zu einer beliebten Spielart der Philosophie.

Anmerkungen

Wegen der Wiederholung einiger Literaturhinweise werden folgende Abkürzungen gebraucht:

Gerland	= E. Gerland, Geschichte der Physik, Erste Abteilung, Von den ältesten Zeiten bis zum Anfang des achtzehnten Jahrhunderts, München und Berlin 1913.
Gesch. Phil.	= Geschichte der Philosophie, Band I, Berlin 1959, Übersetzung der sowjetischen Auflage von 1957.
Newton	= I. Newton, Mathematische Prinzipien der Naturlehre, Berlin 1872, herausgegeben von J. Ph. Wolfers. Der eigentliche Titel der Newtonschen drei Ausgaben von 1687, 1713 und 1726 lautet: Philosophiae naturalis Principia mathematica.
Wawilow	= S. I. Wawilow, Isaak Newton, Berlin 1951, deutsche Übersetzung nach der 2. sowjetischen Auflage von 1945.
Wolf	= R. Wolf, Geschichte der Astronomie, München 1877.
Zinner	= E. Zinner, Entstehung und Ausbreitung der coppernicanischen Lehre, Zum 200jährigen Jubiläum der Friedrich-Alexander-Universität zu Erlangen, Erlangen 1943.

[1] Wawilow, 1.
[2] Wawilow, 149–151.
[3] Zinner, 370–389.
[4] Gesch. Phil., 361–371.
[5] F. A. Lange, Geschichte des Materialismus und Kritik seiner Bedeutung in der Gegenwart, Erstes Buch, Leipzig 1902, 230.
[6] Gesch. Phil., 362; Zitat von K. Marx aus: „Die heilige Familie", in: Marx-Engels Werke Bd. 2, Berlin 1962, 255.
[7] Gesch. Phil., 363; F. A. Lange, Geschichte des Materialismus (wie Anm. 5), 231–233.
[8] Gesch. Phil., 363.
[9] F. A. Lange, Geschichte des Materialismus (wie Anm. 5), 170.
[10] Gesch. Phil., 364–367.
[11] Gesch. Phil., 386–395.
[12] Newton, siehe obige Bemerkung.
[13] Gerland, 645.
[14] Newton, 21–45.
[15] A. Sommerfeld, Vorlesungen über theoretische Physik, Band I, Mechanik, Leipzig 1947, 1. Über die Newtonschen Axiome siehe 2–7, über seine Anmerkungen über Raum und Zeit siehe 9.
[16] Zinner, 395 f.
[17] Wawilow, 110 f.
[18] Gerland, 644.
[19] Wolf, 446.
[20] Vgl. Anm. 16.
[21] Newton, 69–118 sowie weitere Teile des 1. Buches.
[22] Newton, 190; Wawilow, 118.
[23] Wawilow, 164–183.

[24] F. Engels, Dialektik der Natur, in: Marx-Engels Werke Bd. 20, Berlin 1962, 275.

[25] Wawilow, 158.

[26] Wawilow, 167.

[27] Gerland, 635–637.

[28] Vgl. Anm. 11.

[29] Wawilow, 112–136.

[30] R. Rompe, H.-J. Treder, Nicolaus von Cues als Naturforscher, DAW, Vorträge und Schriften, H. 97, Berlin 1965, 20–22.

[31] Zinner, 399.

[32] Vgl. Anm. 29.

[33] Wawilow, 195 f.

[34] O. Dziobek, Die mathematischen Theorien der Planeten-Bewegungen, Leipzig 1888, 289–300.

[35] Wolf, 537–539.

[36] Wolf, 739–745.

[37] Ebenda.

[38] Newcomb-Engelmann, Populäre Astronomie, Leipzig 1948, 597–598 und 640–645.

[39] Vgl. Anm. 29.

[40] W. Müller, Bedeutung der Swingby-Technik am Planeten Jupiter für interplanetare Missionen. Raumfahrtforschung 12, 1968, 180.

[41] Vgl. Anm. 30.

Hans-Jürgen Treder

Die Bedeutung des Copernicanismus für das physikalische und astronomische Weltbild der Gegenwart

Copernicus formulierte einige der wissenschaftlichen Prinzipien, die inhaltlich, methodisch und erkenntnistheoretisch die weitere Entwicklung der Naturwissenschaften bestimmten und hodegetisch für alle weiteren Forschungen über die Struktur des Kosmos waren. Diese copernicanischen Prinzipien sind im wesentlichen im I. Buch von Copernicus' Hauptwerk „De Revolutionibus" enthalten. Die Geschichte der Astronomie und die von weiten Gebieten der allgemeinen Physik ist bestimmt durch die Rezeption, Explikation, Erweiterung und Vertiefung der copernicanischen Prinzipien. Die historische Entwicklung der Astronomie und kosmischen Physik wurde philosophisch geprägt durch den Kampf zwischen der ihrem Wesen nach materialistischen Rezeption des Copernicanismus mit teils theologisch, teils agnostizistisch geprägten Versuchen einer Negierung oder Einschränkung der inhaltlichen und hodegetischen Bedeutung der copernicanischen Positionen.

In der folgenden Darstellung wollen wir Bedeutung und Wirkung der copernicanischen Ideen in der heutigen Physik und Astronomie behandeln. Dementsprechend interpretieren wir auch die historische Entwicklung rückblickend auf Grund unserer nunmehrigen Kenntnis der klassischen Mechanik und Gravitationstheorie, der Relativitätstheorie und der Kosmologie. Aus dieser Sicht sind die Grundprinzipien des Copernicanismus – in wachsender Allgemeinheit von mathematisch-physikalischen Prinzipien zu erkenntnistheoretischen Postulaten aufsteigend:

I. Die Einführung eines physikalischen Bezugssystems und die hierauf aufbauende Analyse des Bewegungsbegriffs in Mechanik und Himmelsmechanik;

II. Der Nachweis der fundamentalen Symmetrien des physikalischen Raumes und hieraus folgend das Prinzip der alleinigen Verursachung von Bewegungsänderungen durch die Wirkung der materiellen Körper. Aus diesen beiden Prinzipien ergab sich die Relativierung der Stellung der Erde im Kosmos und – dies verallgemeinernd – das erkenntnistheoretische Prinzip der grundsätzlichen Gleichheit der Naturgesetze „im Himmel und auf Erden". Dieses ist auch die Grundlage des copernicanischen kosmologischen Prinzips, das darauf beruht, systematisch jede privilegierte Stellung der Erde, des Planetensystems bzw. von Systemen, denen das Planetensystem angehört, zu negieren.

III. Darüber hinaus ist aber der Copernicanismus die erste mathematisch-physikalische Formulierung des philosophischen Prinzips der materiellen Einheit der Welt und der Verstehbarkeit der Eigenschaften des Universums aus der Erforschung der Bewegungsgesetze der Materie.

Hierbei schließt der copernicanische Ansatz ein, daß die in einem physikalischen Laboratorium erforschten physikalischen Gesetze grundsätzlich an jedem Ort des Universums zu allen Zeiten gültig sind und natürlich umgekehrt astronomisch erkannte Naturgesetze im Prinzip auch im Laboratorium nachprüfbar sind.

I.

Der grundlegende Ansatz von Copernicus zur Begründung der physikalischen Bewegungslehre beginnt mit Copernicus' Bemerkung der Notwendigkeit, wahre und scheinbare Bewegungen zu unterscheiden. Copernicus erklärt, daß jede wahrgenommene Ortsveränderung eines Objekts entweder von einer Bewegung dieses Objekts selbst oder einer Bewegung des Beobachters oder von (den notwendig verschiedenen) Bewegungen beider herrührt. Bewegen sich Beobachter und Objekt in derselben Weise, so wird überhaupt keine Bewegung wahrgenommen. Hiermit formulierte Copernicus das kinematische Relativitätsprinzip, das über Galilei und Descartes zur Grundlehre der Phoronomie wurde.

Diese kinematische Relativität ermöglichte Copernicus technisch den Übergang vom geozentrischen zum heliozentrischen Bezugssystem. Da das geozentrische Weltsystem des Ptolemäus grundsätzlich kinematisch aufgebaut war, war Copernicus' Hinweis auf die kinematische Relativität bereits der Nachweis dafür, daß das geozentrische Weltsystem nicht ausgezeichnet war. Copernicus stellt nun aber den wahrgenommenen relativen Bewegungen die wahren (physikalischen) Bewegungen gegenüber. Die Bestimmung der wahren Bewegungen erfolgt gemäß Copernicus grundsätzlich auf Grund dynamischer Prinzipien. D. h., das wahre Bezugssystem ist bei Copernicus dasjenige, in dem die kinematischen Bewegungen denjenigen Bewegungen entsprechen, die den Körpern als natürliche Bewegungen gesetzlich zukommen. Copernicus betrachtete als natürliche Bewegungen der Himmelskörper die Kreisbewegung (mit konstanten Winkelgeschwindigkeiten) und die (starren) Rotationen um ihre eigenen Achsen (das entsprach den Bewegungsaxiomen von Platon), während kompliziert zusammengesetzte Bewegungen wie Epizykel-Bewegungen des Ptolemäus keine solchen natürlichen Bewegungen sind. Da nun die den zweiten Ungleichheiten in den Planetenbewegungen entsprechenden Epizykeln durch den Übergang zum heliozentrischen Bezugssystem eliminiert werden, entspricht das heliozentrische Bezugssystem also dem wahren Weltsystem.

Copernicus bemerkte aber gleichzeitig, daß diese wahren Bewegungen auch aufgefaßt werden können als Bewegungen gegenüber dem Fixsternhimmel. Der Fixsternhimmel definiert also ebenfalls das wahre astronomische Bezugssystem. Insbesondere ist die starre Rotation der Erde um ihre Achse als Rotation gegenüber dem Fixsternhimmel aufzufassen: Der das Sonnensystem mit der Erde umschließende Himmel definiert also ein Bezugssystem, in bezug auf das die Rotation der Erde als wahre Bewegung definiert ist. Dagegen ist es bei Copernicus von vornherein physikalisch unsinnig, mit Aristoteles und Ptolemäus von einer Rotation des Fixsternhimmels zu sprechen. Kinematisch besteht zwar kein Unterschied zwischen der Rotation der Erde und einem entgegengesetzt rotierenden Himmel, jedoch ist im zweiten Falle überhaupt kein Bezugsraum definiert, in bezug auf den diese Rotation erfolgt.

Diese Gedanken von Copernicus gaben den Anstoß zur Entwicklung der physikalischen Theorie der Bewegung. Grundlegend war zunächst die Feststellung, daß durch die Bewegungsgesetze der Körper Bezugssysteme physikalisch ausgezeichnet werden, während für die subjektive Wahrnehmung allein alle Bezugssysteme gleichberechtigt sind.

Konstruktiv wurde die copernicanische Idee der Festlegung eines dynamischen Bezugssystems auf Grund der Bewegungsgesetze der Planeten zuerst von Kepler angewandt. Kepler ging davon aus, daß im copernicanischen Weltsystem ein Planet jeweils nach dem Ablauf eines (siderischen) Planetenjahres dieselbe Position in dem durch den Fixsternhimmel aufgespannten Raum einnimmt und daß die Sonne in diesem Raum feststeht. Kepler gewann so zwei Bezugspunkte, die (gemeinsam mit der Komplanaritätsannahme) ausreichen, die Örter der Planeten festzulegen[1].
Diese Konstruktion ist nicht selbstverständlich; Kepler setzte hierbei mit Copernicus voraus, daß die Planetenbahnen geschlossene Kurven sind (d. h. geschlossen nach einmaligem Umlauf). Dies war für Kepler aus Symmetriegründen eine zwingende Vorstellung, genau so, wie es für Copernicus die Kreisbahnen entsprechend dem Axiom Platons waren. Die Geschlossenheit der Bahnen verlangt ganz spezielle Kraftgesetze; allgemeine Kraftgesetze führen auf rosettenförmige Bahnen, wie sie den Planeten in der allgemeinen Relativitätstheorie gemäß den Einsteinschen Bewegungsgesetzen zukommen (der langsamen Bewegung ihrer Perihele entsprechend).

Galileis Trägheitsgesetz fundierte Copernicus' Argumentation gegen die aus der aristotelischen Physik genommenen Einwände gegen eine wahre Bewegung der Erde: Auf Grund der Trägheit behalten alle Körper ihre Geschwindigkeiten bei – und nicht ihre Orte, wie dies Aristoteles und mit ihm Ptolemäus voraussetzten. Daher werden die Lagen der irdischen Körper relativ zum Erdkörper durch die (translatorische) Bewegung der Erde nicht verändert. Galileis Dynamik ist so ein integrierender Bestandteil des copernicanischen Systems.

Nach dem Galileischen Trägheitsgesetz gilt für unbeschleunigte translatorische Bewegungen die Relativität der Bewegung nicht nur kinematisch, sondern auch dynamisch; dies ergab ein grundsätzlich neues Element zum copernicanischen Begriff des Bezugssystems. Copernicus' Postulat, die wahren Bewegungen der Himmelskörper auf Grund der Gesetze der Planetenbewegung zu definieren, enthält gemäß dem Trägheitsgesetz die Möglichkeit einer translatorischen Bewegung des gesamten Sonnensystems. Dies wurde um 1800 von W. Herschel nachgewiesen.

Newtons Synthese der Keplerschen Himmelsmechanik und der Galileischen Dynamik mit seiner Entdeckung der universellen Gravitation setzte wiederum Copernicus' Definition der wahren physikalischen Bewegung voraus. Die Newtonschen Bewegungsgesetze zeichnen das copernicanische Weltsystem aus: Faßt man als wahre Bewegung der Planeten im Sinne des Copernicus diejenigen Bewegungen auf, die aus den Newtonschen Bewegungsgleichungen folgen, so ergibt sich das heliozentrische Weltsystem. Genauer, es folgt ein Bezugssystem, in dem der gemeinsame Massenmittelpunkt von Sonne und Planeten die Rolle übernimmt, die bei Copernicus und Kepler der Sonnenmittelpunkt hatte[2]. (Dieser Massenmittelpunkt liegt aber meistens innerhalb der Sonne.)

Weiter vertieften Newton und C. Huygens Copernicus' Argument bezüglich der Rotation der Erde, indem sie zeigten, daß durch die Gesetze der Mechanik die Rotation der Erde um ihre eigene Achse dynamisch bestimmt wird. Die mit dieser Rotation verbundenen Trägheitskräfte führen zu der von Newton vorausgesagten Abplattung des Erdkörpers, deren Nachweis durch P. L. de Maupertuis und A. C. Clairaut somit zu einem direkten Beweis für die Erdrotation wurde. Ferner ergaben die gemäß Newtons Mechanik aus der Rotation der Erde resultierenden Trägheitskräfte die Vorhersage weiterer Bewegungseffekte auf der rotierenden Erde, die z. B. durch den Foucaultschen Pendelversuch (1851) quantitativ nachgewiesen wurden.

Bereits Copernicus hatte aber auch die kinematischen Konsequenzen der Bahnbewegung der Erde gegenüber dem Fixsternhimmel erkannt. Die Erdbahn mußte sich in perspektivisch verkleinerten Kreisen der Sterne am Fixsternhimmel abzeichnen (Parallaxen). Hierbei war die Astronmie des 17./18. Jahrhunderts zu der Erkenntnis gekommen, daß die „Fixsternsphäre" in Wahrheit die Sterne eines unendlich ausgedehnten Kosmos umfaßte, so daß sich die parallaktischen Kreise näherer Fixsterne gegenüber dem unveränderten Visierwinkel sehr weit entfernter Fixsterne abzeichnen mußten. Dieser direkte kinematische Nachweis des heliozentrischen Weltsystems gelang 1837 F. W. Bessel und W. Struve. Schon 1727 hatte J. Bradley einen geometrisch-optischen Effekt der Kreisbewegung der Erde, die Aberration des Lichtes, entdeckt. Diese folgt aus der Erdbewegung um die Sonne und der von O. Römer (1675) (aus den Verfinsterungen der Galileischen Jupiter-Monde) nachgewiesenen Endlichkeit der Lichtgeschwindigkeit. Hiermit wurde ein optischer Effekt der kreisförmigen Bewegung der Erde quantitativ gemessen[3].

Das copernicanische heliozentrische Bezugssystem ermöglicht also die theoretische Erklärung und Voraussage von dynamischen und optischen Erscheinungen, die im ptolemäischen System nicht ableitbar sind. Dies zeichnet, wie Poincaré (1906) hervorhob, das copernicanische System als dasjenige Bezugssystem aus, auf das die Gesetze der Physik im Planetensystem zu beziehen sind. Poincaré wandte sich hiermit gegen Bestrebungen, auf Grund der physikalischen Relativitätsprinzipien (s. u.) eine Apologie der scholastischen Theologie und besonders des Prozesses gegen Galilei zu versuchen. (Poincaré schwächte allerdings seine Position hierbei durch seine eigene konventionalistische Philosophie.)

Der entscheidende Beitrag des copernicanischen Weltsystems zur physikalischen Bewegungstheorie war also die Unterscheidung zwischen den wahrgenommenen und den wahren Bewegungen der Körper und das Prinzip der Feststellbarkeit der wahren Bewegungen der Körper auf Grund der physikalischen Bewegungsgesetze. Erst durch diese Definition der wahren Bewegungen war es möglich, von der rein beschreibenden Kinematik des ptolemäischen Systems zu einer Dynamik der Körper im Kosmos überzugehen. Die dynamischen Gesetze der Bewegung sind es dann ihrerseits wieder, die im Sinne von Copernicus die scheinbaren Bewegungen von den wahren Bewegungen unterscheiden. – Diese Erkenntnis, die Newton, Huygens und Leibniz formulierten, war der erste Abschluß der von Copernicus eingeleiteten Entwicklung des physikalischen Bewegungsbegriffs. Die Naturphilosophie Kants insbesondere geht in ihrer Unterscheidung der relativen, in der Phoronomie zu untersuchenden Bewegungen von den wahren Bewegungen, die der Gegenstand der Mechanik sind, von der Identität dieser wahren Bewegungen mit den durch die physikalischen Kräfte bestimmten Bewegungen aus.

Die neuen Untersuchungen über die Bedeutung der Bezugssysteme für die Physik, die in der zweiten Hälfte des 19. Jahrhunderts mit den Arbeiten von C. Neumann, E. Mach, L. Lange[4] und H. Hertz begannen, von Poincaré, H. A. Lorentz, M. Abraham, Einstein und P. Langevin fortgeführt wurden und in der allgemeinen Relativitätstheorie Einsteins einen vorläufigen Abschluß fanden, wiederholten auf einer neuen Reflexionsstufe die von Copernicus begonnene Analyse des Bewegungsbegriffs in der Physik. Auch diese neuere Fragestellung ging wieder von der Unterscheidung der wahrgenommenen kinematischen Bewegung und der wahren dynamischen Bewegung aus und suchte eine allgemeine Aufklärung ihres Zusammenhanges. Die hierbei benutzten und weiterentwickelten Begriffsbildungen rezipierten die copernicanische Denkweise. Der von Lange geprägte Begriff des Inertialsystems, der fundamental für die Relativitätstheorie wurde, ist die durch die Entwicklung der analytischen Mechanik möglich gewordene mathematische Fassung des copernicanischen Gedankens, daß die wahren Bewegungen der Körper durch ihre Bewegungsgesetze definiert werden. Nach Lange ist ein physikalisch privilegiertes Bezugssystem, ein Inertialsystem, dadurch gegeben, daß in ihm die wahrgenommenen (kinematisch dargestellten) Bewegungsbahnen mit den aus den (Newtonschen) Bewegungsgesetzen folgenden übereinstimmen.

In diesem Sinne erweist sich das heliozentrische Weltsystem des Copernicus (ergänzt durch die Korrekturen, die das Newtonsche Gegenwirkungsprinzip mit sich bringt) nahezu als ein Inertialsystem (mit der kleinen Einschränkung, daß die Sonne sich selbst bewegt und diese Bewegung, im säkularen Maßstab gesehen, beschleunigt ist – Rotation der Sonne um das Zentrum der Milchstraße). Gemäß Neumann (1870) kann ein solches Inertialsystem als mit einem Körper „Alpha“ verbunden gedacht werden, das sich kräftefrei nach dem Galileischen Trägheitsgesetz bewegt. Für das Planetensystem ist dann in 1. Näherung der Sonnenmittelpunkt ein Körper „Alpha“. In 2. Näherung ist es der Massenmittelpunkt des Sonnensystems. – Diese Beziehungen zwischen dem copernicanischen Weltsystem und der Mechanik merkte L. Boltzmann um 1900 bei seiner axiomatischen Begründung der klassischen Mechanik an. Einstein und Infeld unterstrichen dann später, daß das copernicanische System ein erster Ansatz zur Einführung eines Inertialsystems in die Physik ist.

Das von Neumann, Lange und H. v. Seeliger und anderen theoretisch entwickelte und gegenwärtig in der Himmelsmechanik unter dem Einsatz der elektronischen Rechentechnik systematisch realisierte Programm, das astronomische Bezugssystem aus den Newtonschen (durch Einsteins relativistische Korrekturen ergänzten) Bewegungsgleichungen für die Körper des Sonnensystems herzuleiten, ist offensichtlich die moderne Fassung der Idee, auf der Copernicus sein heliozentrisches Weltsystem begründete: Copernicus postulierte für die Bewegung der Planeten einfache Kreisbahnen und kam so zum heliozentrischen Weltsystem. Kepler erkannte durch die oben genannte Anwendung des copernicanischen Prinzips, daß die Bahnen der Planeten vielmehr Ellipsen sind und kam so zu der Korrektur, daß die Sonne in einem Brennpunkt der Ellipse steht. Newton entdeckte, daß die Keplerschen Ellipsen die Lösung des Einkörperproblems bei Bewegungen in einem Gravitationsfeld sind. Die Bewegungsgesetze der Himmelskörper, die nach Copernicus die wahren Bewegungen definieren, sind gegeben durch die Newtonschen Bewegungsgleichungen; an die Stelle dieser Bewegungsgleichungen treten nun seit Einstein die Gleichungen der allgemeinen Relativitätstheorie, die die Newtonsche Dynamik als einen Grenzfall enthalten (für gegenüber der Lichtgeschwindigkeit kleine Geschwindigkeiten und für schwache Gravitationsfelder) (s. u.).

Die andere Methode zur Bestimmung des astronomischen Bezugssystems ist die astrometrische; sie ist rein kinematisch und bezieht das (zweidimensionale) sphärische Koordinatensystem auf den Fixsternhimmel[5].

Die Annahme, auch auf diesem Wege die wahre Bewegung der Körper direkt aus der beobachteten ableiten zu können, fußt grundsätzlich auf Copernicus' Erkenntnis, daß der Fixsternhimmel (im Mittel) als in Wahrheit ruhend angesehen werden muß, alle sich am Fixsternhimmel abzeichnende Relativbewegungen der Erde demnach wahre Bewegungen sind. – Dieses Prinzip war nur zu ergänzen durch die von E. Halley (um 1700) erkannte Eigenbewegung der Fixsterne und durch den in diesem Jahrhundert erfolgten Nachweis der Rotation des Milchstraßensystems (Galaxis), dem unsere Sonne angehört. Die Galaxis wurde schon von W. Herschel (1785) und P. S. de Laplace (1797) als Bezugssystem vorgeschlagen und neuerdings verschiedentlich benutzt. – Heute wird der copernicanische Begriff des „Fixsternhimmels" erweitert auf die Metagalaxis als Inbegriff aller Sternsysteme außerhalb unserer Milchstraße, der Galaxien. Genügend weit entfernte Galaxien besitzen wegen dieser Entfernung keine merklichen Eigenbewegungen an der Himmelssphäre. Das copernicanische Prinzip besagt dann, daß die in bezug auf die entfernten Galaxien wahrnehmbaren Bewegungen – (Bewegungen relativ zur Metagalaxis) die wahren Bewegungen sind. Tatsächlich stimmen die auf ein Inertialsystem bezogenen Bewegungen mit den auf die Metagalaxis bezogenen Bewegungen (im Rahmen der wachsenden Meßgenauigkeit) empirisch überein.

Copernicus' Entdeckung der wahren Erdbewegung führte, verbunden mit der Entwicklung der Wellenoptik (A. J. Fresnel, A. Fizeau) und der Elektrodynamik (J. C. Maxwell, H. v. Helmholtz, H. Hertz), im 19. Jahrhundert unmittelbar auf die fundamentalen Problemstellungen, aus denen die spezielle Relativitätstheorie entstand: Ist die momentane Erdbewegung (die instantane Geschwindigkeit der Erde) optisch oder elektrodynamisch bestimmbar? – Eine solche Bestimmung wäre eine Messung der absoluten Geschwindigkeit der Erde, d. h. eine solche ohne Bezugnahme auf den „Fixsternhimmel". Die kinematische Relativität der Bewegung (die Reziprozität der wahrgenommenen Geschwindigkeiten) wäre damit aufgehoben gewesen, d. h. auf eine reine Mechanik beschränkt.

Das negative Ergebnis dieser (von Maxwell und Helmholtz angeregten) Experimente – beginnend mit den optischen Versuchen von A. A. Michelson (1881 bis 1887) – war der Anlaß zu den Arbeiten von H. A. Lorentz und H. Poincaré über die Relativitätsprinzipien der Physik und die Grundlage der speziellen Relativitätstheorie

Einsteins 1905. Dies gab die umfassendste Formulierung der von Copernicus aufgezeigten kinematischen Relativität und damit gemäß Galilei der Relativität der unbeschleunigten, d. i. kräftefreien Bewegung.

Die allgemeine Relativitätstheorie Einsteins (1913 bis 1916) hat den Begriff der Relativbewegung und damit den Bewegungsbegriff neu gefaßt und verschärft. Ausgehend von der Feldphysik, die J. C. Maxwell und H. Hertz begründet hatten, formulierte Einstein ein streng lokales Relativitätsprinzip, das sein spezielles Relativitätsprinzip verallgemeinerte. An die Stelle der von Copernicus, Galilei, Huygens und Newton untersuchten Reziprozität der kinematischen Bewegungen trat bei Einstein die Kovarianz der Bewegungsgleichungen selbst. Hierdurch wird im Prinzip die Bewegung eines Teilchens nicht auf seine weitere Umwelt bezogen, sondern vielmehr auf seine infinitesimale Umgebung, d. i. auf das von Einstein mit der Gravitation identifizierte metrische Feld, das die Struktur von Raum und Zeit prägt. Die allgemeine Relativität gemäß Einstein besagt dann, daß alle physikalischen Gesetze, insbesondere also die Bewegungsgleichungen, kovariant gegenüber beliebigen lokalen Transformationen der Bezugssysteme sind. Wird mit der Bewegung eines Körpers gleichzeitig und auf gleiche Weise seine infinitesimale Umgebung verändert, so gibt dies keinen physikalischen Effekt, da ja die Bewegung des Körpers nach Einstein auf diese unmittelbare Umwelt zu beziehen, also nur mit ihr zu vergleichen ist. In diesem Sinne kann einem Teilchen lokal jeder beliebige Bewegungszustand zugeschrieben werden.

Eine vollständige Dynamik ergibt sich aber erst dann, wenn von infinitesimalen zu endlichen Raum-Zeit-Bereichen übergegangen wird, d. i., wenn die differentiellen Feld- und Bewegungsgleichungen in einem gegebenen Koordinatensystem integriert werden. Diese Integration verlangt grundsätzlich die zusätzliche Vorgabe von Grenzbedingungen. Die Grenzbedingungen besagen u. a., welchen dynamischen Einflüssen die zu untersuchende Bewegung unterliegt, die zusätzlich zu den Wirkungen der in den Feldgleichungen explicite angegebenen Massenverteilungen auftreten (Einfluß von Trägheitsfeldern ohne Feldquelle im Endlichen).

Wendet man diesen Gedanken – Einstein und Schwarzschild (1915/16)[6], dann besonders Einstein, Infeld und Hoffmann (1938) und V. A. Fock (1939) folgend – auf die Bewegung der Planeten im Gravitationsfeld der Sonne an, so definiert die Forderung, daß außer den mit der Sonnenmasse und den Planetenmassen verbundenen Gravitationsfeldern keine weiteren Kraftfelder auf die Planeten einwirken, wiederum das copernicanische Bezugssystem. Umgekehrt ergeben sich aus der Wahl des copernicanischen Bezugssystems als physikalische Zusatzbedingung bei der Integration der Einsteinschen Gravitationsgleichungen gerade die korrekten Gesetze für die Planetenbewegung. (Diese Zusammenhänge hat wohl zuerst Fock (1947) herausgearbeitet.)

Einsteins auf dem Lokalitätspostulat fußendes allgemeines Relativitätsprinzip ist zeitweilig als eine Aufhebung des copernicanischen Prinzips verstanden worden in dem Sinne, daß nach dem allgemeinen Relativitätsprinzip heliozentrisches und geozentrisches Weltsystem untereinander gleichberechtigt (und auch gleichberechtigt mit jedem anderen, beispielsweise mit einem beliebigen Teilchen verbunden) sei. Unsere obigen Bemerkungen zeigen, daß diese Behauptung falsch ist. Das allgemeine

Relativitätsprinzip ist nur die konsequente feldtheoretische Fassung der kinematischen Relativität der Bewegungen.

Eine solche lokale Fassung des kinematischen Bewegungsbegriffs wurde erstmalig von Descartes versucht. Wie später Einstein (der sich ausdrücklich auf Descartes beruft) postulierte bereits Descartes, daß die Bewegung eines Teilchens auf seine unmittelbare (infinitesimale) Umgebung bezogen werden muß und in bezug auf diese infinitesimale Umgebung reziprok ist. Gemäß Descartes hatte es daher keine physikalische Bedeutung, nach der wahren Bewegung der Sonne und der Planeten zu fragen. Durch diese Auffassung entzog sich Descartes nach Galileis Verurteilung einer Stellungnahme für das copernicanische Weltsystem, das er ursprünglich als wahr anerkannt hatte[7].

Wegen der rein lokalen Definition der Bewegung verlor nach Descartes die Frage nach den Weltsystemen überhaupt ihren Sinn. – Tatsächlich war aber Descartes' Standpunkt rein kinematisch und konnte daher nicht zu einer Himmelsmechanik führen, die vielmehr auf Newtons Begriff der wahren absoluten Bewegung aufbaute, welche bei Newton durch das copernicanische Prinzip definiert wurde.

Die philosophische Verwandtschaft von Descartes' Position mit den oben erwähnten Versuchen, auf Grund der allgemeinen Relativitätstheorie das copernicanische Prinzip als irrelevant zu erklären, ist evident. Descartes' Ansatz ist aber entsprechend dem Einsteinschen allgemeinen Relativitätsprinzip nur dann konsequent durchführbar, wenn sein rein lokaler Aspekt beim Übergang zur Dynamik aufgehoben wird, was eben die Einführung des copernicanischen Prinzips bedeutet.

Es sei auch noch hervorgehoben, daß die allgemeine Relativitätstheorie erneut den von Copernicus bemerkten physikalischen Unterschied zwischen der Rotation der Erde gegenüber dem Fixsternhimmel und einer (mit entgegengesetzt gleicher Winkelgeschwindigkeit erfolgenden) Rotation des Fixsternhimmels bewies. Wie in voller Allgemeinheit H. Weyl (1924) zeigte, ist die Rotation eines Körpers gemäß der allgemeinen Relativitätstheorie eine absolute Bewegung, da sich die Differentialgleichungen für die Bewegung von Massenpunkten außerhalb der Rotationsachse eines rotierenden Körpers auf kovariante Weise (nämlich durch ihre geodätische Krümmung) von denen nichtrotierender Massenpunkte unterscheidet. In Übereinstimmung mit Newton wird festgestellt, daß an einem rotierenden Körper Trägheitskräfte auftreten, die – unabhängig von jeder kinematischen Bestimmung – die Rotationsgeschwindigkeit definieren. Daher hat die von Copernicus im Anschluß an Nicolaus Cusanus hervorgehobene Wahrheit, daß die Erde – und nicht, wie von Aristoteles und Ptolemäus angenommen, der Fixsternhimmel – rotiert, auch eine fundamentale Wahrheit in der allgemeinen Relativitätstheorie. In der Tat treten ja bei der Rotation eines Körpers Relativbewegungen und Relativbeschleunigungen zwischen verschiedenen Punkten des Körpers auf, so daß auch ohne Vergleich mit einem kinematischen Bezugssystem in Übereinstimmung mit dem Reziprozitätsprinzip eine rotierende Bewegung bestimmbar ist.

In voller Allgemeinheit formuliert ist daher das copernicanische Prinzip ein wesentlicher Bestandteil sowohl der klassischen wie auch der allgemein-relativistischen Dynamik. In der klassischen Dynamik bestimmt das copernicanische Prinzip diejenigen Bezugssysteme, in denen die Gleichungen der klassischen Physik gelten. In der allgemeinen Relativitätstheorie wählt das copernicanische Prinzip aus der Mannigfaltigkeit der auf Grund des Einsteinschen Relativitätsprinzips mit der Raum-Zeit-Struktur verträglichen (isometrischen) Gravitations- und Trägheitsfelder gerade diejenigen aus, die der physikalischen Situation entsprechen. – In beiden Fällen beruht diese Wirkung des copernicanischen Prinzips gerade auf dem von Copernicus aufgestellten Postulat, daß physikalische Wirkungen immer eine materielle Ursache haben, im Falle der Gravitation also mit der Existenz von Massen verbunden sein müssen. Dieses Prinzip führt auf die Raum-Theorie des Copernicus und ihre Bedeutung für die Entwicklung von Physik und Kosmologie, wie sie sich heute auf Grund der Relativitätstheorie und ihrer Theorie von Raum, Zeit und Gravitation darstellt.

II.

Astronomisch-technisch war das ptolemäische Weltsystem eine ausschließlich kinematische Beschreibung der Bewegung der Himmelskörper, und für eine solche kinematische Beschreibung besitzt es einen Wahrheitsgehalt. Gemäß der von Copernicus herausgearbeiteten Unterscheidung zwischen den wahren und den wahrgenommenen Bewegungen beschreibt das ptolemäische Weltsystem die von der Erde aus wahrgenommenen Relativbewegungen.

Naturphilosophisch erhob das geozentrische Weltbild aber den Anspruch, eine Darstellung der wahren kosmologischen Verhältnisse zu sein. Als Kosmologie war es ein Teil der scholastisch interpretierten aristotelischen Naturphilosophie und peripatetischen Physik. Auch Ptolemäus selbst hatte im „Almagest" eine physikalische Begründung des geozentrischen Weltbildes auf Grund der aristotelischen Physik versucht (s. o. I). Es war eine der entscheidenden Leistungen des Copernicus, diese aristotelische Naturphilosophie in ihren Grundpositionen überwunden zu haben. Auf Copernicus' Leistung bauten hier sowohl Kepler wie auch Galilei auf, die die peripatetische Physik endgültig überwanden.

Die aristotelische Physik ging von einer qualitativen Struktur des kosmischen Raumes aus, die von den Verhältnissen, die die euklidische Geometrie beschrieb (welche die axiomatische Synthese der Eigenschaften der irdischen Körper und der Erde war) grundsätzlich differierte. Nach der qualitativen Raum-Physik des Aristoteles war der Raum sowohl inhomogen wie anisotrop. Die Punkte des Raumes waren an und für sich qualitativ verschieden, und es gab im Raum ausgezeichnete Richtungen. Der aristotelische Raum war ein endlicher Raum von der Form einer Kugel, deren Berandung die Fixsternsphäre bildete und deren Mittelpunkt die Erde einnahm. Die Elemente der peripatetischen Physik unterscheiden sich durch ihre Affinität zu den Raumgegenden. Die schweren und trägen Elemente hatten ihren natürlichen Ort am Weltmittelpunkt; in einem Abstand davon war der natürliche Ort der Luft, während das Feuer und als fünftes Element der Weltäther ihren natürlichen Ort an der Peripherie der Kugel hatten. Dementsprechend gab es ausgezeichnete Bewegungsrichtungen im Kosmos. Die natürliche Bewegung eines spezifisch schweren Stoffes war die geradlinige Fallbewegung auf den Erdmittelpunkt. Die natürliche

Bewegung eines leichten Stoffes war die Flucht vom Weltmittelpunkt hinweg zur Fixsternsphäre hin. Ansonsten waren die schweren Stoffe unbeweglich, d. h. ihre Bewegung erforderte nach Aristoteles einen Kraftaufwand. Von der Sphäre des Mondes an waren hingegen die Körper aus leichtem ätherischen Stoff und hatten eine natürliche Bewegung, die sich nach dem platonischen Axiom aus Kreisbahnen zusammensetzte. Entscheidend war das für das ptolemäische System, daß sich die irdischen Elemente notwendig im Mittelpunkt der Welt zusammenballen müßten und daß die Fallbahnen der irdischen Körper in die Richtung des Weltmittelpunktes anzeigten.

Demgegenüber postulierte – auch hierbei Nicolaus Cusanus folgend und ihn konkretisierend – Copernicus die prinzipielle Gleichwertigkeit aller Punkte und Richtungen im Raum. Es gibt nach Copernicus im Raum keine ausgezeichneten Orte und Richtungen, d. h. der physikalische Raum ist nach Copernicus homogen und isotrop. Die Geometrie des Kosmos ist daher durch die euklidische Geometrie gegeben.

Wegen dieser Symmetrieeigenschaften des Raumes haben Punkte und Richtungen im Raum selbst keine physikalische Wirkung. Eine physikalische Wirkung geht nur von den Punkten des Raumes aus, an denen sich Materie befindet, und diese Wirkung ist nach Copernicus unabhängig davon, an welchen Raum-Punkten sich diese Materie befindet. Daher fallen etwa die Körper auf der Erde nicht in Richtung auf einen geometrischen Mittelpunkt der Welt, sondern in Richtung auf das Zentrum des materiellen Erdkörpers, und Copernicus postuliert, daß dasselbe auch für die Umgebung aller anderen Himmelskörper gilt, d. h. Copernicus postulierte qualitativ das Prinzip der universellen Gravitation im Sinne Newtons, die eine Funktion der Massen der Körper ist. (Kepler nahm Copernicus' Argumentation wieder auf; ihm folgten R. Hocke und besonders Huygens.) Diesen Teil des Copernicanismus kann man das cusanisch-copernicanische Relativitätsprinzip nennen. Es stellt die Symmetrien (Homogenität und Isotropie) des physikalischen Raumes fest, dessen Metrik daher die euklidische ist. Lagen und Richtungen im Raum sind als solche bedeutungslos; bedeutungsvoll sind nur die Lagen der Körper relativ zueinander, da nur die Materie und nicht der Raum eine physikalische Wirkung ausübt.

Philosophisch bedeutet das cusanisch-copernicanische Prinzip zunächst die Negierung des von der scholastischen Philosophie und Theologie behaupteten Unterschieds zwischen Himmel und Erde, und erkenntnistheoretisch schloß dieses Prinzip die Universalität der Naturgesetze ein, indem die auf der Erde festgestellten physikalischen Eigenschaften und Gesetze auch in beliebigen Gegenden des Kosmos gelten, wenn nur dieselben materiellen Bedingungen gegeben sind (s. u. III).

Aus diesem copernicanischen Prinzip folgte nun auch die Möglichkeit einer gemeinsamen quantitativen Physik des Himmels und der Erde. Die platonische Philosophie anerkannte die exakte mathematische Formulierbarkeit der Bewegungen der Himmelskörper als qualitative Eigentümlichkeit der translunaren Sphäre. Da es aber nach Copernicus keine Auszeichnung irgendeiner Raumgegend gibt, folgte hieraus auch die Möglichkeit, die Mathematik „vom Himmel auf die Erde" zu holen und eine exakte irdische Physik zu begründen mit grundsätzlich denselben Gesetzen wie die Physik des Himmels (s. u. III).

Für Kepler war Copernicus' Postulat der alleinigen physikalischen Wirkung der Körper der physikalische Ausgangspunkt seiner Kritik an den Planetentheorien von Ptolemäus, Copernicus und Tycho Brahe. Mit allen diesen Theorien, die vom Bewegungs-Axiom Platons ausgingen, bekamen die Epizykel-Zentren, der „punctum aequans" und andere rein geometrische Punkte eine größere Bedeutung für die Bestimmung der Planetenbewegungen als die Sonne bzw. die Erde. Dagegen ging Kepler methodisch davon aus, die Planetenbewegung auf den wahren Ort der Sonne zu beziehen (s. o. I).

Die copernicanische Relativität der Orte und Richtungen im RAUM ist eine der Grundlagen der klassischen Physik. Diese wurde besonders dann offenbar, als durch die Entdeckung der nichteuklidischen Geometrie und durch die Begründung der Riemannschen Geometrie Raumstrukturen mathematisch untersuchbar wurden, die im Gegensatz zum Euklidischen Raum diese Symmetrien nicht besitzen. Helmholtz zeigte (1868/70), daß Grundbegriffe der klassischen Physik, wie z. B. der Begriff des starren Körpers, diese Symmetrien bereits voraussetzten, und durch die mathematischen Untersuchungen von Helmholtz, F. Klein (ab 1872) und S. Lie wurde nachgewiesen, daß die Prinzipien der klassischen Mechanik (darunter die Erhaltungssätze für Impuls und Drehimpuls) die Homogenität und Isotropie des Raumes widerspiegeln. Die copernicanischen Raum-Symmetrien sind die Basis der Erhaltungssätze für Impuls und Drehimpuls. Zusammen mit Galileis Relativität der unbeschleunigten Bewegungen definiert das cusanisch-copernicanische Prinzip die kinematische Transformationsgruppe der klassischen Mechanik. Gemeinsam mit der die Galilei-Gruppe in der speziellen Relativitätstheorie ersetzenden speziellen Lorentz-Gruppe gibt die cusanisch-copernicanische Relativität die Lorentz-Poincaré-Gruppe, die die Symmetriegruppe der Minkowskischen Raum-Zeit-Welt ist.

Programmatisch behauptet das cusanisch-copernicanische Prinzip die physikalische Wirkungslosigkeit der rein räumlichen Lagen und Orientierungen. Eine die Bewegung der Körper beeinflussende Wirkung kommt nach Copernicus nur anderen Körpern zu. Die physikalischen Gesetze beschreiben die Wechselwirkungen zwischen den Körpern. Für die Himmelsmechanik ist dieses Programm, Gedanken von Kepler, O. v. Guericke, R. Hocke u. a. aufnehmend, in der Newtonschen Gravitationstheorie verwirklicht. Die klassische Physik von Newton und Euler über Laplace und Helmholtz bis zur Begründung der Feldphysik durch M. Faraday und Maxwell postulierte die Determinierung der Beschleunigung der Körper und ihre Abhängigkeit von ihren Distanzen zu anderen Körpern.

Die Einführung einer Riemannschen Geometrie als Struktur der physikalischen Raum-Zeit-Welt durch Einstein behält den Grundgedanken dieses copernicanischen Prinzips bei, indem gemäß Einstein die Deformation der homgenen und isotropen Welt zu einer Raum-Zeit mit Riemannscher Geochronometrie durch die im Raum befindliche Materie (in 1. Näherung durch die Massen) bestimmt wird. Inhomogen und anisotrop ist die Raum-Zeit also nicht an und für sich, sondern als Funktional der Materie im Raum.

Einsteins Konzeption der allgemeinen Relativitätstheorie ging wiederum von der Problematik der postulierten physikalischen Wirkungslosigkeit des Raumes an sich aus. Tatsächlich hat in der klassischen Mechanik der physikalische Raum weitere Eigenschaften, als nur Träger einer Maßbestimmung zu sein. Gerade der Begriff der wahren physikalischen Bewegung impliziert in Newtons Mechanik tatsächlich eine dynamische Wirkung des Raumes auf die sich in ihm bewegenden Körper. Das Galilei-Newtonsche Trägheitsgesetz sagt aus, daß sich kräftefreie Körper mit konstanter Geschwindigkeit längs euklidischen Geraden bewegen. Bezugssysteme, in bezug auf die dieses Gesetz nicht gilt, unterscheiden sich von den wahren physikalischen Bezugssystemen (den Inertialsystemen) durch das zusätzliche Auftreten von Trägheitskräften, für die keine Massen als Quelle der Kraftfelder angegeben werden können (und die somit das copernicanische Prinzip nicht erfüllen). Hertz sah hierin die größte Schwäche der klassischen Mechanik.

Einsteins Lösung dieses Problems war die Formulierung seines allgemeinen Relativitätsprinzips, das den Feldbegriff mit dem Raum-Begriff verschmolz, wodurch die Trägheit mit der Gravitation vereinigt wurde. Da dieses Prinzip aber streng lokal ist und im Infinitesimalen gilt, blieb für alle dynamischen Probleme, wie gesagt, die Auszeichnung quasi-copernicanischer Bezugssysteme bestehen, aber auch die Frage eines von den Massen unabhängigen Einflusses des freien Raumes auf die Bewegung. Die Raumstruktur wird ja nach Einstein nicht vollständig durch die Materie bedingt, sondern durch sie nur deformiert.

Ein impliziter Ansatz zur Auflösung dieser Schwierigkeit enthält nun die oben angemerkte copernicanische Erkenntnis, die Identität des durch den Fixsternhimmel definierten kinematischen Bezugssystems mit einem inertialen dynamischen Bezugssystem. Bereits Kepler und – in einer eingehenden Diskussion – Leibniz und Huygens (um 1690) wollten dementsprechend die Kraftwirkung des freien Raumes durch eine Wirkung der fernen kosmischen Massen ersetzen. Dieser Gedanke wurde 1883 von Mach wieder aufgenommen und war für Einstein in den Jahren 1913 bis 1917 eines der Hauptprobleme bei seiner Begründung der allgemeinen Relativitätstheorie und ihrer Anwendung auf kosmologische Probleme. Die Auflösung dieses Problems ist in der allgemeinen Relativitätstheorie aber nicht voll enthalten, jedoch gelangte Einstein 1917 zu einer scharfen mathematischen Formulierung der Problemstellung in der sogenannten Mach-Einstein-Doktrin. – Ohne hier auf weitere Einzelheiten eingehen zu können, ist doch anzumerken, daß sich mit der Formulierung der Mach-Einstein-Doktrin der Kreis der Untersuchungen der physikalischen Bezugssysteme erneut geschlossen hat. Die von Copernicus begonnene Bestimmung des wahren physikalischen Bezugssystems mit der Entdeckung, daß wahre Bewegungen Bewegungen gegenüber dem Fixsternhimmel sind, führte zu Einsteins abschließender Fragestellung nach der vollständigen Determinierung der Dynamik durch die „Trägheitsinduktion" der fernen kosmischen Massen.

Das Einsteinsche allgemeine Relativitätsprinzip konstatiert die Homogenität und Isotropie von Raum und Zeit im Infinitesimalen. (Die pseudo-euklidische Raum-Zeit-Metrik der speziellen Relativitätstheorie gilt weiterhin im unendlich Kleinen.) Es ist der umfassendste Ansatz und Versuch einer mathematischen Formulierung des Prinzips der materiellen Einheit der Welt in einer für die Physik konstruktiven Form. Denn es besagt, daß die allgemeinen physikalischen Gesetze – in der Form, wie sie die spezielle Relativitätstheorie formuliert – an allen Weltpunkten (d. h. überall im Raum und zu jeder Zeit) in derselben Form gelten. Dies bedeutet, daß – auf ein lokales Inertialsystem bezogen – die physikalischen Elementarprozesse und Elementargrößen überall und zu allen Zeiten denselben Ablauf und dieselben Werte besitzen.

Die Einführung des Relativitätsprinzips in die Kosmologie ermöglichte eine hodegetische Anwendung des copernicanischen Prinzips von der prinzipiellen Gleichwertigkeit aller Orte und Richtungen im Raum auf den gesamten Kosmos. Die theoretische Kosmologie geht seit A. A. Friedmann (1922) im Sinne eines perfekten Copernicanismus davon aus, daß es im Universum im Großen gesehen keine ausgezeichneten Orte und Richtungen gibt und daß entsprechend der Materie im Universum homogen und isotrop verteilt ist[8].

Mathematisch führt dieses „perfekte copernicanische Postulat" zum kosmologischen Prinzip von H. Weyl, nach dem die kosmische Materie nach Ausmittlung aller stochastisch schwankenden Eigenbewegungen als ein System von „Fundamentalpartikeln" zu deuten ist, deren Weltlinien (d. h. im Sinne der speziellen Relativitätstheorie ihre nach Minkowski raum-zeitlich dargestellten Lebensgeschichten) ein System von geodätischen Linien bilden, bei denen die mit den Partikeln verbundenen Atomuhren immer die gleiche Weltzeit anzeigen. Dann definiert irgendein Zeitwert $t = \text{const}$ einer solchen Atomuhr das momentane Weltall. – Als „Fundamentalpartikel" im Sinne des kosmologischen Prinzips sind hier die Galaxien anzusehen. (s. u. III)

Alle grundlegenden kosmologischen Modelle, die von der theoretischen Physik und Astronomie seit Einstein und W. de Sitter (1917) und Friedmann entwickelt wurden, fußen auf diesem copernicanischen Postulat, das durch die Forschungen der extragalaktischen Astronomie weitgehend bestätigt worden ist. Dieses Postulat ist nicht aus den Gravitationstheorien oder der Partikeldynamik (und auch nicht aus der allgemeinen Relativitätstheorie) herleitbar, denn entsprechend dem lokalen Relativitätsprinzip Einsteins werden die Grundgesetze der physikalischen Theorien ja als allgemein-kovariante Differentialgleichung formuliert, die für sich selbst keinerlei Globalstruktur des Universums definieren können. Vielmehr wird das perfekte copernicanische Prinzip als Auswahlbedingung für die Anwendung der physikalischen Grundgleichungen auf das Universum im Großen zusätzlich eingeführt.

Dieses Postulat ist seinerseits so stark, daß schon die Kinematik nach E. A. Milne (1930) und alle sinnvollen Dynamiken und Gravitationstheorien, sowohl die von Newton (gemäß Milne 1934) wie die von Einstein (als auch die verschiedenen Weiterentwicklungen und Modifikationen der Relativitätstheorie) auf Grund des kosmologischen Postulats zu im wesentlichen gleichen mathematischen Weltmodellen führen, die sich nur in ihrer „Feinstruktur", nämlich in der analytischen Form der Bewegungsgesetze der Galaxien, unterscheiden.

Im wesentlichen bestimmen Relativitätsprinzip und kosmologisches Postulat bereits die Grundgesetze der Kosmologie.

Die Kosmologie beruht also auf dem Postulat der Persistenz der Naturgesetze im gesamten Kosmos. Ohne dieses Postulat, das durch das allgemeine Relativitätsprinzip und kosmologische Prinzip impliziert wird, wäre jede kosmologische Theorienbildung von vornherein gegenstandslos, da dann der Schluß der Physik auf der Erde auf die Physik im Universum unmöglich wäre.

Dies zeigt, wie methodisch verfehlt kosmologische Hypothesen sind, die aus mathematischen Singularitäten in analytisch ausgearbeiteten kosmologischen Theorien Spekulationen über eine „Schöpfung des Universums" vor einigen 10 Milliarden Jahren oder über eine „spontane Entstehung von Materie aus dem Nichts" begründen möchten. Die mathematischen Singularitäten besagen – wie Einstein hervorhob – nur, daß wir die physikalischen Elementargesetze noch nicht genau genug kennen, um sie uneingeschränkt auf die extremsten Bedingungen im Kosmos anwenden zu können.

III.

Die allgemeinste Konsequenz der Tat des Copernicus für die Entwicklung der Naturwissenschaften und für das heutige wissenschaftliche Weltbild war die Negierung des Unterschiedes zwischen Himmel und Erde und die damit beginnende Erkenntnis der materiellen Einheit der Welt. Als Folge dieser copernicanischen Wende wurde einerseits die Erforschung des Universums als eine besondere Teilaufgabe der Erforschung der Gesetze der Materie erkannt. Andererseits folgte aus dem copernicanischen Prinzip, daß mathematisch formulierbare Naturgesetze nicht die Folge idealer außerirdischer Strukturen sind, wie es der Platonismus wollte, sondern der Ausdruck einer universellen Gesetzlichkeit, die auch für die „irdische Materie" gilt. Diese Einheit von kosmischer und irdischer Physik bedeutet, daß die im Laboratorium erforschten und mathematisch formulierten Gesetze der Physik auf die Verhältnisse im Kosmos angewandt werden können und damit die Grundlage für die Erforschung der kosmischen Phänomene bilden. Andererseits folgt aus dieser Einheit, daß die Gesetze, die wir über die Bewegungsprozesse und Strukturen von Himmelskörpern erkennen, unser physikalisches Wissen im allgemeinen bereichern. Durch die copernicanische Revolution wurde so eine quantitative physikalische Wissenschaft auf Grund irdischer Experimente und ihre Anwendung in der menschlichen Praxis programmatisch formuliert.

Hierdurch emanzipierte – wie Friedrich Engels sagte – Copernicus die Naturforschung von der Theologie. Engels bemerkte aber auch weiter, daß sich diese „Auseinandersetzung bis in unsere Tage hinschleppt und sich in manchen Köpfen noch längst nicht vollzogen hat". Diese Auseinandersetzung findet auch gegenwärtig insbesondere bei den Erörterungen der Grundlagen der Relativitätstheorie, der Kosmologie und der Kosmogonie statt.

Wie wir oben gesehen haben, war das erste unmittelbare Ergebnis, das Copernicus zu den Fundamenten der Mechanik im speziellen und der Physik im allgemeinen beitrug, die Entdeckung der Einheit der Geometrie von Himmel und Erde und damit die Begründung der euklidischen Maßbestimung des kosmischen Raumes. Dies schloß die Entdeckung des copernicanischen Relativitätsprinzips ein. – Copernicus gab weiter die erste Formulierung einer die himmlischen und irdischen Bewegungen gemeinsam erfassenden Kinematik und begründete damit die Erforschung der physikalischen Bezugssysteme, die über Galilei und Newton zu Einstein führte (s. o. I).

Gemäß dem copernicanischen Postulat der Gleichwertigkeit von Himmel und Erde ist jeder Beitrag zur Erforschung der physikalischen oder auch der chemischen Eigenschaften der kosmischen Körper ein Schritt zum Ausbau und zur Weiterführung des Copernicanismus im Sinne der Konkretisierung und Vertiefung der Einsicht in die materielle Einheit der Welt und die objektive Erkennbarkeit ihrer Gesetze.

Die von Kepler aus Tycho Brahes Beobachtungen hergeleiteten Gesetze der Planetenbewegung waren methodisch ein Schritt über Copernicus hinaus im Geist des copernicanischen Programms. Statt einer „Rettung der Erscheinungen" im Sinne von Platon gelangte Kepler zu der Erforschung der tatsächlichen Bewegungsgesetze der Planeten.

Galilei, Kepler u. a. wandten erstmalig ein physikalisches Instrument, das Fernrohr, zur Erforschung von Himmelserscheinungen an und entdeckten hiermit, daß die Himmelskörper (Sonne, Mond, Saturn) keine idealen mathematischen Körper sind, sondern unregelmäßig strukturierte Gebilde wie die Erde. – Es wird immer wieder – z. T. mit apologetischer Absicht – behauptet, daß die astronomischen Entdeckungen Galileis im Grunde genommen nichts mit dem copernicanischen Weltsystem zu tun hätten, da sie sich genau so in das ptolemäische Weltbild einordnen ließen (so etwa C. F. v. Weizsäcker 1966). Diese Behauptungen lassen außer acht, was wir oben herausgearbeitet haben: Die copernicanische Revolution ist nicht nur die Einführung eines neuen – dynamisch fundierten – Bezugssystems in der Astronomie, sondern sie ist die Überwindung der peripatetisch-scholastischen Naturphilosophie und Physik, die auch bei Ptolemäus zur Begründung des Geozentrismus benutzt wurde. Diese Naturphilosophie beruhte aber auf der Behauptung der prinzipiellen Verschiedenheit der sublunaren von den translunaren Sphären. Eine jede astronomische Entdeckung, die die Ähnlichkeit von Himmelskörpern mit der Erde aufzeigte, war daher eine Weiterführung des Copernicanismus. – In der Tat blieb zwar auch nach der Entdeckung der ähnlichen Natur der Erde und der Himmelskörper und der überwiegenden Größe des Sonnensystems im Vergleich zum Erdkörper der Geozentrismus als kinematisches Bezugssystem in der sphärischen Astronomie möglich, er wurde aber als Weltbild grotesk.

Galilei begründete als Gegenstück zur Physik des Himmels die zu mathematisch formulierbaren Naturgesetzen führende experimentelle Physik und sprach die ersten physikalischen Gesetze aus, die sowohl für himmlische wie für irdische Körper Geltung hatten. Zusammenfassende Krönung war die Formulierung der ersten umfassenden Theorie physikalischer Bewegungsformen in der Mechanik und der Gravitationstheorie Newtons. Die Newtonsche Mechanik entstand aus der von Kepler auf Grund des copernicanischen Weltsystems begründeten theoretischen Astronomie und der von Galilei begründeten experimentellen Erforschung der Bewegung irdischer Massen. Auf diesen beiden Fundamenten errichtete Newton den Bau der klassischen Mechanik, die gleichzeitig eine Himmelsmechanik ist.

Newton leitete aus Galileis Fallgesetzen, den Eigentümlichkeiten der Mondbewegung, Keplers Gesetzen der Planetenbewegung und den von Huygens geprägten Begriffen der Zentripetal- und Zentrifugalkraft sein allgemeines Gravitationsgesetz her. (Das Revolutionäre dieses Gesetzes zeigt eindringlich die ablehnende Skepsis selbst von Huygens.) Die universelle Gültigkeit des Gravitationsgesetzes (im Rahmen der seinerzeit zugänglichen Meßgenauigkeiten) bewies ausführlich die Himmelsmechanik des 18. und 19. Jahrhunderts aus der Theorie der Bewegungen der Planeten und der Bewegungen ihrer Monde. – Bereits Newton und Halley postulierten die Gültigkeit des Gravitationsgesetzes und der gesamten klassischen Mechanik auch für die Bewegung der Fixsterne, deren Eigenbewegungen Halley um 1700 entdeckt hatte. Auch diese Universalität der Gravitation wurde noch jahrzehntelang – bis zur Erforschung der Bewegung der Doppelsterne durch W. Herschel um 1800 – in Zweifel gezogen, und zwar mit Argumenten, die grundsätzlich die universelle Gültigkeit von Naturgesetzen überhaupt bestritten. – Im 20. Jahrhundert wurde jedoch weit über Herschels Entdeckungen hinaus die Gültigkeit der Gravitationsmechanik für das gesamte Milchstraßensystem und für die Bewegung der Galaxien in Galaxienhaufen gesichert. Die universelle Gravitationskonstante, die in das Gesetz eingeht, wurde durch Laboratoriumsexperimente von H. Cavendish Ende des 18. Jahrhunderts bestimmt. Auf der damit beginnenden Erforschung des irdischen Gravitationsfeldes fußt die Gravimetrie in der Geodäsie und in der angewandten Geophysik. (Die Raumforschung beginnt nunmehr mit der Erforschung des Gravitationsfeldes des Mondes.)

Die noch von Copernicus und Kepler angenommene zentrale Stellung des Sonnensystems im Weltall wurde hierbei im Sinne eines perfekten Copernicanismus relativiert bis zu der Einsicht der Existenz einer praktisch unendlich großen Zahl von Sonnen im Universum, unter denen unser Sonnensystem keine besondere Stellung einnimmt. Bis in das 20. Jahrhundert wurde aber wiederholt behauptet, daß das Sternsystem, zu dem unsere Sonne gehört, eine irgendwie ausgezeichnete Position im Kosmos besitzt. Dagegen nahmen auf Grund allgemeiner naturphilosophischer Überlegungen, die sich sehr richtig auf das Prinzip der materiellen Einheit der Welt stützten, bereits im 18. Jahrhundert Kant und J. H. Lambert eine Vielzahl von gleichrangigen Sternsystemen an. Die Astronomie des 20. Jahrhunderts bewies mit ihrer Entdeckung der die Metagalaxis bildenden extragalaktischen Sternsysteme (der Galaxien), die gleichrangig mit unserem eigenen Milchstraßensystem sind, diese „Vielzahl der Welten" und untermauerte so das perfekte copernicanische Prinzip. Dieses Prinzip ist – wie oben in II ausgeführt – mathematisch im allgemeinen Relativitätsprinzip Einsteins und im kosmologischen Prinzip Weyls formuliert worden. Die von Friedmann aus der Einsteinschen Gravitationstheorie 1922 gezogenen theoretischen Schlüsse über die dynamische Evolution der Metagalaxis wurden durch die Rotverschiebungen der Spektrallinien derjenigen Galaxien, die von unserer Milchstraße weit genug entfernt sind, beobachtungsmäßig bestätigt (E. P. Hubble 1928).

Eine weitere Konsequenz des Copernicanismus ist die Entdeckung der genetischen Einheit der Materie und der Nachweis der grundsätzlichen Einheit der physikalischen und chemischen Struktur der Himmelskörper. Mit der Begründung der auf Newtons Dynamik basierenden Kosmogonie durch Kant (1755) wurde die Erklärbarkeit der Materie aus sich selbst auch für die Entstehung der gegenwärtigen Materiestrukturen im Kosmos prinzipiell festgestellt. Engels nannte daher Kants Kosmogonie den zweiten großen Beitrag der Astronomie zum Weltbild nach Copernicus.

Aber bis zum Ende des 18. Jahrhunderts wurde dennoch fast allgemein behauptet, daß zwischen der Chemie und Physik der Erde und der der Himmelskörper unüberschreitbare Unterschiede bestünden. Beispielsweise argumentierte im ersten deutschsprachigen physikalischen Wörterbuch der Herausgeber J. S. T. Gehler gegen die astronomische Meteoritentheorie von E. F. Chladni noch 1791 so: Chladnis Deutung der „Feuerkugeln" als kleiner Himmelskörper ist ersichtlich unrichtig, weil die aufgefundenen Meteoritensteine im wesentlichen dieselbe chemische und mineralogische Struktur aufweisen wie irdische Körper. Die Himmelskörper aber müßten eine völlig andere chemisch-physikalische Beschaffenheit besitzen.

Diese Behauptungen wurden zunächst erschüttert durch die Kosmogonien von Kant und Laplace, die die genetische Einheit des Sonnensystems theoretisch begründeten. – Empirisch bewies die physikalisch-chemische Einheit der Materie im Sonnensystem zunächst die von Chladni begründete Meteoritenforschung, durch die ja eben festgestellt wurde, daß himmlische Körper dieselben chemischen und mineralogischen Eigenschaften besitzen wie irdische. – Die agnostische Auffangposition der idealistischen Philosophie war die positivistische These von A. Comte über die prinzipielle Unerforschbarkeit der physikalisch-chemischen Struktur ferner Himmelskörper. Für Comte war diese Unerforschbarkeit geradezu das Hauptargument für die Grenzen der wissenschaftlichen Erkenntnismöglichkeit. Comtes These wurde aber schon 10 Jahre nach ihrer Aufstellung widerlegt: G. R. Kirchhoff und R. Bunsen begründeten, ausgehend von der Thermodynamik, die Spektralanalyse und begannen damit die Erforschung des physikalischen Zustandes und der chemischen Zusammensetzung der Sonne und der Sterne. Dies ermöglichte die Erweiterung der Astronomie zur Astrophysik.

Mit Beginn des 20. Jahrhunderts wurde die Astrophysik durch die Atom- und Quantenphysik theoretisch fundiert. Auf diesen Grundlagen entstanden die Theorie der Sternatmosphären (beginnend mit K. Schwarzschild und N. M. Saha) und die Ansätze zu einer Theorie des Sternaufbaues (R. Emden, A. S. Eddington u. a.). Hierauf fußend wurde die Frage der Energiequellen der Strahlung der Sterne grundsätzlich gelöst, wobei die Ergebnisse der Kernphysik zugrunde gelegt wurden. Diese Forschungen über die Energiequellen der Sterne führten 1929 – 1938 zur Entdeckung der für die Kernenergetik fundamentalen Kernfusionsprozesse.

Auch die neuesten Entwicklungen der Astronomie implizieren Konsequenzen der copernicanischen Wende: Nachdem die zentrale Stellung der Erde und auch die zentrale Stellung des Sonnensystems im Kosmos gestürzt waren, wurde insbesondere von den idealistischen Philosophen wenigstens die kosmogonische Singularität und Zufälligkeit des Planetensystems und damit die Einmaligkeit der Erde im Kosmos behauptet – etwa unter Berufung auf die „Katastrophen-Theorie" von J. Jeans. Im Sinne von Copernicus wurde dagegen in den letzten Jahrfünften theoretisch bewiesen, daß die Entstehung von Planetensystemen ein gesetzlich notwendiger Prozeß der Sternentwicklung ist. Etwa die Hälfte der sonnenähnlichen Sterne muß, wie die kosmische Magneto-Hydrodynamik lehrt (aus Gründen der Drehimpuls-Bilanz bei der Sternentwicklung), mit einem Planetensystem umgeben sein. Ein Triumph des Copernicanismus war dann der indirekte Nachweis von Planetensystemen bei sonnennahen Sternen durch die astrometrische Erforschung ihrer Eigenbewegungen. Die Infrarot-Astronomie beobachtet heute auch unmittelbar die rezente Entwicklung von Planetensystemen aus der nichtstellaren Materie.

Die nunmehr begonnene Erforschung des erdnahen Weltraumes, des Mondes und des gesamten Sonnensystems durch die Raumfahrten der Kosmonauten und Astronauten, durch künstliche Satelliten, Raumsonden und automatische Stationen auf dem Mond und auf den Planeten sowie die damit beginnende technische Nutzung der Raumforschung (etwa bei der Telekommunikation) hat das copernicanische Weltbild allen Menschen als praktische Realität bewußt gemacht. Man kann heute sagen, daß der Copernicanismus nunmehr in das aktuelle Weltbild eines jeden Menschen als ein grundlegendes Faktum eintritt und die copernicanische Relativierung der Stellung der Erde im Universum nunmehr auch die Zielstellung und die Aufgabe des menschlichen Denkens und Handelns mitbestimmen wird.

In diesem Sinne ist die sogenannte wissenschaftlich-technische Revolution unserer Zeit eine direkte Fortsetzung der durch Copernicus eingeleiteten ersten wissenschaftlichen Revolution. Die astronomische Erforschung des Universums und die extraterrestrische Raumforschung im Sonnensystem bilden nicht nur wissenschaftlich, sondern auch weltanschaulich eine Einheit, indem Astronomie und Raumforschung letztendlich die Realisierung von Konsequenzen der copernicanischen Revolution des Weltbildes sind.

Anmerkungen

1 Auf diese Bedeutung der Keplerschen Konstruktion für die Theorie der Bezugssysteme hat Einstein 1930 hingewiesen. – Keplers Konstruktion bedarf nicht der Kenntnis der absoluten Lage eines Planeten. In der Tat ist entsprechend dem copernicanischen Relativitätsprinzip die Lage des Sonnensystems im Raum ohne physikalische Konsequenzen beliebig veränderbar.

2 Diesen Zusammenhang zwischen der Newtonschen Himmelsmechanik und dem copernicanischen System haben Einstein und Infeld (1938) in ihrem Buch „Die Evolution der Physik" diskutiert.

3 In die physikalische Erklärung der Aberration des Lichtes geht neben dem kinematischen Verhältnis $\frac{v}{c}$ von Erdgeschwindigkeit v und Lichtgeschwindigkeit c auch noch die Theorie der Lichtbewegung ein. Bradley legte seinerzeit die Emissionstheorie des Lichtes von Newton zugrunde; dann ist die Aberration ein Ergebnis des Galileischen Relativitätsprinzips (vektorielle Addition der Geschwindigkeiten) und v ist die Relativgeschwindigkeit Erde-Stern. Durch die astronomische Beobachtung der Aberration wird die Änderung der Richtung dieser Relativgeschwindigket gemessen.

In der klassischen Wellentheorie des Lichtes (und zwar unter Zugrundelegung eines mechanischen oder eines elektromagnetischen Äthers) ist v die Geschwindigkeit der Erde gegenüber dem Äther. Ruht der Äther, so ist v die Absolutgeschwindigkeit der Erde im Kosmos und die astronomische Beobachtung der Aberration mißt deren Änderung. (T. Young 1807). (Würde

hingegen der Äther von der Erde voll „mitgeführt" (wie dies einige Hypothesen annahmen), so gäbe es keine Aberration.)
Gemäß der speziellen Relativitätstheorie folgt die Aberration des Lichtes aus der Lorentz-Transformation des Wellenvektors bzw. aus dem Einsteinschen Additionstheorem der Geschwindigkeiten. v ist hier wieder die Relativgeschwindigkeit Erde–Stern. – Man sieht, daß die Aberration ein sehr komplexer Test für die Rolle des copernicanischen Bezugssystems in der Optik ist.

4 Der zentrale Teil von Langes Buch über „Die geschichtliche Entwicklung des Bewegungsbegriffs" behandelt die Bedeutung von Copernicus' „Reformation der Astronomie" für die Begründung der klassischen Mechanik.

5 Die Definition des „wahren Ortes" der Körper durch Bezugnahme auf ihre Lage zum „Fixsternhimmel" hatte schon Aristoteles gegeben. Ptolemäus wie Copernicus und später auch Kepler folgen hier dem Aristoteles. Die Mach-Einsteinsche Fragestellung in der allgemeinen Relativitätstheorie und der Kosmologie kommt dann erneut auf diesen aristotelischen Ansatz zurück. Wissenschaftliche Revolutionen sind keine nihilistische Zerstörung des älteren Gedankengutes, sondern seine dialektische Aufhebung. Die Untersuchungen zum physikalischen Bewegungsbegriff von Aristoteles über Copernicus, Galilei, Descartes und Newton bis zu Einstein bilden einen dialektischen Prozeß (der auch heute keineswegs abgeschlossen ist).

6 Die Schwarzschildsche Metrik (d. i. das kugelsymmetrische Gravitationsfeld eines Massenpunktes) ist in den von Schwarzschild verwendeten Koordinaten eine mathematische Darstellung des copernicanischen Systems, wenn – wie in der Behandlung der Perihelbewegung bei Einstein (1914) – die Planeten als „Probekörper" aufgefaßt werden und die Schwarzschildsche Masse mit der Sonne identifiziert wird.

7 Diesen Rückzug kritisierte 1679 More, der in der Raumtheorie Newtons Vorgänger war.

8 Dies schließt insbesondere ein, daß eine universelle Rotation des Kosmos (ein sogenannter Gödel-Kosmos) ausgeschlossen wird, der „Fixsternhimmel" also, wie von Copernicus vorausgesetzt, im Mittel ruht und nicht rotiert. Copernicus hat hier also exakt den wahren Bewegungszustand der „Himmelskugel" formuliert.

Folgende *Literatur* wurde im Text in Kurzform zitiert:

D. Bernal, *1961:* Die Wissenschaft in der Geschichte. Berlin
L. Boltzmann, *1905:* Populäre Schriften, Leipzig
A. Einstein, *1934:* Mein Weltbild. Amsterdam
A. Einstein und L. Infeld, *1956:* Die Evolution der Physik. Leiden 1938, Hamburg
F. Engels, *1962:* „Anti-Dühring" und Dialektik der Natur. Marx-Engels Werke Bd. 20, Berlin
V. A. Fock, *1947:* Das kopernikanische und das ptolemäische System im Lichte der allgemeinen Relativitätstheorie, in: „Nikolaus Kopernikus", Moskau
V. A. Fock, *1960:* Theorie von Raum, Zeit und Gravitation. Berlin
O. Heckmann, *1967:* Theorien der Kosmologie. Berlin 1943, 2. Aufl.
L. Lange, *1886:* Die geschichtliche Entwicklung des Bewegungsbegriffes. Leipzig
M. v. Laue, *1959:* Geschichte der Physik. Berlin (West).
M. v. Laue *1961:* Von Kopernikus bis Einstein (1957). – Gesammelte Schriften, Bd. 3, Braunschweig
P. Lorenzen, *1960:* Die Entstehung der exakten Wissenschaften. Berlin, Göttingen, Heidelberg
E. Mach, *1933:* Die Mechanik in hrer Entwicklung. Leipzig 1883, 9. Aufl.
C. Neumann, *1870:* Über die Principien der Galilei-Newtonschen Theorie. Leipzig
H. Poincaré, *1906:* Der Wert der Wissenschaft. Leipzig

H.-J. Treder, *1968, 1970:* Relativität und Kosmos. Berlin, Oxford, Braunschweig 1968, 2. Aufl. 1970
H.-J. Treder, *1971:* Die ersten Kritiker des allgemeinen Relativitätsprinzips. Moskau
A. Unsöld, *1967:* Der neue Kosmos. Berlin, Heidelberg, New York
H. Weyl, *1968:* Massenträgheit und Kosmos (1924). – Gesammelte Abhandlungen, Bd. 2, Berlin, Heidelberg, New York
C. F. v. Weizsäcker, *1966:* Die Tragweite der Wissenschaft. Bd. 1, Stuttgart

Helmut Mielke

Bibliographisches zu „De revolutionibus“

Im folgenden sollen die Umstände bei der Ausarbeitung und Drucklegung des Hauptwerkes von Nicolaus Copernicus „De revolutionibus“, seines „Commentariolus“ und des „Ersten Berichts“ (Narratio prima) des Rheticus in wesentlichen Punkten skizziert werden. Weiter werden Hinweise auf die verschiedenen Ausgaben von „De revolutionibus“, auf Übersetzungen und auf das Schicksal des Autographs gegeben.

Als sich Nicolaus Copernicus, offenbar im Jahre 1541, nicht zuletzt auf Drängen seiner Freunde, endlich entschloß, sein Manuskript von „De revolutionibus“ veröffentlichen zu lassen, war dieses redaktionell noch nicht vollendet. Wie er selbst im Widmungsbrief an Papst Paul III. schreibt – unter Anspielung auf den in den Humanistenkreisen wohlbekannten Rat des Horaz (De Arte Poetica, Vers 388–389), man solle ein geschriebenes Werk vor seiner Veröffentlichung „neun Jahre lang“ zurückhalten und ständig verbessern –, habe das Buch bei ihm „nicht nur neun Jahre, sondern bereits in das vierte Jahrneunt hinein“ verborgen gelegen. Trotzdem hatte das Manuskript noch keine für den Druck fertige Form.

Rheticus hatte bei seinem zweiten Aufenthalt in Frombork (Sommer 1540 bis Herbst 1541) offenbar selbst eine Abschrift des Manuskripts hergestellt, welche als Vorlage für den Druck der Erstausgabe diente, die auch als „Rheticus-Redaktion“ bezeichnet wird, weil dieser sie redaktionell bearbeitet hatte.

Die erste schriftliche Ausarbeitung der copernicanischen Lehre, der nur in einigen handschriftlichen Exemplaren verbreitete „Commentariolus“ (De hypothesibus motuum coelestium a se constitutis commentariolus) liegt mit großer Wahrscheinlichkeit innerhalb des Zeitraumes von 1502–1510. Von ihr ausgehend und durch mündliche Mitteilung der Freunde des Copernicus verbreitete sich die Nachricht von der neuen Lehre in Gelehrtenkreisen Europas. Dann geriet der „Commentariolus“ augenscheinlich bald in Vergessenheit, auch Rheticus erwähnt ihn nicht. Im Jahre 1575 hat Tycho Brahe in Regensburg noch vom Leibarzt Rudolfs II. eine Abschrift davon erhalten.[1] Dann fehlt jede Nachricht von ihm, bis Maximilian Curtze 1878 ein Exemplar in Wien auffand.[2] Ein weiteres Exemplar wurde 1881 in der Bibliothek des Stockholmer Observatoriums entdeckt.

Die erste ausführliche, gedruckte Mitteilung über den Inhalt der copernicanischen Lehre, der „Erste Bericht“ (De Libris Revolutionum Nicolai Copernici Narratio prima per M. Georgium Joachimum Rheticum ad D. Joan. Schonerum scripta; kurz „Narratio prima“ genannt) von Rheticus erschien im Einverständnis mit Copernicus

1540 in Danzig. Der „Erste Bericht“ hatte sofort ein großes Interesse gefunden, so daß bereits 1541 eine neue Ausgabe in Basel erschien.

Rheticus hatte die Abschrift vom Autographen von „De revolutionibus“ zunächst nach Wittenberg mitgenommen. Dort, im Zentrum des Protestantismus, stieß die Drucklegung natürlich auf Schwierigkeiten.

Durch den „Ersten Bericht“ waren der Nürnberger Verleger Petrejus und der Nürnberger Hauptgeistliche Osiander auf die Lehre des Copernicus aufmerksam geworden. Petrejus hatte den Wunsch geäußert, das Hauptwerk kennenzulernen und war offenbar von sich aus an einer Veröffentlichung interessiert.[3]

Noch vor der Drucklegung des Gesamtwerkes hatte Rheticus die von Copernicus zum Zwecke der mathematischen Darstellung seines Systems ausgearbeitete Dreieckslehre, die in der Nürnberger Erstausgabe von 1543 als Kapitel XII–XIV des ersten Buches enthalten ist, im Jahre 1542 in Wittenberg drucken lassen. Sie erschien unter dem Titel: „De lateribus et angulis triangulorum, tum planorum rectilineorum, tum sphaericorum, Libellus eruditissimus et utilissimus cum ad plerasque Ptolemaei demonstrationes intelligendas, tum vero ad alia multa, scriptus a clarissimo et doctissimo viro D. Nicolao Copernico Toronensi. Additus est canon semissium subtensarum rectarum linearum in circulo.“[4]

Wir haben hier den ganzen Titel aufgeführt, da sich E. Zinner auf eine unvollständige Titelangabe stützt und er deshalb irrtümlich feststellt: „Rheticus gab weder sich noch Copernicus als Verfasser an ...“[5]

Der Druck der Erstausgabe von „De revolutionibus“ begann im Mai 1542, bei Petrejus in Nürnberg, wohin sich Rheticus Anfang des Monats begeben hatte. Beendet war der Druck spätestens im April 1543. Die Auflage betrug etwa tausend Exemplare.[6] Die Redaktion hatte zuerst Rheticus in Händen, der jedoch im Herbst 1542 an die Leipziger Universität ging und die Weiterführung Osiander überließ.

Dem Werk war ein anonymes Vorwort vorangestellt worden, als dessen Verfasser Osiander ermittelt wurde.[7] In diesem Vorwort wurde die Lehre des Copernicus bekanntlich als Hypothese, als bloßes Rechenschema hingestellt, ohne jeden Anspruch auf Darstellung des wirklichen Aufbaus der Welt. Ob Osiander zu den militanten protestantischen Theologen gehörte und seine eigene Auffassung dabei zum Ausdruck brachte oder dies lediglich aus Vorsicht tat, sei dahingestellt. Es scheint fast, daß Letzteres der Fall ist, denn er hatte am 20. 4. 1541 an Copernicus geschrieben: „So würdest Du die Anhänger des Aristoteles und die Theologen, deren Widerspruch Du fürchtest, beruhigen.“[8] Um den von theologischer Seite zu erwartenden Angriffen zuvorzukommen, hatten der mit Copernicus befreundete Bischof Tiedemann Giese und Rheticus Schutzschriften verfaßt, in denen die Lehre des Copernicus wegen ihres Abweichens von der Bibel verteidigt wurde. Beide Schriften wurden nicht gedruckt, und die Handschriften sind später verlorengegangen.[9]

Tatsache ist jedenfalls, daß durch dieses Vorwort die ureigensten Intentionen von Copernicus in Abrede gestellt wurden, zumal durch die Anonymität der Eindruck entstehen mußte, es stamme vom Verfasser selbst. Sein Freund, Tiedemann Giese, hat wegen der „Ruchlosigkeit des Petrejus“ am 28. Juli 1543 einen entrüsteten Brief an Rheticus geschrieben, nachdem dieser ihm zwei Exemplare des Werkes zuge-

Darstellung des heliozentrischen Systems
Nach: Nikolaus Kopernikus, Erster Entwurf seines Weltsystems. Nach den Handschriften herausgegeben, übersetzt und erläutert von Fritz Rossmann, München 1948, S. 2.

schickt hatte. Zugleich hatte er eine Beschwerde beim Nürnberger Rat deswegen eingereicht.

Osiander hatte auch den Titel geändert, indem er den Zusatz „orbium coelestium" anbrachte. Voll authentisch ist nach A. Birkenmajer nur „De revolutionibus".[10]

Die Erstausgabe enthält zum Text außer dem anonymen Vorwort Osianders die Widmung (Vorrede) an Papst Paul III., ferner einen Abdruck des Briefes des Kardinals Nikolaus von Schönberg aus Rom vom 1. November 1536 an Copernicus, in dem er Copernicus „inständig bittet", seine neue Lehre den Wißbegierigen mitzuteilen.[11] Auch dieser Brief hat – wie die Widmung – das Ziel, Widerstände beseitigen zu helfen und dem Werk eine günstige Aufnahme zu verschaffen.

Weggelassen wurden in der Erstausgabe gegenüber dem Autographen die Vorrede zum I. Buch, die in der Warschauer Ausgabe vom Jahre 1854 zum erstenmal veröffentlicht wurde (in der Ausgabe von Buch I, Berlin 1959, S. 19–23), ferner die Übersetzung des Lysis-Briefes mit einer Einleitung, in der Aristarch von Samos erwähnt wurde. Weiter jene berühmte (durchgestrichene) Randbemerkung aus dem 4. Kapitel von Buch III des Autographs, in der Copernicus, zwar in mathematisch abstrakter Form, ohne ausdrückliche Bezugnahme auf die Bahnen der Himmelskörper,[12] auf das Zustandekommen einer Ellipse durch entsprechende Überlagerung von Kreisen hinweist. Aber wozu sonst hätte Copernicus diese Überlegung anstellen sollen? Hinzu kommt noch eine Anzahl kleinerer Abweichungen.

Die häufig angezweifelte, bisweilen in das Reich der Legende verwiesene Nachricht, daß Copernicus an seinem Sterbetage noch ein Exemplar seines gedruckten Werkes erhalten habe, steht nach unserer Auffassung außerhalb allen Zweifels: „Das Werk *in seiner Vollendung* (Hervorhebung von mir – H. M.) hat er nur beim letzten Atemzug gesehen an demselben Tage, an dem er verschieden ist."[13] Damit dürfte auch die Version, es habe sich um Druckbogen und nicht um das fertige Werk gehandelt, abzulehnen sein.

Von „De revolutionibus" sind folgende Nachauflagen erschienen: 1. die Baseler Ausgabe von 1566; 2. die Amsterdamer Ausgabe von 1617, von der 1640 ein Nachdruck erschien; 3. die Warschauer Ausgabe aus dem Jahre 1854; 4. die Thorner Ausgabe von 1873; 5. eine neue Amsterdamer Ausgabe aus dem Jahre 1943; 6. die Münchener Ausgabe aus dem Jahre 1949 und 7. der Faksimile-Nachdruck der Erstausgabe von 1543, Leipzig 1965.

Es sind vor allem folgende Übersetzungen in europäische Sprachen bekannt: 1. die englische Übersetzung von Teilen des ersten Buches von Th. Digges aus dem Jahre 1576; 2. eine deutsche Übersetzung der Baseler Ausgabe (um 1600)[14]; 3. die polnische Übersetzung in der Warschauer Ausgabe von 1854; 4. die deutsche Übersetzung der Thorner Ausgabe von C. L. Menzzer (mit 500 Anmerkungen); 5. eine Übersetzung von Buch I ins Französische von A. Koyré von 1934; 6. eine englische Übersetzung von Buch I von J. F. Dobson (1947 und 1955); 7. eine auf die Übersetzung von Menzzer gestützte deutsche Ausgabe der polnischen und lateinischen Neufassung (unter Berücksichtigung des Autographs) mit umfassenden Anmerkungen von A. Birkenmajer, Berlin 1959; 8, eine russische Übersetzung aus dem Jahre 1964.

Das Autograph von „De revolutionibus“ war zwar bereits im Jahre 1795 wiedergefunden worden, aber erst im Jahre 1840 begann man, davon Notiz zu nehmen.[15] Es ging zunächst in den Besitz des Rheticus über, wobei nicht geklärt ist, wann und unter welchen Umständen. Die verbreitete Auffassung, er habe es selbst von Frombork nach Wittenberg mitgenommen, ist zweifelhaft angesichts der Tatsache, daß die letzten Korrekturen von der Hand des Copernicus bei der Drucklegung der Erstausgabe nicht berücksichtigt worden sind. Rheticus überließ das Autograph seinem Schüler Valentinus Otho. Durch diesen kam es nach Heidelberg, wo es um 1603 in den Besitz von Professor Christmann gelangte. 1614 kaufte Comenius die Handschrift, dessen Bibliothek im Dreißigjährigen Krieg (1620) geplündert wurde. Ab 1642 ist das Autograph im Besitz der böhmischen Familie v. Nostitz nachweisbar, in deren Prager Palais es (deshalb auch als Prager Handschrift bezeichnet) wiederentdeckt und der wissenschaftlichen Forschung zugänglich gemacht wurde. Eine Faksimile-Ausgabe des Autographs wurde 1944 als 1. Band der geplanten Münchener Gesamtausgabe der Schriften von Nicolaus Copernicus veröffentlicht. Seit 1956 wird das Autograph in Kraków aufbewahrt.[16]

Anmerkungen und Literatur

1 Siehe E. Zinner, Entstehung und Ausbreitung der coppernicanischen Lehre, Erlangen 1943, 296.

2 Siehe Inedita Coppernicana. Aus den Handschriften zu Berlin, Frauenburg, Upsala und Wien, hrsg. von M. Curtze, Mitteilungen des Coppernicus Vereins für Wissenschaft und Kunst zu Thorn. Heft 1, Thorn 1878.

3 Siehe L. Prowe, Nicolaus Coppernicus, Erster Band, II. Theil, Berlin 1883, 516.

4 Bibliografia Kopernikowska 1509–1955, Warszawa 1958, 45, Faksimile 48.

5 E. Zinner, Entstehung und Ausbreitung (wie Anm. 1), 243.

6 Vgl. E. Zinner, Entstehung und Ausbreitung (wie Anm. 1), 255.

7 E. Zinner, Entstehung und Ausbreitung (wie Anm. 1), 256, 453.

8 E. Zinner, Entstehung und Ausbreitung (wie Anm. 1), 240.

9 Siehe L. Prowe, Nicolaus Coppernicus (wie Anm. 3), 493–494.

10 Siehe Anmerkung 2 zu Nicolaus Copernicus, Über die Kreisbewegungen der Weltkörper, Erstes Buch, Berlin 1959, 93–95.

11 Siehe L. Prowe, Nicolaus Coppernicus (wie Anm. 3), 274–278.

12 Vgl. F. Schmeidler, Nikolaus Kopernikus, Stuttgart 1970, 163.

13 K. H. Burmeister, Georg Joachim Rhetikus 1514–1574, Bd. III, Briefwechsel, Wiesbaden 1968, Brief Nr. 13, Tiedemann Giese an Rhetikus.

14 Siehe E. Zinner, Entstehung und Ausbreitung (wie Anm. 1), 449.

15 Siehe F. Schmeidler, Nikolaus Kopernikus (wie Anm. 12), 171.

16 Siehe L. Prowe, Nicolaus Coppernicus (wie Anm. 3), 501–504; D. Wattenberg, De revolutionibus orbium coelestium, Nikolaus Kopernikus und die Geschichte seines Lebenswerkes, Vorträge und Schriften der Archenhold-Sternwarte Berlin-Treptow, 1969, Nr. 33.

Weitere Literaturhinweise

Baranowski, H. (Hrsg.): Bibliografia Kopernikowska 1509–1955, Warszawa 1958.

Bernal, J. D.: Die Wissenschaft in der Geschichte, Berlin 1961.

Beyle – de Stendhal, H.: Italienische Novellen, hrsg. von F. v. Oppeln-Bronikowski, Berlin o. J.

Boas, M.: Die Renaissance der Naturwissenschaften, Gütersloh 1965.

Bunge, M.: Scientific Research, Bd. 2, Berlin 1967.

Cassirer, E.: Individuum und Kosmos in der Philosophie der Renaissance, Leipzig/Berlin 1927.

Nicolaus Copernicus, Sein Leben und seine Lehre, Berlin 1856.

Copernicus, Nicolaus: Über die Kreisbewegungen der Weltkörper, Berlin 1959.

Dijksterhuis, E. J.: Die Mechanisierung des Weltbildes, Berlin 1956.

Dingler, H.: Geschichte der Naturphilosophie, München 1967.

Draper, J. W.: Geschichte der Konflikte zwischen Religion und Wissenschaft, Leipzig 1875.

Engels, F.: Dialektik der Natur, in: Marx-Engels-Werke Bd. 20.

Eremeeva, A. I.: Vydajuščiesja astronomy mira, Moskva 1966.

Feuerbach, L.: Geschichte der Neueren Philosophie, Stuttgart 1906.

Geschichte der Philosophie, Bd. 1, Berlin 1960.

Harig, G.: Die Tat des Kopernikus, Jena/Berlin 1965.

Johnson, F. R.: Astronomical Thought in Renaissance England, Baltimore 1937.

Kauffeldt, A.: Nikolaus Kopernikus, Berlin 1954.

King, H. C.: The Background of Astronomy, London 1957.

Kienle, H.: Vom Wesen astronomischer Forschung, Berlin 1948.

Kopernikus, N.: Erster Entwurf seines Weltsystems, München 1948.

Kopernikus-Forschungen, hrsg. von S. Papritz und H. Schmauch, Leipzig 1943.

Nikolaj Kopernik. Sbornik statej k četyrechstoletiju so dnja smerti, Moskva–Leningrad 1947.

Nikolaj Kopernik. Sbornik statej i materialov k 410-letiju so dnja smerti, Moskva 1955.

Koyré, A.: From the Closed World to the Infinite Universe, Baltimore 1957.

Kubach, F. (Hrsg.): Nikolaus Kopernikus, München/Berlin 1943.

Kuhn, T. S.: The copernican Revolution, Cambridge 1957.

Kühle, L.: Punkt im All, Nikolaus Kopernikus – Künder eines neuen Weltbildes, Berlin 1943.

Lasswitz, K.: Geschichte der Atomistik, Bd. 1, Hamburg/Leipzig 1890.

Ley, H.: Geschichte der Aufklärung und des Atheismus, Berlin 1966–71.

Munitz, M. K. (ed.): Theories of the Universe. From Babylonian Myth to Modern Science, Illinois 1957.

Perel', J. G.: Razvitie predstavlenij ob vselennoj, Moskva 1958.

Planck, M.: Wege zur physikalischen Erkenntnis, Leipzig 1944.

Ravetz, J. R.: Astronomy and Cosmology in the Achievement of Nicolaus Copernicus, Wrocław 1965.

Rhetikus, G. J.: Über die „Kreisbewegungen" des Kopernikus, München/Berlin 1943.

Ronan, C. A.: Changing Views of the Universe, London 1961.

Rosen, E. (Hrsg.): Three Copernican Treatises, New York 1939.

Semjonow, W. F.: Geschichte des Mittelalters, Berlin 1952.

Steinmetz, M.: Deutschland 1476–1648, Berlin 1965.

Stern, L.: Martin Luther und Philipp Melanchthon, ihre ideologische Herkunft und geschichtliche Leistung, Halle-Wittenberg (1952).

Stern, L, und Voigt, E.: Deutschland von der Mitte des 13. bis zum ausgehenden 15. Jh., Berlin 1964.

Große Sowjet-Enzyklopädie, Bd. 22.

Ueberweg, F.: Grundriß der Geschichte der Philosophie, T. 3, Darmstadt 1957.

Vistas in Astronomy 9, Oxford 1967.
Whewell, W.: Geschichte der induktiven Wissenschaften, T. 1, Stuttgart 1840.
White, A. D.: Geschichte der Fehde zwischen Wissenschaft und Theologie in der Christenheit, Leipzig (1911).
Philosophisches Wörterbuch, Stichworte „Astronomie“ und „Weltall“, Leipzig 1969.
Weyl, H.: Philosophie der Mathematik und Naturwissenschaft, München/Wien 1966.
Wohlwill, E.: Galilei und sein Kampf für die copernicanische Lehre, Leipzig 1926.
Zinner, E.: Astronomie. Geschichte ihrer Probleme, Freiburg/München 1951.

Register der Personennamen

Verzeichnis der Autoren des Bandes

GÜNTHER †, OTTO, Dr. rer. nat. habil.

Wissenschaftlicher Arbeitsgruppenleiter am Zentralinstitut für Astrophysik der Akademie der Wissenschaften der DDR, 15 Potsdam, Telegrafenberg

HERRMANN, JOACHIM, Prof. Dr. phil. habil.

Korr. Mitglied der Akademie der Wissenschaften der DDR, Direktor des Zentralinstituts für Alte Geschichte und Archäologie der Akademie der Wissenschaften der DDR, 108 Berlin, Leipziger Str. 3–4

HINTZE, KARL HEINRICH,

Assistent am Zentralinstitut für Astrophysik der Akademie der Wissenschaften der DDR, 1502 Potsdam-Babelsberg, Rosa-Luxemburg-Str. 17 a

JACKISCH, GERHARD, Dr. rer. nat.

Wissenschaftlicher Arbeitsgruppenleiter für Copernicusforschung am Zentralinstitut für Astrophysik der Akademie der Wissenschaften der DDR, 64 Sonneberg, Sternwarte

JÜRSS, FRITZ, Dr. sc. phil.

Wissenschaftlicher Arbeitsleiter am Zentralinstitut für Alte Geschichte und Archäologie der Akademie der Wissenschaften der DDR, 108 Berlin, Leipziger Str. 3–4

KAUFFELDT, ALFONS, Prof. Dr. phil. habil. emeritus

1134 Berlin, Archenholdstr. 96

LEY, HERMANN, Prof. Dr. sc. phil.

Bereichsleiter Philosophie/Wissenschaft in der Sektion marxistisch-leninistische Philosophie der Humboldt-Universität, 108 Berlin, Unter den Linden 6

MIELKE, HELMUT, Dr. phil.

Wissenschaftlicher Arbeitsleiter am Zentralinstitut für Philosophie der Akademie der Wissenschaften der DDR, 108 Berlin, Otto-Nuschke-Str. 22–23

STROHMAIER, GOTTHARD, Dr. phil.

Wissenschaftlicher Oberassistent am Zentralinstitut für Alte Geschichte und Archäologie der Akademie der Wissenschaften der DDR, 108 Berlin, Unter den Linden 8

TREDER, HANS-JÜRGEN, Prof. Dr. rer. nat. habil.

Ordentl. Mitglied der Akademie der Wissenschaften der DDR, Leiter des Forschungsbereiches Kosmische Physik und Direktor des Zentralinstituts für Astrophysik der Akademie der Wissenschaften der DDR, 1502 Potsdam-Babelsberg, Rosa-Luxemburg-Str. 17a

Bei Fragen zur Produktsicherheit wenden Sie sich bitte an:
If you have any questions regarding product safety,
please contact:

Walter de Gruyter GmbH
Genthiner Straße 13
10785 Berlin
productsafety@degruyterbrill.com